U0142741

圖解系列

圖解

五南圖書出版公司 印行

輸送現象

吳永富 / 著

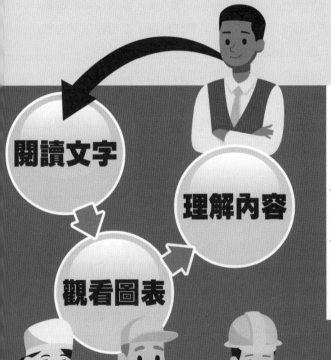

閱讀文字

理解內容

觀看圖表

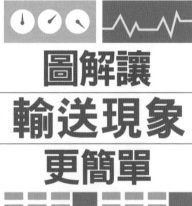

圖解讓
輸送現象
更簡單

自序

　　「天之道，損有餘而補不足，是故虛勝實，不足勝有餘。其意博，其理奧，其趣深，天地之象分，陰陽之候列，變化之由表，死生之兆彰……。」此乃已故武俠文學大師金庸於《射鵰英雄傳》內設定的九陰真經總綱，吸引書中人物醉心追逐，「損有餘而補不足」，完全對應了輸送現象的根基，故為天之道，且為變化之由表。這意味了輸送現象原理早已深植人心，從古至今。

　　然而，科學的發展無法只憑定性研究，還需要定量思索，因而歐洲能在文藝復興後，延續科學革命，從全球文明躍進中脫穎。在長達三世紀的努力中，伽利略留下經典名言：「自然這部書，只能被那些通曉其中所用語言的人閱讀，而此語言正是數學。」愛因斯坦也留下經典名句：「物理學的書，總充滿著複雜的數學式，但每個理論的開端卻是思想和觀念，只是這些構想在日後，必須採取某種數學型式，才可能與實驗對照。」前人倡導的建構學習模式，值得讀者深思。

　　《圖解輸送現象》定位於工程科系學生理解相關物理的入門資料，適用對象的專業背景包括機械工程系、化學工程系、環境工程系、土木工程系、航太工程系、海洋工程系、大氣科學系，各系可能拆分成流體力學、熱傳遞、質量傳遞等課程，但皆屬本書範疇。書末將會介紹輸送現象的經典中外文典籍，提供進階學習者延伸閱讀，精益求精。

　　輸送現象是系統性的學術，歷經眾多前輩的羅織歸納，儼然脈絡清晰，條理分明，讀者翻閱傳統教科書時，應已知「其意博」。然而，本書秉持段落式學習，逐節闡明前人耙梳過的條理，以文圖互搏的陳述方式，期於讀者驟然浮現「其理奧」的陰影前，頓然體悟「其趣深」的融通感。本書篇幅有限，加上定位精簡，文中各種輸送現象主題皆以最扼要的方式呈現，時而現象說明眾多，時而算式闡釋滿目，盼能秉持工程領域中有「理」有「據」的原則，訓練讀者兼具定性原「理」分析和定量數「據」推理的能力。

　　筆者多年從事輸送現象與工程數學的教學，有感於學生想深入主題時的學習障礙，以及面對考試時的挫折無奈。在全球處於科技迅速發展、產業大幅轉變、環境嚴峻變遷的時代，工程學系規劃的核心能力必須能面對上述議題，致使學習動

機生硬，不一定能帶來正向回饋的學習效益，故有一派專家倡議科學與藝術的結合，將美感的鑑賞引入科學工程教育中，化怨懟成趣味。在輸送現象領域，筆者至少能察覺到兩種美感，一抽象一具象。抽象的是方程式的簡潔之美，透過向量與張量，經由梯度、散度與旋度，自然世界與人類智慧繼而融合成滿載模型的烏托邦；具象的是物理流動的變異之美，模擬軟體的可視之美，協助流場躍然紙上，促使速度場、溫度場和濃度場繪成各派畫作，從印象派到野獸派，從表現主義到立體主義，古典力學與工程設計終而羽化成饒富趣味的藝術品。抽象性的規律、具象性的扭曲，都值得欣賞，讀者可以不擔任創作者，但仍能成為鑑賞家。

　　對於工程議題的學習，盼讀者能從歐陽鋒本末倒置的蠻橫方法中尋求轉變，師法洪七公辨義理的決斷、一燈大師求澈悟的修為、周伯通淡泊名利的豁達、黃藥師欣賞藝術的品味。以虛勝實，以不足勝有餘，自然哲學將順理成章地「輸送」至腦內。

作者　吳永富

2020 年夏

第 4 章　質量傳送

第 5 章　總　結

附錄　275

Note

第1章
緒　論

　　本章將說明輸送現象的內涵與背景，並介紹輸送原理的應用，以及闡述基本物理守恆定律。

1-1 輸送現象的內涵

什麼被輸送、被傳播、被轉移？

輸送現象（transport phenomena）是工程學、化學、材料科學、農學、氣象學、生理學、生物學、藥學等領域皆會面對的課題，其理論基礎已經從 17 世紀起陸續建立完成，唯有計算輸送方程式的解答時，還沒有通用的方法。

一般探討的輸送現象是指動量、熱量與質量的轉移，因此分為動量輸送（momentum transfer）、熱量輸送（heat transfer）和質量輸送（mass transfer）三大部分。然而，這三種輸送往往不會單獨發生在前述領域，例如工業製造中會同時包含動量、熱量和質量輸送，而且彼此還會互相影響。分割成三種現象逐一探究的原因，主要來自於三者間的相似性，所以理解了其中一種，即可透過類推法，預測另一種現象。

輸送現象的來源是驅動力（driving force），但此處所指的「力」並不僅是「力量」，也包括其他物理量，例如壓力差、溫度差或濃度差。歸根究柢，這些物理量皆來自於原子或分子的運動，只是在常見的系統中，原子或分子的數量過於龐大，它們的集體行為必須依靠模型來推估，無法將所有原子的特性加總。因此，欲詳細理解輸送現象，首要工作是建立模型，並且形成方程式與限制條件，這些方程式與條件往往涉及微積分，所以經由工程數學來認識輸送現象是無可迴避的道路。

然而，求解微分方程式向來困難，在電腦科技尚未發達時更是如此，所以過去的科學家或工程師選擇另一條道路來「建立模型」。這種方法有別於建立理論方程式，而是從影響系統的變因著手。待所有牽涉其中的重要變因被找出後，接著藉由因次分析法，初步得到諸多變因之間的關係，再透過實驗操作，發現變因間的經驗關聯式（empirical correlation），其中不涉及微積分。對於工廠中已經安置完成的固定裝置，經驗關聯式可以快速提供預測，但欲使用此裝置的關聯式來預測其他裝置，卻窒礙難行，甚至在同一裝置中大幅改變操作條件後，原關聯式也可能不再適用。

因此，在電腦科技大幅進步後，從前只能透過推導微分方程式的模式獲得紓解，在強大的計算能力下，多種數值方法皆可游刃有餘地解決一般性輸送現象問題，迫使經驗關聯法式微，但這只算工程學的成功，而非物理學的躍進。

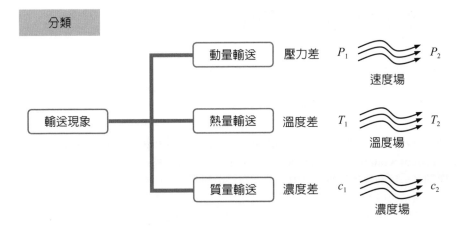

分類

輸送現象

動量輸送　壓力差　P_1 〜〜〜 P_2
速度場

熱量輸送　溫度差　T_1 〜〜〜 T_2
溫度場

質量輸送　濃度差　c_1 〜〜〜 c_2
濃度場

研究模式

經驗關聯

流率、通量
輸送速率

數值方法　電腦科技

摩擦力、拖曳力、扭力……
累積效應

直接模擬　→　場變數

速度／壓力／溫度／濃度

1-2　輸送現象的研究層次

如何研究輸送現象？

探討輸送現象，可分為三種層次。對一個肉眼可察的反應系統，反應原料會從某個入口送進反應器，之後再從某個出口排出，排出物包含反應生成的產物和未消耗的原料。基於整個系統的管路出入、裝置邊界穿越、內部反應生成或消耗，可分析數種均衡關係，例如反應物的含量、流體的動量、系統的能量等，因而建立出巨觀的均衡方程式（macroscopic balance equation）。這是一種不深究系統內部各處變化的觀察方法，僅探討系統的整體性轉變，所以歸類為巨觀層次。

但欲探索系統內部各處之變化，則切割成小單元，每一單元的體積要小到可以代表系統內的各處，最理想的情形是小單元經過週期性排列後，能再回復成整體系統。雖然這種理想型的分割或回復很難實現，但就理論面而言，仍可約略地研究系統內部各處之變化。每個小單元也相當於一個整體，故仍可進行動量、角動量、能量和質量的均衡，得到微觀的均衡方程式（microscopic balance equation）。這類觀察方法，尚未觸及輸送現象的成因，僅探討系統的區域性變化，歸類為微觀層次。

欲探索輸送現象的成因，則必須研究每個小單元內的組成，從組成物的分子內結構和分子間作用來推論，深入理論物理學的層面。透過物理化學（physical chemistry）領域的知識，可以描述分子行為，從而說明輸送現象，這類觀察方法，觸及輸送現象的成因，歸類為分子層次。

上述三種層次的觀察結果，並非相互獨立的觀點，而是環環相扣，因為分子層次的結果可以提供成分物性而輸入微觀層次，微觀層次的結果可以估計平均行為，繼而強化巨觀層次。在應用面，雖然各層次環環相扣，但課題屬於工廠等級的程序設計與控制時，則以巨觀層次為主；若屬於裝置設計或製程改善，則以微觀層次為主；若屬於材料組成調整，則以分子層次為主。因此，工程師不僅需要理解巨觀層次，也應熟稔微觀與分子層次。

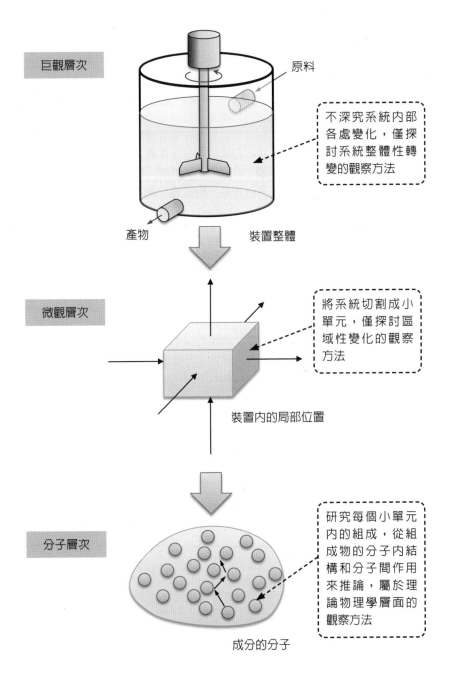

研究層次

巨觀層次

原料

不深究系統內部
各處變化，僅探
討系統整體性轉
變的觀察方法

產物　　　　　　裝置整體

微觀層次

將系統切割成小
單元，僅探討區
域性變化的觀察
方法

裝置內的局部位置

分子層次

研究每個小單元
內的組成，從組
成物的分子內結
構和分子間作用
來推論，屬於理
論物理學層面的
觀察方法

成分的分子

1-3　輸送現象的應用

什麼領域會使用到輸送原理？

輸送現象已經廣泛地應用在工業與民生中，幾乎無處不涉及動量、熱量與質量的變化；甚至在生物體內，呼吸、血液流動、消化代謝或醫療行為，也全都涵蓋輸送現象。因此，工程師、物理學家、化學家、生物學家或醫護人員皆需認識輸送現象。

工廠是製造產品的場所，因此反應原料或產品的運送需要事先安排，例如管路的設計規範必須依據流體力學，推動物質前進時，需要提供動力的泵或壓氣機等質傳裝置，另外在處理原料或產物時，往往需要調整溫度或改變物質狀態，因而需要使用熱交換器、冷卻器或蒸發器等裝置，這些設備的安置皆需遵循輸送原理。

家戶是生活起居的場所，其中空調、自來水、天然氣、衛浴、排水等設施，皆涉及動量與質量輸送，冰箱、熱水瓶、烹飪用具，則相關於動量與熱量輸送，所以設計與運用這些裝置也屬於輸送現象的範疇。

到了戶外，汽車、船舶、飛機等運輸工具，以及道路、橋梁、運河、建築物等公共設施，甚至空氣品質、氣溫、乾溼度、風雨、海浪、洋流等自然現象，全都牽涉輸送原理，因為水和空氣對固體的作用將影響運輸工具和建築物的設計，而且水和空氣的遷移也會改變生活環境。

由於輸送原理的應用對象極其廣泛，為了能夠從一個對象的特性來推測另一對象的行為，其中的共通性原理特別值得探究。愛因斯坦曾在《物理之演進》中提到：「每個物理學理論的開端，都是思想與觀念，而不是公式。這些構想日後必須採取一種定量理論的數學形式，才可能與實驗進行對照。」若能熟悉這些共通原則與數學形式，即可進行典範轉移，以便運用核心概念設計新事物，此即學習和探究輸送現象的宗旨。

輸送現象的應用

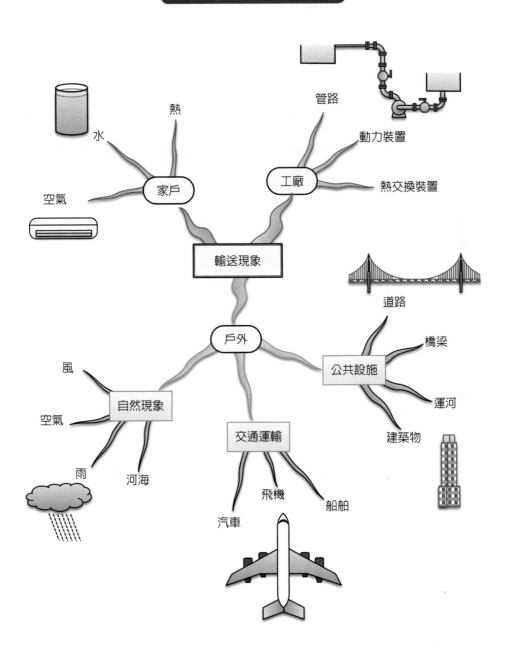

1-4　輸送現象與化學工程

為什麼輸送現象是化學工程的核心？

輸送現象是化學工程中應用最多的物理學，因為化學工業實際上不斷執行原料轉換成產品的程序，程序中還需運用外力或能量，所以不僅牽涉化學反應，也相關物理變化。若將化學工廠視為一個大設備，內部可以分割成許多小裝置，例如動力機械、管路、儀表、化學反應槽、分離器等，這些裝置還可大致分成化學反應類和物理操作類，牽涉後者的程序常又稱為單元操作（unit operation）。透過化學工業，文明生活中的衣食住行用品皆可生產，亦即加工礦物、石油、天然氣、海水，即可得到金屬、積體電路、汽油、塑膠、食品、衣物等日用品，是現代社會不可或缺的工程技術。

化學工業源自 19 世紀中葉，尤其在英國的工業革命之後，化學工業逐漸興盛，當時的公害監察官 George Davis 發現不同的化學工廠間，皆具有共通的程序，例如磨碎、分散、燃燒、攪拌、冷卻、蒸餾、過濾、萃取等單元，因而提出了化工程序是由「單元操作」組成的概念，並定義出化學工程師的工作名稱。之後也闡述了化工程序的開發是從實驗室測試到建廠量產的觀念，因此後人尊為「化學工程之父」。

另一方面美國麻省理工學院（簡稱 MIT）於 1888 年首創化工學程系，授課內容僅以工業化學與機械工程為主，但已吸引許多大學跟進。到了 1902 年，W. H. Walker 就任 MIT 化工系主任，開始推動以單元操作為核心之化工課程，使他被尊稱為美國的「化學工程之父」。

從完整的化工製程中可發現，進行化學反應前的原料輸入、反應後的產物輸出，以及產物的分離純化，各類單元操作皆牽涉輸送現象。在化學反應器中，物質的混合、相分離、熱交換等程序也涉及輸送現象。因此，在學習單元操作和化學反應工程的概念之前，首要的工作是理解輸送現象。

化工程序

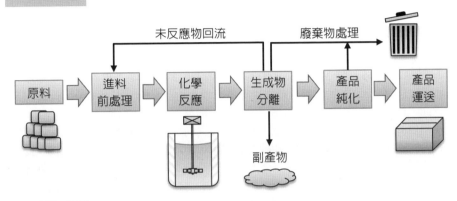

單元操作

狀態	輸送程序	熱交換程序	化學反應	分離或混合
氣相	壓縮、傳送、儲送	加熱、冷卻	單相反應 多相反應	蒸餾、凝結、增溼、乾燥、吸收、過濾
液相	管內流動、流經固體	加熱、冷卻	單相反應 多相反應	萃取、溶解、吸附、離子、交換、攪拌、乳化
固相	粉粒體輸送	加熱、冷卻	多相反應	分級、過濾、離心、結晶、減積

化學工程核心

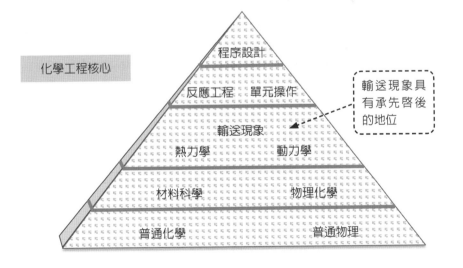

1-5 輸送現象與物質

發生輸送現象的媒介是什麼？

物質一般可分為固態、液態、氣態、電漿狀態、超臨界狀態等，但若承受切線方向的應力（stress）時，各種狀態的物體會透過形變來回應，反映的效果稱為應變（strain）。在力學中，應力被定義為單位面積上所承受的外力，若外力的方向垂直於表面，稱為垂直應力；若外力相切於表面，則稱為剪應力（shear stress）。

物體變形後，會與原本的形狀產生偏差，差異的程度稱為應變，定義為變形量對特徵長度的比值。若物體產生時間連續性的變化，則以變形速率表示受力效應。此效果稱為應變率（shear rate），定義為變形速率對特徵長度的比值。對於固體，外加應力會正比於應變，但對於外加應力正比於應變率的物體則稱為流體，通常液體、氣體或液晶屬於後者。從固體原子的角度來觀察，原子間的距離較近，彼此緊密束縛；熔化成液體後，將形成可自由移動或旋轉的分子，分子間的吸引力變弱；再升溫而蒸發成氣體後，分子間的距離更加擴大，相互牽引的效應更弱，以分子碰撞為主。為了探索流體內的物理行為，有必要去分析流體內的分子運動，但並非觀察單一分子的運動，而是藉由統計方法研究群體分子的平均行為。

單就定性分析而言，分子的可動性與吸引力將決定物體的外型。在力平衡的狀態下，固體幾乎不會變形，長期保有固定的邊界；液體則會隨容器而改變邊界，並在開放容器中產生自由表面（free surface），其他邊界的形狀則與器壁相同；氣體也會隨容器而改變邊界，當容器密閉時，會充滿整個容器，使所有邊界的形狀皆同於器壁。然而，這種定性分類的原則仍不易區別某些物體，例如看似固體的瀝青，實際上可以流動，唯其流動速率極慢。本書討論的範圍，不僅包括運動明顯的流體所涉及的輸送現象，也將涵蓋流體與固體相互影響下的輸送現象。

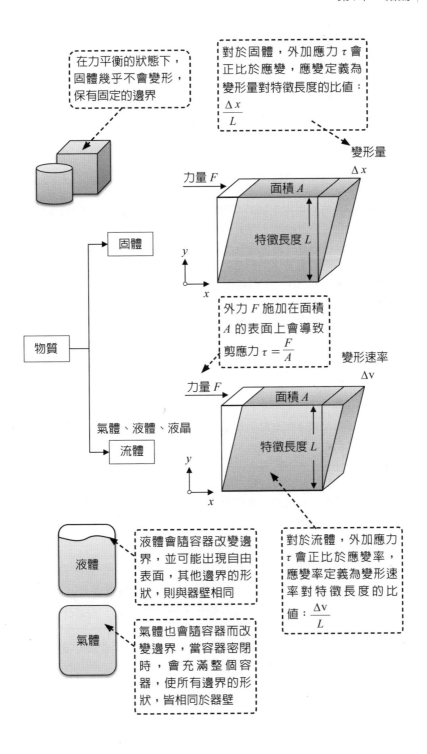

在力平衡的狀態下，固體幾乎不會變形，保有固定的邊界

對於固體，外加應力 τ 會正比於應變，應變定義為變形量對特徵長度的比值：

$$\frac{\Delta x}{L}$$

變形量 Δx

力量 F　面積 A

特徵長度 L

y

x

固體

物質

外力 F 施加在面積 A 的表面上會導致剪應力 $\tau = \frac{F}{A}$

變形速率 Δv

力量 F　面積 A

特徵長度 L

y

x

氣體、液體、液晶

流體

液體會隨容器改變邊界，並可能出現自由表面，其他邊界的形狀，則與器壁相同

液體

對於流體，外加應力 τ 會正比於應變率，應變率定義為變形速率對特徵長度的比值：$\frac{\Delta v}{L}$

氣體也會隨容器而改變邊界，當容器密閉時，會充滿整個容器，使所有邊界的形狀，皆相同於器壁

氣體

1-6 質量與能量均衡

物理守恆定律與輸送現象有什麼關係？

化工程序依其類型可分為批次（batch）、連續（continuous）和半批次（semibatch）。批次程序是指開始時，原料從入口進入裝置中，經過一段時間後，容器內的物質再從出口排出，但操作期間，不會有物料進出。連續程序進行時，物料則持續地進出系統。半批次程序進行時，只有物料持續進入系統而無出料，或只有連續出料而無進料。

若化工程序中的所有變數均不隨時間改變，則稱此程序達到穩態（steady state）；但當程序中的變數仍隨時間改變，則此程序屬於暫態（transient）或非穩態（unsteady state）。為了描述程序中各種對象的變化情形，可針對它們進行均衡（balance），常被探討的對象包括質量、動量、角動量和能量。進行均衡之前必須先確定探討的系統（system）和邊界（boundary），例如批次程序中的容器可稱為系統，而其器壁可稱為邊界，若在注入原料後排出產物前，此系統無任何物料可以進出，又可稱其為封閉系統（closed system）。相對地，在連續式程序中，系統仍有可能是一個容器，但因為物料持續進出，必須稱為開放系統（open system），即使在半批次程序中，物料只進不出或只出不進，也必須稱為開放系統。

在系統與邊界確立之後，任何對象的總量均衡皆可表達為：

$$[進料] + [產生] + [累積] = [出料] + [消耗] \tag{1-1}$$

式中等號左側代表各類增加項目，右側則代表減少項目。除了空間的基準外，上述各項還必須建立在相同的時間範圍內，此均衡方程式才能成立。若以生活化的例子來說明，等號左側可分別代表銀行帳戶中的存款、利息和餘額，等號右側則分別代表提款和管理費，但這五個項目都要取同一個月分內，且在同一個帳戶中的數據才會達到均衡，此月分和帳戶即為前述的時間範圍和空間基準。

時間範圍若縮小成單位時刻，可用以描述系統的瞬間變化，使均衡方程式中的各項目轉換成速率：

$$[進料速率] + [產生速率] + [累積速率] = [出料速率] + [消耗速率] \tag{1-2}$$

由於此時表述的瞬間變化具有微分的概念，因此均衡現象通常會成為微分方程式。反之，若系統會在兩特定時間內逐步變化，則可對（1-2）式進行時間積分，回復成描述總量變化的（1-1）式。

當程序進入穩態後，系統內的累積速率將成為 0，而且消耗速率可視為負的產生速率，因而得到簡化的速率均衡方程式：

$$[進料速率] + [產生速率] = [出料速率] \tag{1-3}$$

在一段時間內,上式透過積分還可得到總量均衡方程式:

$$[\,進料\,] + [\,產生\,] = [\,出料\,] \tag{1-4}$$

在非反應系統中,已知無產生速率,上式又可再簡化:

$$[\,進料\,] = [\,出料\,] \tag{1-5}$$

此式有時被稱為連續方程式,代表入口與出口等量變化,尤其當出入口間的距離縮至無窮小時,又可解釋成變量維持連續。

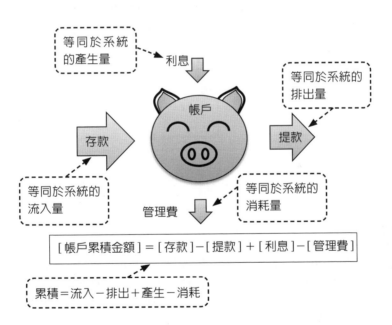

範例 1

1000 kg/h 之混合物送入蒸餾塔中，進料內的甲苯和苯之質量分率皆爲 50%。經過分餾後，從塔頂排出的苯具有質量流率 450 kg/h，塔底的甲苯具有質量流率 475 kg/h。若此程序已達穩態，試求兩股出料的總質量流率與組成。

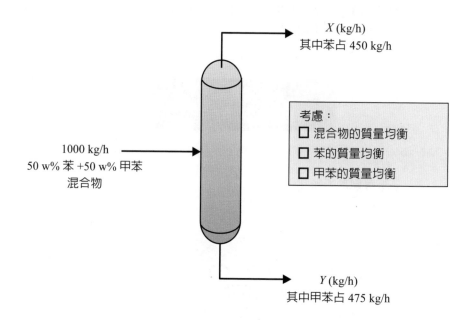

X (kg/h)
其中苯占 450 kg/h

1000 kg/h
50 w% 苯 +50 w% 甲苯
混合物

考慮：
☐ 混合物的質量均衡
☐ 苯的質量均衡
☐ 甲苯的質量均衡

Y (kg/h)
其中甲苯占 475 kg/h

解答

本問題中牽涉兩種成分，故需考慮兩項質量均衡，可供選擇的質量均衡方程式有三種，分別是混合物（M）、苯（B）和甲苯（T），但其中只有兩個方程式相互獨立，第三個方程式可由前兩者以線性方式組合。假設塔頂產物的總質量流率爲 X，塔底產物的總質量流率爲 Y，則依混合物的質量均衡可發現：$1000 = X + Y$。

又已知原料中含有 50% 的苯，故苯的質量流率爲 500 kg/h，另已知塔頂產物中的苯占 450 kg/h，代表塔底產物中，苯的流率爲 500 – 450 = 50 kg/h。由於塔底產物中的甲苯流率爲 475 kg/h，因此可得到塔底產物的總流率爲：$Y = 50 + 475 = 525$ kg/h。

由於塔底產物中的苯有 50 kg/h，故苯的質量分率爲 w_B = 50/525 = 9.5%，甲苯爲 w_T = 475/525 = 90.5%。從求出的 Y，可進一步得到 $X = 475$ kg/h。由於塔頂產物中的苯有 450 kg/h，故其中的苯占 w_B = 450/475 = 94.7%，甲苯占 w_T = 25/475 = 5.3%。

範例 2

有兩股水流注入一鍋爐中煮沸，其中一股水流的溫度爲 30℃，流量爲 125 kg/min，另一股水流的溫度爲 65℃，流量爲 175 kg/min，爐內的壓力爲 17 bar。加熱後可得到飽和蒸汽，再從 14 cm 內徑的管子排出。假設輸入的水流動能可忽略，則必須提供此鍋爐多少熱量？

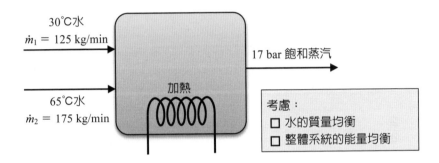

解答

　　由質量均衡可知，在穩定態下，輸入的兩股水流將匯聚成輸出的蒸汽流，所以蒸汽的流率 $\dot{m}_3 = 300$ kg/min。

　　另從蒸汽表中可查詢到 30℃ 和 65℃ 的水分別具有 125.7 kJ/kg 和 271.9 kJ/kg 的焓；而輸出的飽和蒸汽在 17 bar 下爲 204℃，焓爲 2793 kJ/kg。

　　蒸汽排出時，可查出其密度爲 8.567 kg/m³。對於 14 cm 內徑的管子，可計算出蒸汽的流速爲：$\mathbf{v} = \dfrac{\dot{m}_3}{\rho A} = \dfrac{300\,\text{kg/min}}{(8.567\,\text{kg/m}^3)\left(\dfrac{\pi \times 0.14^2}{4}\,\text{m}^2\right)} = 38$ m/s。

　　接著進行系統的能量均衡，根據熱力學第一定律，假設沒有軸功和位能變化，可得到系統的吸熱速率 Q 爲：$Q = \Delta H + \Delta E_k$。其中

$$\Delta H = \dot{m}_3 H_3 - \dot{m}_1 H_1 - \dot{m}_2 H_2$$
$$= (300)(2793) - (125)(125.7) - (175)(271.9)$$
$$= 7.75 \times 10^5 \text{ kJ/min} = 1.29 \times 10^4 \text{ kW}$$

$\Delta E_k = \dfrac{1}{2}\dot{m}_3 \mathbf{v}^2 = \left(\dfrac{1}{2}\right)(300)(38)^2 = 3610$ W，代表動能變化可忽略。

因此，$Q = \Delta H + \Delta E_k = 1.29 \times 10^4$ kW。

Note

第2章
動量傳送

本章將探討動量傳送的理論面與應用面，以下為各節概要：

2-1 節至 2-3 節：發展背景與流體特性；

2-4 節至 2-7 節：動量傳送的研究範圍；

2-8 節至 2-12 節：巨觀系統的均衡原理；

2-13 節至 2-19 節：巨觀流體力學理論的應用；

2-20 節至 2-27 節：微觀系統的均衡原理；

2-28 節至 2-32 節：微觀流體力學理論的應用；

2-33 節至 2-38 節：流體與固體的相互作用；

2-39 節至 2-45 節：流體力學的工業應用；

2-46 節至 2-50 節：流體力學的模擬方法。

2-1 流體力學發展史

流體力學從何而來？

自 17 世紀末葉起，古典力學理論已被牛頓等人建立。除了研究固體的運動問題，牛頓也著手探索流體的運動，因而在 1678 年提出了黏度定律，提供流體行為的預測基礎。之後在 18 世紀初，微積分方法在 Daniel Bernoulli 等人的運用下，技巧愈來愈成熟，已可用於流體的分析。至 1775 年，Euler 首先建立了理想流體的運動方程式，提出流場中定點的流體運動描述方法；另於 1781 年，Lagrange 則從流體質點的角度又提出一種理想流體的運動描述方法。

理想流體是指無黏性的流體，但在現實的流體中，流體分子會互相影響，不可能沒有黏性，因此 Euler 等人的理論無法解決實際的工程問題。到了 1822 年，曾經跟隨 Fourier 的法國工程師 Navier 修正了 Euler 的方程式，使具有黏性的流體也能適用，但 Navier 推導的方程式略有缺陷，後由英國的 Stokes 教授提出正確的推導，完成了後世稱為 Navier-Stokes 方程式的偉大成果。另一方面，在 1883 年，Reynolds 發現流體運動擁有兩種模式，速度較慢者呈現層狀流動，速度較快者則呈現紊亂流動，尤其後者會受到邊界微調而完全改變流動狀態，亦即混沌現象，使科學界一致認為紊流研究是極其困難的課題。

理論上，求解 Navier-Stokes 方程式應可回答紊流問題，但此方程式中存在了非封閉性與非線性的特質，而且其解的唯一性與存在性仍無法證明，所以只有單純的流體系統可用工程數學的方法預測。但隨著數值方法的進展，以及電腦計算速度的增長，經由數值模擬來解析流體問題已逐漸成為一種工程技術，因而形成計算流體力學（computational fluid dynamics，簡稱 CFD）的新學門。目前在工程設計上，皆已採取 CFD 方法，而不直接經過 Navier-Stokes 方程式的理論求解。然而，CFD 的限制在於流體系統只能進行有限分割，分割後的計算結果再集合成整體流動行為，因而無法應付前述的混沌現象，亦即知名的蝴蝶效應。因此，基於物理學和數學分析領域的探究，尋找 Navier-Stokes 方程式的求解方法仍是數學物理界的盛事，在 2000 年 5 月，著名的數學家 Atiyah 代表宣布了 21 世紀七個數學界中最吸引人的千禧年難題，若能解決其中一題，即可獲得 Clay 數學研究所提供的百萬美元獎金，而求解 Navier-Stokes 方程式，即為七大難題之一。

Isaac Newton
（1642～1727）
建立古典力學，
提出黏度定律

Daniel Bernoulli
（1700～1782）
提出白努利定
律，以流線研究
流體運動

Joseph Lagrange
（1736～1813）
採用質點模式分
析流體運動

Leonhard Euler
（1707～1783）
建立理想流體的運動
方程式，採用定點模
式分析流體運動

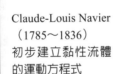

Claude-Louis Navier
（1785～1836）
初步建立黏性流體
的運動方程式

George Stokes
（1819～1903）
修正黏性流體
的運動方程式

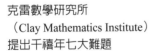

克雷數學研究所
（Clay Mathematics Institute）
提出千禧年七大難題

千禧年大獎難題
1. P/NP 問題
2. 霍奇猜想
3. 龐加萊猜想（已證明）
4. 黎曼猜想
5. 楊 - 米爾斯場
6. Navier-Stokes 方程式
7. 貝赫和斯維那通 - 戴爾猜想

2-2 流體黏性

何謂牛頓流體？

　　流體承受剪應力時，分子之間互相牽動，導致各處的運動不一致，一般以黏性來形容此現象。為了量化此現象，可將流體夾在兩大片平行板中，且只拉動下板並固定上板，達到穩定態後，可發現流體的速度呈現層狀分布，而且從上到下的速度以線性比率漸增。定義拉動下板的力量為剪力（shear force），而平板上單位面積所受拉力稱為剪應力（shear stress），另也定義從下到上單位距離增加的速度為速度梯度（velocity gradient），或稱為剪率（shear rate），則經由實驗可發現，施加的剪應力 τ 和所得到的剪率成正比，此結果稱為牛頓黏度定律：

$$\tau = -\mu \frac{dv_x}{dy} \tag{2-1}$$

其中的 x 是拉力方向，也是流體前進方向，y 是從下板指向上板的方向，而比例常數 μ 即稱為黏度（viscosity）。另需說明，平板牽引緊鄰的流體層，所以此處（$y=0$）的速度最大，但在 $y>0$ 的速度將隨 y 漸減，故剪率為負值。通常施加的剪應力定為正值，故公式的右側存在負號。

　　由牛頓黏度定律可知，黏度的 SI 單位為 kg/m·s，或表示成 Pa·s；而 CGS 制的單位為 g/cm·s，或表示成 Poise，簡稱為 P。由於流體的黏性來自分子間的碰撞或牽引，因此會隨溫度與壓力而變化，但溫度的效應較強，壓力的效應較弱。為了比較各種流體的黏性，可定 20℃ 的水具有 0.01 P 的黏度，或記為 1 cP，其他的流體將與之相比，例如空氣中分子間的作用力比水弱，所以常溫下的黏度約介於 0.016～0.020 cP 之間。黏度高於水的流體如水銀，在 20℃ 的黏度約為 1.5 cP。當液體處於高溫環境時，分子的間距增大，黏度會下降；但氣體被加熱後，卻會增加碰撞頻率，反而會使黏度微幅提升。

　　在輸送現象中，為了類比動量、熱量與質量輸送，還需要探討流體的動黏度（kinematic viscosity），定義為黏度 μ 對密度 ρ 的比值：

$$v = \frac{\mu}{\rho} \tag{2-2}$$

其 SI 制單位為 m²/s，相同於後續才會說明的熱擴散係數 α 與擴散係數 D。

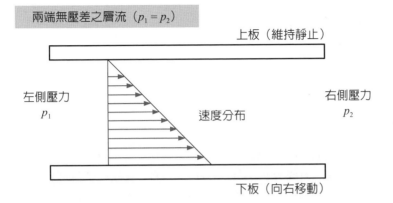

兩端無壓差之層流（$p_1 = p_2$）

上板（維持靜止）

左側壓力
p_1

速度分布

右側壓力
p_2

下板（向右移動）

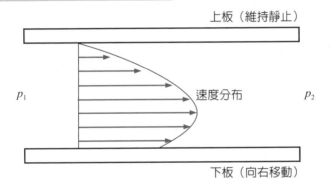

兩端有壓差之層流（$p_1 > p_2$）

上板（維持靜止）

p_1

速度分布

p_2

下板（向右移動）

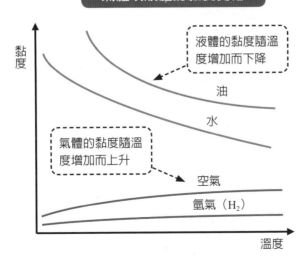

氣體或液體的黏度變化

黏度

液體的黏度隨溫度增加而下降

油

水

氣體的黏度隨溫度增加而上升

空氣

氫氣（H_2）

溫度

2-3 真實流體

何謂非牛頓流體？

　　然而，並非所有的流體皆符合牛頓黏度定律，所以流體可以大略分成滿足黏度定律的牛頓流體（Newtonian fluid），與不滿足的非牛頓流體（non-Newtonian fluid）。水和空氣可屬於前者，但生活中常見的油漆、泥漿或清潔劑等流體，則歸類為後者，而且非牛頓流體還可分為純黏性與黏彈性兩類，例如施加在某些聚合物溶液的外力移除後，此溶液會停止流動且恢復彈性，因而稱為黏彈性流體（viscoelastic fluid）。至於純黏性非牛頓流體中，有些例子的黏度會隨時間而變，有些則不會隨時間而變，因此前者稱為時間依變性流體（time-dependent fluid），後者稱為非時間依變性流體。

　　蜂蜜是常見的時間依變性流體，其黏度會隨著時間逐漸降低，又可稱為搖變減黏流體（thixotropic fluid）；潤滑劑的黏度則會隨著時間逐步增加，故可稱為搖變增黏流體（rheopectic fluid）。

　　也有一類流體的黏度不會隨時間而變，但也不符合牛頓黏度定律，這些流體又可分成三類。第一類稱為賓漢流體（Bingham fluid），承受不夠大的剪應力時，流體並不會移動，直到超越某個臨界值 τ_0 之後，才會產生流動，泥漿或紙漿屬於此類流體，其黏度定律可表示為：

$$\tau - \tau_0 = -\mu \frac{dv_x}{dy} \tag{2-3}$$

　　第二類非牛頓流體的剪率不會正比於外加的剪應力，而且其黏度會隨剪率增加而提升，例如玉米粉水溶液中，當攪動輕微時感覺溶液稀薄，但攪動劇烈時卻感覺溶液濃稠，因為玉米粉會阻擋其他粒子的運動，此類流體稱為膨脹流體（dilatant fluid），其力學關係可表示為：

$$\tau = K\left(-\frac{dv_x}{dy}\right)^n \tag{2-4}$$

其中 K 為膨脹流體之黏度，n 為大於 1 的參數，其值相關於溫度、壓力、密度等條件。第三類非牛頓流體的黏度會隨剪率增加而降低，例如乳膠漆溶液，因為其中的油滴分子彼此吸引，在靜止時顯得濃稠，但施力攪動後卻顯得稀薄，此類流體稱為擬塑性流體（pseudoplastic fluid），其力學關係類似（2-4）式，但參數 $n < 1$。

流體分類

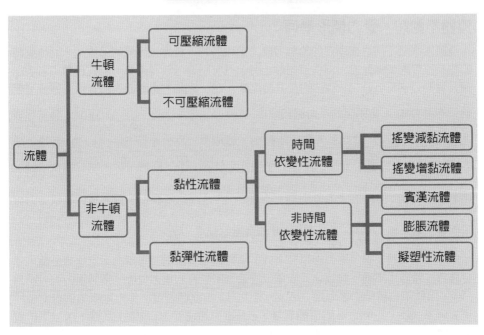

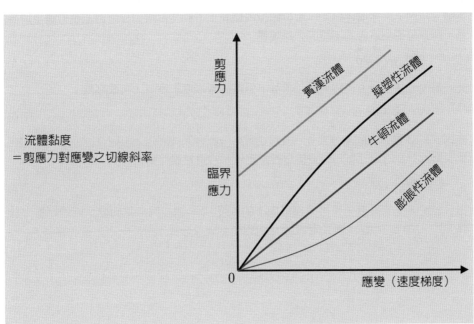

流體黏度
＝剪應力對應變之切線斜率

2-4　靜止流體

流體不動時，受力情形為何？

　　流體與固體不同之處即在於施加剪應力於流體時，會導致流體局部流動，而流動時的難易程度則稱爲黏度；但當流體靜止時，只有壓力而無剪應力。若在流體中考慮一個長寬高分別爲 Δx、Δy、Δz 的長方體範圍，在 x 方向上的兩個面都會承受外側流體給予的壓力 Δp，使兩面的受力總和成爲 $-\Delta p \Delta y \Delta z$ 或表示成 $-\dfrac{\Delta p}{\Delta x}\Delta x \Delta y \Delta z$，負號代表此力朝著 $+x$ 方向。當此長方體不斷縮小，終成單一點，亦即 Δx、Δy、Δz 皆趨近於 0，則可發現單位體積流體中朝著 x 方向的受力爲 $-\dfrac{\partial p}{\partial x}$。同理可證，單位體積流體中朝著 y 方向和 z 方向的受力分別爲 $-\dfrac{\partial p}{\partial y}$ 和 $-\dfrac{\partial p}{\partial z}$。因此，靜止液體的單位體積受力可用向量法表示爲 $(-\dfrac{\partial p}{\partial x},-\dfrac{\partial p}{\partial y},-\dfrac{\partial p}{\partial z})$，此即負壓力梯度 $-\nabla p$。

　　對於靜止流體，除了壓力作用力之外，流體還承受著重力，兩力必定達成平衡，才會導致流體靜止不動。若以 ϕ 代表單位質量流體具有的重力位能，則其重力可表示爲 $-\nabla\phi$，因此單位體積的重力爲 $-\rho\nabla\phi$，其中的 ρ 爲流體密度。靠近地表處的重力位能可表示爲 mgz，其中的 m 爲流體質量，g 爲重力加速度，z 爲向上高度，所以單位質量流體承受的重力可成爲 $-\nabla\phi=-g$，而單位體積流體承受的重力可成爲 $-\rho\nabla\phi=-\rho g$，負號表示向下。由前述已知，單位體積流體靜止不動時，壓力作用力和重力應達成平衡，所以可得到廣義的流體靜力學規律：

$$-\nabla p - \rho\nabla\phi = 0 \tag{2-5}$$

此式屬於一種微分方程式，難以求解，但當流體密度不變時，可改寫爲：

$$-\nabla(p + \rho\phi) = 0 \tag{2-6}$$

亦即 $p + \rho\phi$ 對空間的微分爲 0。換言之，$p + \rho\phi$ 會保持固定，不隨位置而變。已知在地表附近，$\phi = gz$，所以 $p + \rho gz$ 會維持定值。若再定義此定值爲 p_0，則可得：

$$p = p_0 - \rho gz \tag{2-7}$$

由於 z 是向上的高度，也可改寫成向下的深度 $-h$，即成爲常見的靜止液體之壓力計算公式：$p = p_0 + \rho gh$，而且定值是大氣壓力。

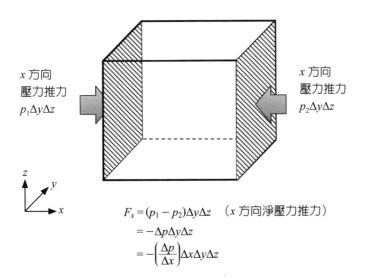

巨觀控制體積

x 方向
壓力推力
$p_1\Delta y\Delta z$

x 方向
壓力推力
$p_2\Delta y\Delta z$

$$F_x = (p_1 - p_2)\Delta y\Delta z \quad （x \text{ 方向淨壓力推力}）$$
$$= -\Delta p\Delta y\Delta z$$
$$= -\left(\frac{\Delta p}{\Delta x}\right)\Delta x\Delta y\Delta z$$

微觀控制體積（縮小成單點）

$$\lim_{\substack{\Delta y \to 0 \\ \Delta z \to 0}} p_1\Delta y\Delta z \qquad \lim_{\substack{\Delta y \to 0 \\ \Delta z \to 0}} p_2\Delta y\Delta z$$

$$\lim_{\Delta V \to 0}\frac{F_x}{\Delta V} = \lim_{\Delta x \to 0}\left(-\frac{\Delta p}{\Delta x}\right) = -\frac{\partial p}{\partial x}$$

靜力平衡

$-\nabla p$

ρg

$$-\nabla p = \rho g$$
$$\Rightarrow -\frac{p - p_0}{z} = \rho g$$
$$\Rightarrow p = p_0 - \rho g z$$

範例 1

一個氣體鋼瓶上連接了一只壓力計，其讀數為 180 kPa，在鋼瓶的另一端則連接了裝有水銀的 U 形管，管外與大氣相接。已知大氣壓為 1 atm，試問 U 形管兩側的水銀具有多少高度差？

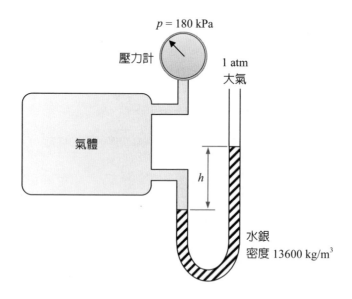

解答

取 U 形管左側的水銀液面為基準，施加於此液面的壓力即為 $p_L = 180$ kPa；而右側水銀液面承受的壓力為 1 atm = 101.3 kPa。因此，

$$p_R = 101.3 \text{ kPa} + \rho g h = 101.3 \times 10^3 \text{ Pa} + (13600)(9.8)h = p_L = 180 \times 10^3 \text{ Pa}$$

故可得到：

$$h = \frac{180 \times 10^3 - 101.3 \times 10^3}{(13600)(9.8)} = 0.59 \text{ m} = 59 \text{ cm}$$

範例 2

有兩根水管，其一內部為淡水，另一為海水，兩根水管的側面有一彎管相連，彎管內裝有一段水銀和一段空氣，試計算淡水與海水管線的壓力差為何？

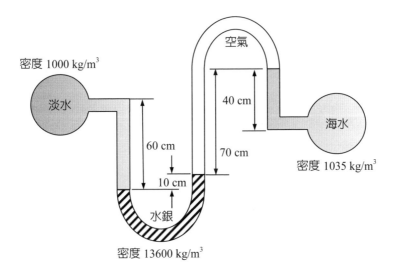

解答

假設淡水管線的壓力為 p_1，海水的管線壓力為 p_2，彎管內的空氣壓力為 p_3。則可發現：

$p_1 + (1000)(9.8)(0.6) = p_3 + (13600)(9.8)(0.1)$

$p_2 = p_3 + (1035)(9.8)(0.4)$

所以兩管的壓差為：

$$\Delta p = p_1 - p_2$$
$$= [p_3 + (13600)(9.8)(0.1) - (1000)(9.8)(0.6)] - [p_3 + (1035)(9.8)(0.4)]$$
$$= 3391 \text{ Pa}$$

2-5　運動流體

受力的流體如何運動？

　　探討運動的流體時，首先必須考慮流體的狀態方程式（state equation），將其壓力 p 關聯到密度 ρ，亦即 $\rho = \rho(p)$。如前所述，常見的流體可分為不可壓縮流體與可壓縮流體，前者如水，後者如空氣。接著再考慮流體之質量均衡，藉由散度定理可推導出連續方程式（equation of continuity）。之後可從力學角度，討論流體速度如何受外力改變，利用牛頓第二運動定律表示出單位體積流體所受外力之總和等於單位體積流體之質量乘以加速度，進而列出運動方程式（equation of motion）。對於具有黏性的真實流體，所受外力通常包含壓力作用力、重力與黏滯力；但對於無黏性的理想流體，其黏滯力可忽略，只需考量壓力作用力和重力。

　　牛頓運動定律可簡單地表示為 $F = ma = m\dfrac{d\mathbf{v}}{dt}$，所以加速度是速度的全微分，並非速度對時間的偏微分，因為 $\dfrac{\partial\mathbf{v}}{\partial t}$ 只代表空間中某定點的速度時變率，只能稱之為在地加速度（local acceleration）。實際上，流體運動中還必須討論流動加速度（convective acceleration），是指流體內特定部分的速度變化率，此特定部分可視為流體粒子或漂浮樹葉，它們會隨著流體一起移動。因此流體的實質加速度應表示為速度實質微分（substantial derivative），符號記為 $\dfrac{D\mathbf{v}}{Dt}$，是在地加速度與流動加速度的組合，同時也是速度的全微分：

$$a = \frac{d\mathbf{v}}{dt} = \frac{\partial\mathbf{v}}{\partial t} + \left(\frac{\partial\mathbf{v}}{\partial x}\cdot\frac{dx}{dt} + \frac{\partial\mathbf{v}}{\partial y}\cdot\frac{dy}{dt} + \frac{\partial\mathbf{v}}{\partial z}\cdot\frac{dz}{dt}\right) = \frac{\partial\mathbf{v}}{\partial t} + \mathbf{v}\cdot\nabla\mathbf{v} = \frac{D\mathbf{v}}{Dt} \tag{2-8}$$

　　用一顆被染色的小水滴來舉例說明。從時間 t 到 $t + \Delta t$ 內，水滴從位置 (x, y, z) 移動到 $(x + \Delta x, y + \Delta y, z + \Delta z)$，速度則從 $\mathbf{v}(x, y, z, t)$ 改變成 $\mathbf{v}(x + \Delta x, y + \Delta y, z + \Delta z, t + \Delta t)$，其中已知 $\Delta x = \mathbf{v}_x\Delta t$、$\Delta y = \mathbf{v}_y\Delta t$、$\Delta z = \mathbf{v}_z\Delta t$，$\mathbf{v}_x$、$\mathbf{v}_y$、$\mathbf{v}_z$ 是速度 $\mathbf{v}$ 的三個分量。若對速度進行一階展開，則可得：

$$\mathbf{v}(x + \mathbf{v}_z\Delta t, y + \mathbf{v}_y\Delta t, z + \mathbf{v}_z\Delta t, t + \Delta t)$$
$$\approx \mathbf{v}(x, y, z, t) + \left(\frac{\partial\mathbf{v}}{\partial x}\right)\mathbf{v}_x\Delta t + \left(\frac{\partial\mathbf{v}}{\partial y}\right)\mathbf{v}_y\Delta t + \left(\frac{\partial\mathbf{v}}{\partial z}\right)\mathbf{v}_z\Delta t + \left(\frac{\partial\mathbf{v}}{\partial t}\right)\Delta t \tag{2-9}$$

因此染色水滴的加速度恰為速度的實質微分：

$$a = \lim_{\Delta t\to 0}\frac{\Delta\mathbf{v}}{\Delta t} = \left(\frac{\partial\mathbf{v}}{\partial x}\right)\mathbf{v}_x + \left(\frac{\partial\mathbf{v}}{\partial y}\right)\mathbf{v}_y + \left(\frac{\partial\mathbf{v}}{\partial z}\right)\mathbf{v}_z + \left(\frac{\partial\mathbf{v}}{\partial t}\right) = \left(\frac{\partial\mathbf{v}}{\partial t}\right) + (\mathbf{v}\cdot\nabla)\mathbf{v} \tag{2-10}$$

運用此類微分可求取無動力物體的加速度，因為結果等同於全微分；但求取具動力物體的加速度時，則只能使用全微分，且其結果不同於實質微分。

位移

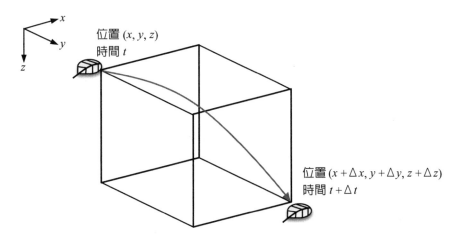

位置 (x, y, z)
時間 t

位置 $(x + \triangle x, y + \triangle y, z + \triangle z)$
時間 $t + \triangle t$

速度

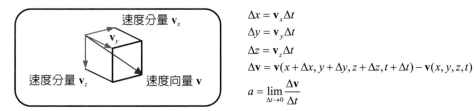

速度分量 $\mathbf{v}_x$

$\mathbf{v}_y$

速度分量 $\mathbf{v}_z$　速度向量 $\mathbf{v}$

$$\Delta x = \mathbf{v}_x \Delta t$$
$$\Delta y = \mathbf{v}_y \Delta t$$
$$\Delta z = \mathbf{v}_z \Delta t$$
$$\Delta \mathbf{v} = \mathbf{v}(x + \Delta x, y + \Delta y, z + \Delta z, t + \Delta t) - \mathbf{v}(x, y, z, t)$$
$$a = \lim_{\Delta t \to 0} \frac{\Delta \mathbf{v}}{\Delta t}$$

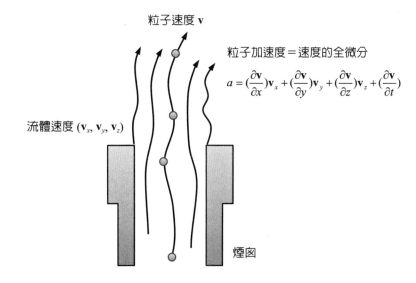

粒子速度 $\mathbf{v}$

粒子加速度＝速度的全微分

$$a = (\frac{\partial \mathbf{v}}{\partial x})\mathbf{v}_x + (\frac{\partial \mathbf{v}}{\partial y})\mathbf{v}_y + (\frac{\partial \mathbf{v}}{\partial z})\mathbf{v}_z + (\frac{\partial \mathbf{v}}{\partial t})$$

流體速度 $(\mathbf{v}_x, \mathbf{v}_y, \mathbf{v}_z)$

煙囪

2-6　運動描述

如何描述運動中的流體？

對於前述的運動流體，我們思考到兩種描述運動的形式，其一是追蹤個別物體的軌跡，探討其動量與能量如何與其他物體交換，此類型稱為 Lagrange 描述；但當個別物體如流體般難以定義時，則必須以連續體（continuum）的模式來考慮其移動與變形，此類型稱為 Euler 描述。

Lagrange 描述是對單一質點運動軌跡的研究，也就是在座標系中，某質點的速度或加速度只受到其起始位置及時間的影響。例如一架飛機在空中飛行，若能將其視為質點，則最直接的速度描述是推動淨力產生的動量時變率，也就是常用的牛頓運動定律：

$$F = \frac{d(m\mathbf{v})}{dt} \tag{2-11}$$

但對於非固體的運動，外力不僅導致移動也產生形變，因而難以視為單一質點。若採用 Euler 描述，則不需追蹤流體各部位的運動情形，只需探討特定位置的控制體積（control volume）內的場變數（field variable），相關的場變數包括壓力、速度或加速度，統稱為流場（flow field）。因此，控制體積屬於開放系統，只有無形的框架，允許流體質點進出。以水面上漂浮的樹葉為例，可視為沒有動力的質點，所以採用 Euler 描述可將其加速度 a 表示為：

$$a = (\frac{\partial \mathbf{v}}{\partial x})\mathbf{v}_x + (\frac{\partial \mathbf{v}}{\partial y})\mathbf{v}_y + (\frac{\partial \mathbf{v}}{\partial z})\mathbf{v}_z + (\frac{\partial \mathbf{v}}{\partial t}) = (\frac{\partial \mathbf{v}}{\partial t}) + (\mathbf{v} \cdot \nabla)\mathbf{v} \tag{2-12}$$

其中 $\mathbf{v}$ 是水流的速度向量，$\mathbf{v}_x$、$\mathbf{v}_y$、$\mathbf{v}_z$ 則是水流在三個方向上的速度分量。

場變數在流場中的實質變化行為，可分成兩部分，第一部分是相對於整體的局部（local）變化，例如上式中的 $\frac{\partial \mathbf{v}}{\partial t}$，第二部分是整體性的對流變化，例如上式中的 $(\mathbf{v} \cdot \nabla)\mathbf{v}$。其中前者是場變數隨時間呈現的非穩定變化狀態（unsteady state），後者則是場變數在不同位置形成的分布所產生的變化狀態。但需注意，當系統達到穩定態（steady state）後，前者的效應變為 0，後者的效應則可能不為 0。

以溫度測量區別流體的兩種運動描述方式

拉格朗日描述（Lagrangian description）

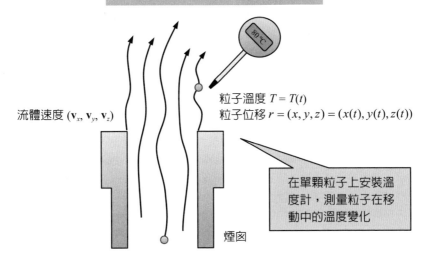

流體速度 $(\mathbf{v}_x, \mathbf{v}_y, \mathbf{v}_z)$

粒子溫度 $T = T(t)$
粒子位移 $r = (x, y, z) = (x(t), y(t), z(t))$

煙囪

在單顆粒子上安裝溫度計，測量粒子在移動中的溫度變化

歐拉描述（Eulerian description）

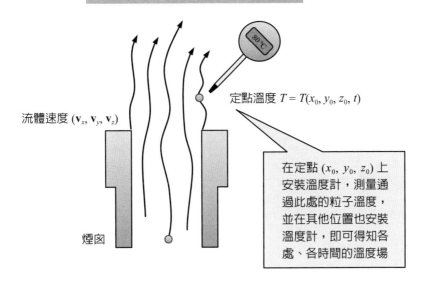

流體速度 $(\mathbf{v}_x, \mathbf{v}_y, \mathbf{v}_z)$

定點溫度 $T = T(x_0, y_0, z_0, t)$

煙囪

在定點 (x_0, y_0, z_0) 上安裝溫度計，測量通過此處的粒子溫度，並在其他位置也安裝溫度計，即可得知各處、各時間的溫度場

2-7 控制體積

如何選擇控制體積？

前一單元提到了流體運動的 Euler 描述，必須探討處於特定位置之控制體積內的變化，例如壓力或速度，這些變因組成了場變數，最終以流場來形容流體的運動情形。此控制體積只有無形的邊界，允許流體質點進出，屬於開放系統，但系統可以擁有各種形狀。

以一個有蓋的儲液桶爲例，我們可定義桶壁和蓋子爲控制體積的邊界（boundary），此外也包含入水孔與排水孔的截面，因此構成在數學上表述爲簡單連通的封閉空間（simply-connected domain），但在物理上則表示爲允許物理量進出的開放空間。此處所指的物理量，包括質量、動量、能量等，可以從入口引進，從出口離開，也可以穿越邊界進出。現以注水至儲液桶爲例，質量從入水孔進入控制體積，逐漸累積在桶內，若桶槽有蓋，將會在某個時刻被水充滿，此時打開排水孔，則有質量從排水孔離開控制體積。若桶槽無蓋，也會在某個時刻被水充滿，此時控制體積的上方邊界可視爲氣液界面，其餘邊界仍爲桶壁，繼續注水後，水將從上方邊界溢出，此即穿越邊界的情形。爲了避免複雜，桶槽頂面可視爲一種較大的排水口，使質量仍然只會從出口離開，但有些案例還會遇到水分蒸發的情形，則應視爲單純的穿越邊界。在考慮物理量均衡時，勿遺漏此穿越現象，尤其對於熱量輸送。

上述的桶槽被歸類爲巨觀的控制體積，可協助評估整體性的物理量變化，對於桶槽內的液體，也可選取其中的一小部分而定爲微觀的控制體積，有利於探討水的流動行爲。巨觀控制體積的外型取決於裝置，例如桶槽或管路爲圓柱體，控制體積即爲圓柱。微觀控制體積的外型則取決於流動模式，但在尚未求解流場之前，只能預判流動模式，因而先猜測控制體積的外型，尋找便利的求解方法，但若選擇了不適當的控制體積，理論上也能求出流場，只是過程比較複雜。

對於圓管中的流體，若猜測速度不隨上下游而改變，只在管截面上變化，則可取一個平行管軸的圓柱薄殼作爲控制體積；若猜測速度在管截面上皆相同，只隨上下游而改變，則可取一個平行管截面的圓盤作爲控制體積；若猜測速度不只隨上下游而改變，也在管截面上變化，則可取一個平行管軸的圓環薄殼作爲控制體積。從中可發現第三種選擇方法最通用，前兩種選擇只能針對特例，因此微觀控制體積的選取，可先以通用爲原則，再逐步放寬條件，且其形狀應相關於巨觀控制體積，例如圓管中的幾種微觀控制體積，皆含有圓周。

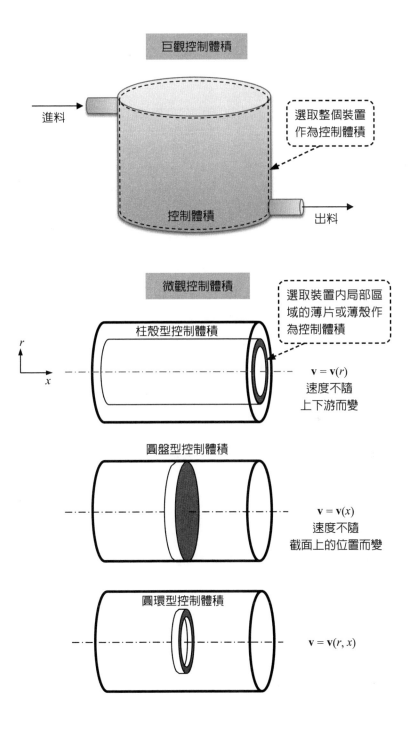

2-8　巨觀質量均衡

管中液體為何可以連續流動？

　　裝置設施的外型通常決定了巨觀控制體積，例如桶槽或管路的巨觀控制體積可定為圓柱，氣球的控制體積可定為圓球。在流體力學中，為了解裝置設施內的流體平均變化，可採用巨觀的物理量均衡，在流體沒有迴旋的案例中，這些物理量必須包含質量、能量與動量。

　　以一段液體流通的管線為例，入口屬於控制體積的一個邊界，出口則為另一邊界，這兩處允許液體進出，管壁則為液體無法穿越的邊界。因此巨觀的質量均衡可表示為：

$$[進料] = [出料] + [累積] \tag{2-13}$$

其中沒有產生項，因為不涉及核反應，沒有質量增減。若另以特定時刻來觀察均衡，還可表示為：

$$[進料速率] = [出料速率] + [累積速率] \tag{2-14}$$

對於流動穩定且液體能充滿管線的例子，其流速不隨時間變化，且管內液體的累積量已不再改變，使巨觀質量均衡關係成為：

$$[進料速率] = [出料速率] \tag{2-15}$$

　　若已知入口的平均速度為 $\mathbf{v}_1$，截面積為 A_1，密度為 ρ_1，則入口的體積流率可表示為 $Q_1 = \mathbf{v}_1 A_1$，質量流率為 $\dot{m}_1 = \rho_1 Q_1 = \rho_1 \mathbf{v}_1 A_1$。若出口的平均速度為 $\mathbf{v}_2$，截面積為 A_2，密度為 ρ_2，則出口的體積流率可表示為 $Q_2 = \mathbf{v}_2 A_2$，質量流率為 $\dot{m}_2 = \rho_2 Q_2 = \rho_2 \mathbf{v}_2 A_2$。再從巨觀質量均衡可知，$\dot{m}_1 = \dot{m}_2$，亦即：

$$\rho_1 \mathbf{v}_1 A_1 = \rho_2 \mathbf{v}_2 A_2 \tag{2-16}$$

此結果亦稱為連續方程式（continuity equation），表示處於穩定態的流體，在只有單一入口和單一出口的管線中質量流率相等，具有連續性。若持續縮短管線，出入口逐漸逼近，最終微縮成一片截面，此時面積與密度相等，速度亦相等，更能呈現出連續性。

　　在流體密度不改變的情形下，從上式還可以推論，出口面積若小於入口面積，亦即 $A_2 < A_1$，則可得到更大的出口流速，亦即 $\mathbf{v}_2 > \mathbf{v}_1$，這就是壓縮水管末端能噴出更強水柱的原因。若出口不只一個，而有兩處時，巨觀質量均衡可成為：

$$\rho_1 \mathbf{v}_1 A_1 = \rho_2 \mathbf{v}_2 A_2 + \rho_3 \mathbf{v}_3 A_3 \tag{2-17}$$

在工廠中常會遇到此分流情形，若欲製造混流，也可依此類推。

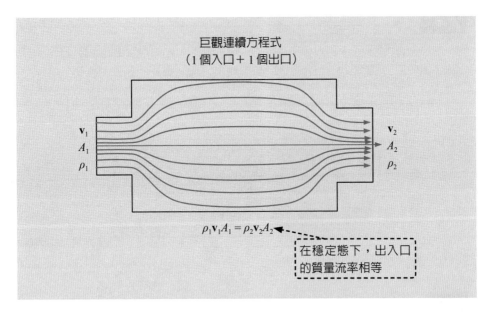

巨觀連續方程式
（1個入口＋1個出口）

$\mathbf{v}_1$
A_1
ρ_1

$\mathbf{v}_2$
A_2
ρ_2

$$\rho_1 \mathbf{v}_1 A_1 = \rho_2 \mathbf{v}_2 A_2$$

在穩定態下，出入口
的質量流率相等

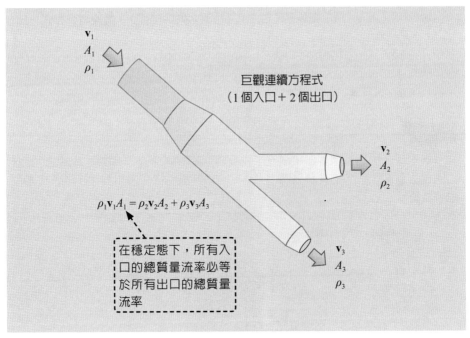

$\mathbf{v}_1$
A_1
ρ_1

巨觀連續方程式
（1個入口＋2個出口）

$\mathbf{v}_2$
A_2
ρ_2

$$\rho_1 \mathbf{v}_1 A_1 = \rho_2 \mathbf{v}_2 A_2 + \rho_3 \mathbf{v}_3 A_3$$

在穩定態下，所有入
口的總質量流率必等
於所有出口的總質量
流率

$\mathbf{v}_3$
A_3
ρ_3

範例 1

有一套管含有內徑 8 cm 的內管與內徑 20 cm 的外管，已知內管中有速度 40 m/s 的水流，兩管間的環形區域則有流速 2 m/s 的水流。在下游處，兩股水流充分混合，試求混合水流之速度。

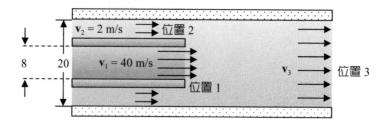

解答

定義內管為位置 1，環形區域為位置 2，下游混合區為位置 3。從連續方程式可知：

$$\mathbf{v}_3 A_3 = \mathbf{v}_1 A_1 + \mathbf{v}_2 A_2$$

$$\Rightarrow \mathbf{v}_3 \left[\frac{\pi(0.2)^2}{4} \right] = (40) \left[\frac{\pi(0.08)^2}{4} \right] + (2) \left[\frac{\pi(0.2)^2 - \pi(0.08)^2}{4} \right]$$

$$\Rightarrow \mathbf{v}_3 = 8.08 \text{ m/s}$$

範例 2

在一根半徑 R 的圓柱型容器中填充了密度為 ρ 的液體，有一個半徑 $R/3$、高度 H 的圓柱活塞正以等速度 $\mathbf{v}_0$ 在液體中下落。試估計流體從活塞和圓管縫隙間流過的體積流量。

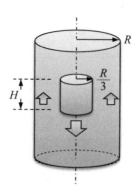

解答

活塞下落時，可視爲正下方液體以相同速度下移，所以下移的體積流率爲：$Q_{down} = \frac{1}{9}\pi R^2 \mathbf{v}_0$。

因爲整體系統沒有流動，所以活塞下方液體被推擠後，最終會往活塞與器壁的縫隙流動，速度爲 $\mathbf{v}$，因此縫隙中向上的體積流率爲：$Q_{up} = \frac{8}{9}\pi R^2 \mathbf{v}$。根據連續方程式可知，$Q_{up} = Q_{down} = \frac{1}{9}\pi R^2 \mathbf{v}_0$，所以可得到上流速度：$\mathbf{v} = \frac{1}{8}\mathbf{v}_0$。

範例 3

有一攪拌槽原裝有 100 kg、5 wt% 的食鹽水，現有 10 wt% 的食鹽水以 10 kg/h 輸入，加入後立刻攪拌至均勻，並從槽底以 5 kg/h 的流量排出。若此槽最多只能承載 500 kg，多久之後此槽會滿載？操作 20 小時後，槽內的食鹽總重量爲何？

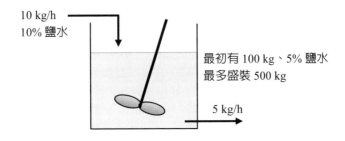

解答

根據質量均衡：$\frac{dm}{dt} = \dot{m}_{in} - \dot{m}_{out}$，其中 $\dot{m}_{in} = 10$ 且 $\dot{m}_{out} = 5$，另已知最初有 100 kg 鹽水，故可解得 $m = 100 + 5t$。因爲此槽最多只能承載 500 kg，所以裝滿的時間爲 80 h。

對於食鹽的質量 m_S 可表示爲：$m_S = (100 + 5t)w$，其中的 w 是槽內的質量分率。針對食鹽進行質量均衡可得：$\frac{d[(100+5t)w]}{dt} = (10)(0.1) - (5)(w) = 1 - 5w$，化簡後成爲 $(100+5t)\frac{dw}{dt} = 1 - 10w$。可從中解出：$w(t) = \frac{1}{10} - \frac{20}{(t+20)^2}$。

操作 20 小時後，質量分率爲 $w(20) = 0.0875$，所以此時的食鹽總重爲：$m(20)w(20) = (100 + 5 \times 20)(0.0875) = 17.5$ kg。

2-9　巨觀能量均衡(I)

流體內的能量如何轉換？

　　巨觀控制體積中，除了必須考量質量均衡，也要處理能量與動量均衡。欲討論能量均衡問題，可從熱力學第一定律著手。熱力學第一定律描述系統與環境的能量交換，交換的方式分為吸放熱與做功。若仍以流體為對象，定義系統內單位質量流體之總能量為 E，包含單位流體的重力位能、動能和內能 U。由於重力位能相關於目前位置相對於參考點的高度 z，動能相關於流體的平均速度 $\mathbf{v}$，因此單位質量流體之總能量為 E 可表示為：

$$E = U + \frac{\mathbf{v}^2}{2} + gz \tag{2-18}$$

另已知系統中，單位質量流體從環境所吸收的熱量為 Q，但可對環境作功 W，則藉由熱力學第一定律，亦即能量均衡，可得到：

$$\Delta E = \Delta \left(U + \frac{\mathbf{v}^2}{2} + gz \right) = Q - W \tag{2-19}$$

其中的 ΔE 代表總能量的變化量，概念上包含了累積量、產生量、流入與流出的差額；等式右側的 Q 則代表穿越系統邊界進入的能量，W 代表穿越系統邊界離開的能量，通常又可分為流動功（也稱為 PV 功）和施加在軸承機械的軸功 W_S。因此熱力學第一定律屬於巨觀的能量均衡表示式，相似於前述的質量均衡表示式。

　　相似地，考慮特定時刻下的能量均衡時，必須計算各種變化的速率。已知 q 為穿越系統邊界進入的熱傳速率，$\dot{W}_S$ 為流體對軸承機械所做的功率，$\dot{m}_1$ 和 $\dot{m}_2$ 分別為進入和離開系統的質量流率。若又假設系統已經進入穩定態，能量累積速率為 0，則巨觀的能量均衡可再表示為：

$$\dot{m}_2 H_2 - \dot{m}_1 H_1 + \frac{1}{2\alpha} (\dot{m}_2 \mathbf{v}_2^2 - \dot{m}_1 \mathbf{v}_1^2) + \dot{m}_2 gz_2 - \dot{m}_1 gz_1 = q - \dot{W}_S \tag{2-20}$$

其中的 H 為單位質量流體的焓，是結合了內能與 PV 功的結果，亦即熱力學關係：$H = U + pV$。α 為動能校正因子，是以平均速度計算出的流體動能對實際動能之比值。在層流時，$\alpha = 0.5$；在紊流時，$\alpha = 1.0$。

能量均衡（總量型）

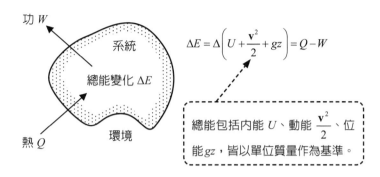

$$\Delta E = \Delta \left(U + \frac{\mathbf{v}^2}{2} + gz \right) = Q - W$$

總能包括內能 U、動能 $\dfrac{\mathbf{v}^2}{2}$、位能 gz，皆以單位質量作為基準。

能量均衡（速率型）

$$\dot{m}_1 H_1 + \frac{1}{2\alpha} \dot{m}_1 \mathbf{v}_1^2 + \dot{m}_1 gz_1$$

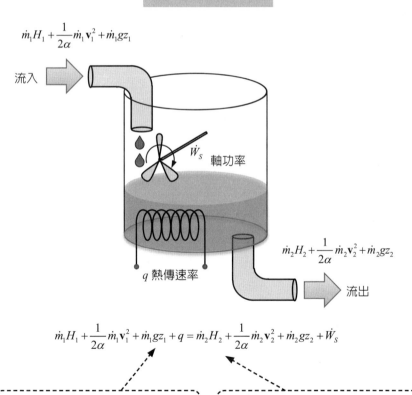

$$\dot{m}_2 H_2 + \frac{1}{2\alpha} \dot{m}_2 \mathbf{v}_2^2 + \dot{m}_2 gz_2$$

$$\dot{m}_1 H_1 + \frac{1}{2\alpha} \dot{m}_1 \mathbf{v}_1^2 + \dot{m}_1 gz_1 + q = \dot{m}_2 H_2 + \frac{1}{2\alpha} \dot{m}_2 \mathbf{v}_2^2 + \dot{m}_2 gz_2 + \dot{W}_s$$

入口液體的所有能量速率，其中也包括流體向環境吸收的熱速率 q

出口液體的所有能量速率，其中也包括流體提供給環境的功率 $\dot{W}_s$

範例 1

18℃的水，以 1.5 m/s 的平均速度進入鍋爐中，產生 150℃，150 kPa 的蒸汽，再以 9.0 m/s 的平均速度流出，並假設兩管線之流動均為紊流。已知排汽口的高度較入口高 15 m，試求在穩定態下，需要提供若干熱量至此系統？

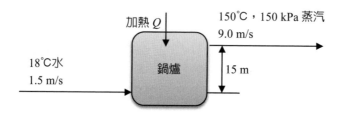

加熱 Q

150℃，150 kPa 蒸汽
9.0 m/s

18℃水
1.5 m/s

鍋爐

15 m

解答

　　首先考慮質量均衡，由於只有一個入口與一個出口，所以兩處的質量流率相等，亦即 $\dot{m}_1 = \dot{m}_2 = \dot{m}$。

　　在紊流下，$\alpha = 1.0$，且在本例中無幫浦或渦輪，所以 $\dot{W}_S = 0$，使能量均衡方程式可以化簡為：

$$H_2 - H_1 + \frac{1}{2}\left(\mathbf{v}_2^2 - \mathbf{v}_1^2\right) + g(z_2 - z_1) = \frac{q}{\dot{m}} = Q$$

其中出入口的單位質量流體動能可表示為：

$$\frac{1}{2}\mathbf{v}_1^2 = \frac{1}{2}(1.5)^2 = 1.125 \text{ m}^2/\text{s}^2$$

$$\frac{1}{2}\mathbf{v}_2^2 = \frac{1}{2}(9)^2 = 40.5 \text{ m}^2/\text{s}^2$$

另已知出入口的高度差為 15 m，所以單位質量流體之位能差為：
$g(z_2 - z_1) = (9.8)(15) = 147 \text{ m}^2/\text{s}^2$

經由蒸汽表，可以查得 18℃的水具有 $H_1 = 75.58$ kJ/kg；150℃、150 kPa 的蒸汽則具有 $H_2 = 2772.6$ kJ/kg，所以出入口的流體焓差為：
$H_2 - H_1 = (2772.6 - 75.58) = 2697$ kJ/kg

由這些條件可計算出單位質量流體之吸熱為：

$$Q = H_2 - H_1 + \frac{1}{2}\left(\mathbf{v}_2^2 - \mathbf{v}_1^2\right) + g(z_2 - z_1)$$

$$= 2697 \times 1000 + (40.5 - 1.125) + 147 = 2697.2 \text{ kJ/kg}$$

從中可發現動能與重力位能的效應微小。

範例 2

85℃水貯存於非常大的水槽中，氣壓為 1 atm。在穩定態下，水由泵以 10 kg/s 之流率抽出，所供給的功率為 7.5 kW，之後經過一個固定 1400 kW 放熱速率操作的冷卻器，再排放至另一個開放的大水槽，排放管的高度在貯水槽的液面上方 20 m。試求流入第二個水槽時的水溫為何？

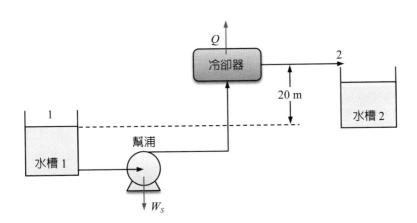

解答

　　定義第一水槽的液面為位置 1，排放管的出口為位置 2，系統為位置 1 到位置 2 之間的流體。經由蒸汽表，可以查得 85℃水具有 H_1 = 356 kJ/kg。另已知出入位置的高度差為 20 m，所以單位質量流體之位能差為：

$$g(z_2 - z_1) = (9.8)(20) = 19.6 \ \text{m}^2/\text{s}^2$$

　　在位置 1，因為水槽夠大，液面下降的速率很慢，所以此處的流體動能可忽略；在位置 2，雖然流體具有速度，但其動能相對於重力位能與焓的變化仍非常小，因此也予以忽略。在此系統中，因為安裝了冷卻器而使流體放熱，所以單位質量流體的放熱量為：

$$Q = -\frac{1400 \ \text{kW}}{10 \ \text{kg/s}} = -140000 \ \text{J/kg}$$

　　另還安置一台泵，提供能量給流體，所以單位質量流體的軸功為：

$$\dot{W}_S = -\frac{7450 \ \text{W}}{10 \ \text{kg/s}} = -745 \ \text{J/kg}$$

　　因此，系統的能量均衡方程式應表示為：

$$Q + \dot{W}_S = H_2 - H_1 + g(z_2 - z_1)$$

由此可得到位置 2 的焓為：

$$H_2 = Q + \dot{W}_S + H_1 - g(z_2 - z_1) = -140000 - 745 + 356000 - 19.6 = 215 \ \text{kJ/kg}$$

再查詢蒸汽表，可得知此處的水溫為 52℃。

2-10　巨觀能量均衡(II)

流體在管線內會損失能量嗎？

截至目前，我們已求得了巨觀控制體積中的質量均衡與能量均衡方程式，但兩式必須同時成立。因此，$\dot{m}_1 = \dot{m}_2 = \dot{m}$ 的關係可以引入能量均衡方程式中，進而得到：

$$H_2 - H_1 + \frac{1}{2\alpha}\left(\mathbf{v}_2^2 - \mathbf{v}_1^2\right) + g\left(z_2 - z_1\right) = Q - W_S \tag{2-21}$$

因為對流體而言，$q = \dot{m}Q$ 且 $\dot{W}_S = \dot{m}W_S$。

熱傳遞與內能變化與系統的溫度有關，但都受限於熱力學第二定律，不能完全轉變為功，但其他的動能或位能等變化仍可做功。反之，環境也可能對系統施力而做功，此類功對流體常屬於負功，會消耗動能或位能。常見的負功來源是管壁或管件對流體的摩擦阻力，若定義所有導致單位質量流體能量耗損的摩擦負功為 F_f，則可發現：

$$H_2 - H_1 = Q + F_f + \frac{p_2 - p_1}{\rho} \tag{2-22}$$

其中 ρ 是流體密度，而 $1/\rho$ 是則為單位質量的體積，所以等式右側的第三項屬於流動功，會導致流體的壓力改變。此結果代回（2-21）式後，可得到：

$$\frac{1}{2\alpha}\left(\mathbf{v}_2^2 - \mathbf{v}_1^2\right) + g\left(z_2 - z_1\right) + \frac{p_2 - p_1}{\rho} + F_f + W_S = 0 \tag{2-23}$$

若將（2-23）式應用在單純的管道，之中沒有包含軸承機械，更假設沒有摩擦損失，且流體速度足夠快而成為紊流（$\alpha = 1$），則能量均衡方程式可簡化成：

$$\frac{1}{2}\left(\mathbf{v}_2^2 - \mathbf{v}_1^2\right) + g\left(z_2 - z_1\right) + \frac{p_2 - p_1}{\rho} = 0 \tag{2-24}$$

此結果即為 Bernoulli 定律。因為（2-24）式來自 Daniel Bernoulli 於 1738 年出版的著作《Hydrodynamica》，雖然 Bernoulli 定律具有能量守恆的概念，但其思考依據是來自無黏性流體的動力學，能量守恆定律在當時還未出現。

Bernoulli 定律最直接的應用是一個底部具有排水孔的桶槽，當液體受到重力而從排水孔流出時，其速度等於 $\sqrt{2gh}$，其中的 h 為排水口至液面的距離，此結果稱為 Torricelli 定律，而且此流速類似自由落體的下降速度，因為排水口與液面的壓力相同，理論上損失的重力位能可完全轉換成動能。

白努利定律

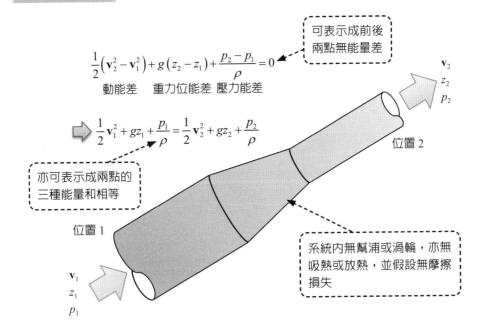

可表示成前後兩點無能量差

$$\frac{1}{2}\left(\mathbf{v}_2^2 - \mathbf{v}_1^2\right) + g\left(z_2 - z_1\right) + \frac{p_2 - p_1}{\rho} = 0$$

動能差　　重力位能差　壓力能差

$$\frac{1}{2}\mathbf{v}_1^2 + gz_1 + \frac{p_1}{\rho} = \frac{1}{2}\mathbf{v}_2^2 + gz_2 + \frac{p_2}{\rho}$$

亦可表示成兩點的三種能量和相等

位置 1

$\mathbf{v}_1$
z_1
p_1

$\mathbf{v}_2$
z_2
p_2

位置 2

系統內無幫浦或渦輪，亦無吸熱或放熱，並假設無摩擦損失

托里切利定律

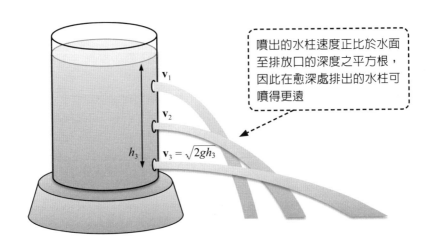

噴出的水柱速度正比於水面至排放口的深度之平方根，因此在愈深處排出的水柱可噴得更遠

$\mathbf{v}_1$

$\mathbf{v}_2$

h_3

$\mathbf{v}_3 = \sqrt{2gh_3}$

範例 1

儲存在 A 槽中的水從底部的排水管接上一台提供 2 kW 功率的泵，使水以 5 kg/s 的穩定流量輸送到 25 m 高的 B 槽，但水流入泵之前，所接的水管具有 3 in 內徑，離開泵的水管則具有 2 in 內徑。試問水流在此管路中的摩擦損失應爲何？此泵所能提供的壓差爲何？

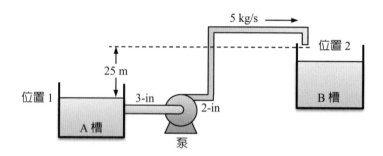

解答

(I) 計算摩擦損失 F_f：

定義位置 1 爲 A 槽的液面，位置 2 是排水管的末端，假設 $z_1 = 0$，所以 $z_2 = 25$ m。另因 A 槽的截面相對於排水管非常大，故可假設 $v_1 = 0$，而在排水管中，由於質量流率爲 5 kg/s，所以可計算出排水管中的流速：

$$\mathbf{v}_2 = \frac{Q_2}{A_2} = \frac{Q_2}{\pi D_2^2 / 4} = \frac{4 \times 0.005}{\pi (2 \times 0.0254)^2} = 2.47 \text{ m/s}$$

由此速度可估計出流動狀態屬於紊流，使 $\alpha = 1$。

因爲位置 1 和位置 2 都與大氣接觸，所以 $p_1 = p_2 = 1$ atm。

另已知泵的功率爲 2 kW，所以單位質量流體的軸功爲：

$$W_S = -\frac{p}{\dot{m}} = -\frac{2000}{1000 \times 0.005} = -400 \text{ J/kg}$$

根據能量均衡，可得到摩擦損失 F_f：

$$F_f = -\left[g(z_2 - z_1) + \frac{1}{2\alpha}(\mathbf{v}_2^2 - \mathbf{v}_1^2) + \frac{(p_2 - p_1)}{\rho} + W_S \right]$$

$$= -\left[9.8 \times 25 + \frac{1}{2} \times (2.47)^2 + 0 - 400 \right]$$

$$= 152 \text{ J/kg}$$

（II）計算壓力差：

定義位置 3 爲泵的入口，位置 4 是泵的出口，假設兩處的高度相同，所以 $z_3 = z_4$，且假設泵內無摩擦損失，使 $F_f = 0$。已知出口的流速爲：

$\mathbf{v}_4 = \mathbf{v}_2 = 2.47 \text{ m/s}$

但因泵入口管的內徑爲 3 in，所以入口的流速爲：

$$\mathbf{v}_3 = \frac{Q_3}{A_3} = \frac{Q_3}{\pi D_3^2/4} = \frac{4 \times 0.005}{\pi(3 \times 0.0254)^2} = 1.10 \text{ m/s}$$

因此，從位置 3 與位置 4 之間的能量均衡，即可得知兩處的壓力差 Δp：

$$\Delta p = p_4 - p_3 = -\rho \left[\frac{1}{2\alpha}(\mathbf{v}_4^2 - \mathbf{v}_3^2) + W_S \right]$$

$$= -1000 \times \left[\frac{1}{2}(2.47^2 - 1.10^2) - 400 \right]$$

$$= 398 \text{ kPa}$$

範例 2

一個水槽的下方連接管線至一部渦輪機。已知渦輪機上方 100 m 處的壓力爲 2×10^5 Pa，渦輪機的出口處壓力爲 1×10^5 Pa，渦輪機的效率爲 50%，進出渦輪機的管線內徑相同。若水在整體管路中的流量爲 5 m³/s，摩擦損失爲 200 J/kg，試計算渦輪機的輸出功率。

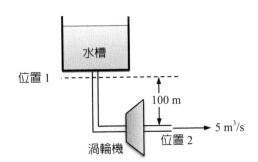

解答

定義渦輪機上方 100 m 處爲位置 1，渦輪機的出口處爲位置 2，由於進出渦輪機的管線內徑相同，所以 $\mathbf{v}_1 = \mathbf{v}_2$，代表兩位置沒有動能差異。故由能量均衡可知：

$$g(z_2 - z_1) + \frac{p_2 - p_1}{\rho} + F_f + W_S = 0$$

$$\Rightarrow (9.8)(0 - 100) + \frac{(1 \times 10^5 - 2 \times 10^5)}{1000} + 200 + W_S = 0$$

$$\Rightarrow W_S = 880 \text{ J/kg}$$

故渦輪機的輸出功率爲：

$P = \eta \rho Q W_S = (0.5)(1000)(5)(880) = 2.2$ MW

由此處可再次說明，渦輪機的軸功爲正，但泵的軸功爲負。

2-11　巨觀動量均衡(I)

牛頓定律可用來描述流體運動嗎？

　　流體力學的核心是動量均衡，因為古典力學中的牛頓運動定律，完整描述了外力對動量的作用。外力對一個質點的作用，在特例中可以表示成質量與加速度的乘積，但對於通用的系統，其總質量不一定能維持定值，故外力應表示為動量的時變率：

$$F = \frac{d(m\mathbf{v})}{dt}$$
(2-25)

　　因此，從特定時刻動量均衡的角度探討一個流體系統時，可列出：[系統內累積的動量速率] = [進入系統之動量速率] － [離開系統之動量速率] + [動量產生速率]。其中的動量產生速率可從牛頓運動定律決定，但當所有外力之和為 0 時，總動量將會守恆。

　　對於流體系統，可能加諸流體的外力包括重力 F_g、壓差推力 F_P、固體摩擦力 F_S 與固體表面正向力 F_N，其中重力屬於整體力（body force），作用於整個流體，後三種力量則屬於表面力（surface force），僅作用於流體的邊界，而且最後兩項特別指流體與固體間的作用力。

　　當流體系統處於穩定態時，系統內累積的動量速率將等於 0，故可得到總作用力對流入系統和離開系統之動量速率間的關係：

$$\Sigma F = F_g + F_P + F_S + F_N = \beta_2 \dot{m}_2 \mathbf{v}_2 - \beta_1 \dot{m}_1 \mathbf{v}_1$$
(2-26)

其中的下標 2 代表離開系統，下標 1 代表進入系統，而 β 被定義為動量修正係數，是指實際動量速率對平均速度 $\mathbf{v}$ 算出的動量速率 $\dot{m}\mathbf{v}$ 的比值，已知在層流時 $\beta = 0.75$，在紊流時 $\beta = 1$。必須注意，動量為向量，因此上式屬於向量方程式，可以拆解成三個純量方程式，亦即在 x 方向可以列出一個動量均衡方程式：

$$\Sigma F_x = F_{gx} + F_{Px} + F_{Sx} + F_{Nx} = \beta_2 \dot{m}_2 \mathbf{v}_{x2} - \beta_1 \dot{m}_1 \mathbf{v}_{x1}$$
(2-27)

在 y 方向和 z 方向亦能類推。若流體高速行經一根水平管，質量流率為 $\dot{m}$，上下游的壓力分別為 p_1 和 p_2，截面積分別為 A_1 和 A_2，則可估計管壁的摩擦力為：

$$F_S = \dot{m}(\mathbf{v}_2 - \mathbf{v}_1) + p_2 A_2 - p_1 A_1$$
(2-28)

巨觀動量均衡

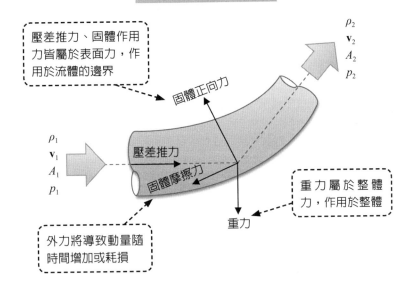

壓差推力、固體作用力皆屬於表面力，作用於流體的邊界

固體正向力

ρ_2
$\mathbf{v}_2$
A_2
p_2

ρ_1
$\mathbf{v}_1$
A_1
p_1

壓差推力

固體摩擦力

重力屬於整體力，作用於整體

重力

外力將導致動量隨時間增加或耗損

管線流道放大的均衡

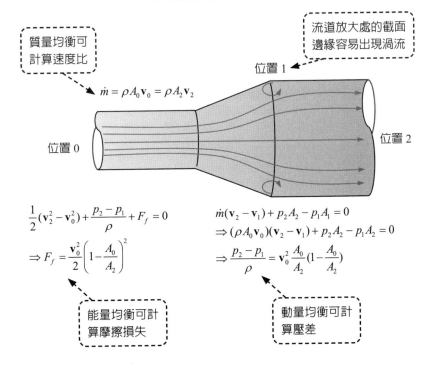

質量均衡可計算速度比

流道放大處的截面邊緣容易出現渦流

位置 1

$\dot{m} = \rho A_0 \mathbf{v}_0 = \rho A_2 \mathbf{v}_2$

位置 2

位置 0

$$\frac{1}{2}(\mathbf{v}_2^2 - \mathbf{v}_0^2) + \frac{p_2 - p_1}{\rho} + F_f = 0$$

$$\Rightarrow F_f = \frac{\mathbf{v}_0^2}{2}\left(1 - \frac{A_0}{A_2}\right)^2$$

$$\dot{m}(\mathbf{v}_2 - \mathbf{v}_1) + p_2 A_2 - p_1 A_1 = 0$$

$$\Rightarrow (\rho A_0 \mathbf{v}_0)(\mathbf{v}_2 - \mathbf{v}_1) + p_2 A_2 - p_1 A_2 = 0$$

$$\Rightarrow \frac{p_2 - p_1}{\rho} = \mathbf{v}_0^2 \frac{A_0}{A_2}\left(1 - \frac{A_0}{A_2}\right)$$

能量均衡可計算摩擦損失

動量均衡可計算壓差

2-12　巨觀動量均衡(II)

流體在圓管中的流速可預測嗎？

在圓截面的毛細管中，若流速不快，液體將呈現層流（laminar flow）狀態。若毛細管水平放置且長度足夠，在其中段，上下游的壓差 Δp 將導致液體前進，若已知毛細管的內半徑為 R，則壓差推力為 $\Delta p \cdot \pi R^2$。此時因為毛細管的管壁接觸液體，將導致摩擦而使接觸點的速度降為 0，其摩擦力等同於剪應力 τ 與作用面積的乘積，此處所指作用面積為一小段管壁的表面積，若此段的長度為 L，則表面積為 $2\pi RL$，故摩擦力等於 $(2\pi RL)\tau$。

另假設液體的流動達到穩定態，且已成為完全發展流動（fully developed flow），代表流速不會增快也不會減慢，流體處於力平衡，亦即進入此段管線的動量速率，將會等於離開此段的動量速率，因此根據巨觀動量均衡，可得到：

$$\Delta p \cdot \pi R^2 - (2\pi RL)\tau = 0 \tag{2-29}$$

由此可求出剪應力：

$$\tau = (\frac{R}{2L})\Delta p \tag{2-30}$$

從中可發現剪應力與管半徑成正比。對於圓管中進行層流的液體，相同流速的區域恰為圓柱面，每一個柱面上承受的剪應力來自更外圈流體的摩擦作用，而且此剪應力 $\tau(r)$ 的大小正比於目前的圓柱半徑，因此可推得：

$$\tau(r) = \frac{r}{2L}\Delta p \tag{2-31}$$

若毛細管內填充的是牛頓流體，其流動性質符合牛頓黏度定律，亦即：

$$\tau(r) = -\mu \frac{d\mathbf{v}(r)}{dr} \tag{2-32}$$

其中 μ 是黏度，$\mathbf{v}(r)$ 是速度函數，沿徑向而變。因此，連結了上述兩式之後，可得到速度的微分方程式：

$$\frac{d\mathbf{v}}{dr} = -\left(\frac{\Delta p}{2\mu L}\right)r \tag{2-33}$$

在尚未求解之前，已可預測速度為二次函數，代表速度分布圖將呈現拋物線的形狀。從前述可知，在管壁處（$r = R$），流體受摩擦而速度降為 0，此稱為不滑動邊界條件，藉此可解得：

$$\mathbf{v}(r) = \frac{\Delta p R^2}{4\mu L}\left[1 - \left(\frac{r}{R}\right)^2\right] \tag{2-34}$$

從中可發現管壁的流速確實為 0，且最大速度出現在管軸處（$r = 0$）。若再計算平均流速，可得到：

$$\mathbf{v}_{av} = \frac{1}{\pi R^2}\int_0^R \mathbf{v}(r) \cdot 2\pi r dr = \frac{\Delta p R^2}{8\mu L} \tag{2-35}$$

此結果稱為 Hagen–Poiseuille 方程式，在層流狀態才適用。

巨觀動量均衡

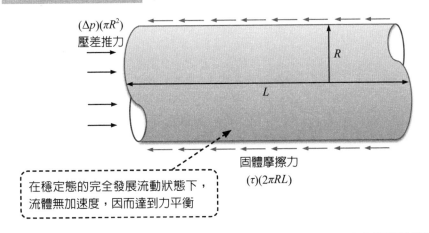

$(\Delta p)(\pi R^2)$
壓差推力

R

L

固體摩擦力
$(\tau)(2\pi RL)$

在穩定態的完全發展流動狀態下，
流體無加速度，因而達到力平衡

毛細管內的速度分布

求解穩定態的完全發展流動之動量均衡方程式，可
得到剪應力呈線性分布，而速度呈拋物線分布

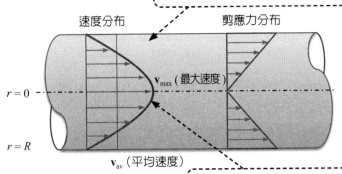

速度分布

剪應力分布

$\mathbf{v}_{max}$（最大速度）

$r = 0$

$r = R$

$\mathbf{v}_{av}$（平均速度）

$$\mathbf{v}_{av} = \frac{\Delta p R^2}{8\mu L}$$

完全發展流動之最大速度出現在管軸（$r = 0$），平均速度為最大速度之一半。對於層流的毛細管，可用 Hagen-Poiseuille 方程式計算平均速度，進而得到流量

層流

在層流的水平管線中加入顏料，可發現墨滴
僅沿著同一高度前進

紊流

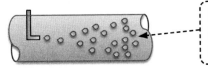

在紊流的水平管線中加入顏料，因為存在渦
流，可發現下游的墨滴將會充滿整個管線的
截面

2-13 層流與紊流

如何描述流動的狀態？

從前一單元已知，圓截面的毛細管中發生層流時，流速可使用 Hagen-Poiseuille 方程式預測，因此也設計出毛細管測量液體黏度的裝置。然而，對於家庭或工廠的管線，發生層流的機會較少，因為管徑 D 夠大或流速 $\mathbf{v}$ 夠快時，流動狀態將轉變成紊流。轉變的基準可採用雷諾數 Re 來判斷：

$$\mathrm{Re} = \frac{\rho D \mathbf{v}}{\mu} = \frac{D \mathbf{v}}{\nu} \tag{2-36}$$

其中的 ρ、μ 與 ν 分別是流體的密度、黏度和動黏度。對於圓管，經實驗發現，Re < 2100 時才會發生層流，但當 Re > 4000 時，將轉變成紊流；當 2100 < Re < 4000，處於過渡狀態，難以區分為純層流或純紊流。

對於層流的圓管，透過 Hagen-Poiseuille 方程式即可預測流速對管徑的關係，所以可輕易地針對流速需求而設計管線，但層流的速度較慢，各處流體不會混合攪拌，不一定滿足所有生產要求。但對於紊流的管線，Hagen-Poiseuille 方程式不再適用，管線中可能充滿混流或漩渦，各處的流速會受到很微小的擾動而產生變異，難以進入穩定態，比較合適的描述方法不是瞬時流場，而是時間平均流場。平均而言，圓管內紊流的流速分布不呈拋物線，在管軸附近的速度接近，靠近管壁處的速度才會驟降，分布形狀略呈扁平。

儘管紊流沒有簡單的流速公式可以運用，但仍需遵守巨觀的能量均衡。對一根水平圓管，離入口足夠遠處，已成為完全發展流動，取一段長度為 L 的管線，若已知上游壓力 p_1，下游壓力 p_2，兩處的壓差 $\Delta p = p_1 - p_2 > 0$，且不存在速度差，依據巨觀能量均衡可得：

$$\frac{p_2 - p_1}{\rho} + F_f = 0 \tag{2-37}$$

其中 F_f 為管壁導致的摩擦損失，經推導可知：$F_f = \dfrac{\Delta p}{\rho}$。若再定義摩擦因子 f（friction factor），用以評估單位體積流體的動能因摩擦而損失的效應，即可更便利地預測紊流。摩擦的效應可用管壁施予流體的剪應力 τ 來估計，從巨觀動量均衡可知，$\tau = \dfrac{R}{2L} \Delta p$，單位體積流體的動能為 $\dfrac{1}{2} \rho \mathbf{v}^2$。因此，摩擦因子 f 將成為：

$$f = \left(\frac{R}{L} \right) \left(\frac{\Delta p}{\rho \mathbf{v}^2} \right) \tag{2-38}$$

換言之，紊流管線中的壓差 Δp 對流速 $\mathbf{v}$ 和管內徑 D 具有下列關係，有助於管道設計：

$$\Delta p = 4f \left(\frac{L}{D} \right) \times \left(\frac{\rho \mathbf{v}^2}{2} \right) \tag{2-39}$$

紊流之巨觀能量均衡

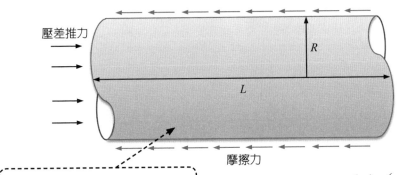

壓差推力

R

L

摩擦力

在紊流狀態下，仍可達到能量均衡，使摩擦損失等於壓力能減少量

$$\frac{p_2 - p_1}{\rho} + F_f = 0 \implies \Delta p = 4f\left(\frac{L}{D}\right) \times \left(\frac{\rho \mathbf{v}^2}{2}\right)$$

f 是摩擦因子

層流之速度呈拋物線分布，平均速度為最大速度之一半

層流

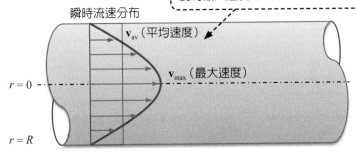

瞬時流速分布

$\mathbf{v}_{av}$（平均速度）

$\mathbf{v}_{max}$（最大速度）

$r = 0$

$r = R$

紊流

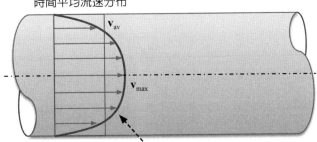

時間平均流速分布

$\mathbf{v}_{av}$

$\mathbf{v}_{max}$

圓管內紊流的時間平均流速不呈拋物線分布，分布形狀略呈扁平，在管軸附近的速度接近，靠近管壁處的速度才會驟降

範例 1

使用內徑為 2×10^{-3} m，長度為 0.2 m 的毛細管測量密度為 1800 kg/m³ 之濃硫酸的流動時，所測得的體積流率為 0.0628 cm³/s。若毛細管的兩端壓差是 800 Pa，端點效應可忽略，試計算濃硫酸的黏度與此流動之雷諾數 Re。

解答

Hagen-Poiseuille 方程式：$v_{av} = \dfrac{\Delta p D^2}{32 \mu L}$ 可轉換成體積流量 $Q = \dfrac{(\Delta p)\pi D^4}{128\mu L}$，代入已知條件後可得到：$0.0628 \times 10^{-6} = \dfrac{(800)\pi(2\times 10^{-3})^4}{128\mu(0.2)}$，從中可解出 $\mu = 0.025$ Pa·s。因此，$\text{Re} = \dfrac{\rho D v}{\mu} = \dfrac{4\rho Q}{\pi D \mu} = \dfrac{4(1800)(0.0628\times 10^{-6})}{\pi(2\times 10^{-3})(0.025)} = 2.88$，此結果代表本例可適用 Hagen-Poiseuille 方程式。

範例 2

已知空氣的密度為 1.25 kg/m³，黏度為 1.8×10^{-5} kg/m-s，流進內徑 1 in 的水平管，若能維持穩定的層流，最大平均速度應為何？此時的壓降為何？

解答

若為層流，$\text{Re} = \dfrac{\rho D v}{\mu} = \dfrac{(1.25)(0.0254)v}{1.8\times 10^{-5}} \leq 2100$，可得知 v ≤ 1.19 m/s。透過 Hagen-Poiseuille 方程式：$v = \dfrac{\Delta P D^2}{32\mu L} \leq 1.19$ m/s，可估計最大壓降：$\dfrac{\Delta P}{L} \leq \dfrac{(1.19)(32)(1.8\times 10^{-5})}{(0.0254)^2}$ = 1.06 N/m³。

範例 3

常溫下的水從半徑 R_1 = 5 cm 之水平圓管流入一彎管，再從半徑 R_2 = 2.5 cm 之水平圓管流出，但流向扭轉了 60°，高度未變。已知排出流量是 4000 cm³/s，出口端的壓力 P_2 = 110 kPa，且無摩擦損失。試計算入口速度 v_1、入口端的壓力 P_1，彎管施加在流體上的力量與 x 軸夾角 α。

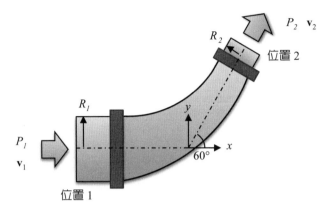

解答

入口速度 $v_1 = \dfrac{Q}{A_1} = \dfrac{Q}{\pi R_1^2} = \dfrac{4000}{\pi(5)^2} = 50.9$ cm/s $= 0.509$ m/s。從質量均衡可得：$\rho v_1 A_1 =$

$\rho v_2 A_2$，因此 $v_2 = v_1 \left(\dfrac{R_1}{R_2}\right)^2 = 4v_1 = 2.04$ m/s。

從能量均衡：$\dfrac{1}{2}(v_2^2 - v_1^2) + g(z_2 - z_1) + \dfrac{p_2 - p_1}{\rho} + F_f + W_s = 0$，可得到入口壓力：

$p_1 = p_2 + \dfrac{15}{2}\rho v_1^2 = 110 \times 10^3 + (\dfrac{15}{2})(1000)(0.509)^2 = 112$ kPa

從動量均衡可得兩方向的管壁作用力：

$R_y = \rho Q v_2 \sin\theta + p_2 \pi R_2^2 \sin\theta$

$\quad = (1000)(0.004)(\dfrac{\sqrt{3}}{2}) + (110 \times 10^3)\pi(0.025)^2(\dfrac{\sqrt{3}}{2})$

$\quad = 191$ N

$R_x = -\rho Q v_1 + \rho Q v_2 \cos\theta - p_1 \pi R_1^2 + p_2 \pi R_2^2 \cos\theta$

$\quad = -(1000)(0.004)(0.509 - \dfrac{2.04}{2}) - (112 \times 10^3)\pi(0.05)^2 + (110 \times 10^3)\pi(0.025)^2(\dfrac{1}{2})$

$\quad = -770$ N

因此管壁合力 $R = \sqrt{R_x^2 + R_y^2} = 793$ N，與 x 方向的夾角為：

$\alpha = \tan^{-1}\left(\dfrac{R_y}{R_x}\right) = \pi - \tan^{-1}\left(\dfrac{191}{770}\right) = 166°$

2-14 管線設計

驅動流體需要提供多少壓差？

前述的摩擦因子與管線流動條件的關係，來自於巨觀的能量均衡與動量均衡，自然也可以應用於層流狀態。由於 Hagen-Poiseuille 方程式可以描述層流中管徑 D、流速 $\mathbf{v}$ 與壓差 Δp 之間的關係，所以管壁造成的摩擦損失 F_f 可表示為：

$$F_f = \frac{\Delta p}{\rho} = \frac{32\mu L \mathbf{v}}{\rho D^2} \tag{2-40}$$

由於雷諾數 $\mathrm{Re} = \dfrac{\rho D \mathbf{v}}{\mu}$，故在層流狀態中的摩擦因子 f 將成為：

$$f = \left(\frac{D}{2L}\right)\left(\frac{\Delta p}{\rho \mathbf{v}^2}\right) = \frac{16\mu}{\rho D \mathbf{v}} = \frac{16}{\mathrm{Re}} \tag{2-41}$$

其中的 ρ 與 μ 分別是流體的密度與黏度。此結果說明了層流中的摩擦因子 f 將反比於 Re，但在紊流狀態時，f 雖與 Re 相關，但並沒有簡單的表示式可以描述。為了方便工程師設計管線，可將 f 與 Re 之關係製作成圖，以利於估計不同流速下的摩擦效應。

當流體從固體表面之外通過時，會因為摩擦作用而減低流速，因而在固體表面的鄰近處形成慢速區，也稱為流體邊界層（hydrodynamic boundary layer）。在紊流狀態下，若管壁表面粗糙起伏，將會導致更大的摩擦效應，進而影響邊界層。由於邊界層中會形成速度足夠慢的層流區，管內壁突起之平均高度 ε 若小於層流區的厚度，則此粗糙不致影響總摩擦效應，但當 ε 大於層流區厚度時，摩擦效應將被提升，導致更大的摩擦因子 f。因此，在紊流狀態下，摩擦因子 f 除了受到 Re 影響，也隨著 ε 對管徑 D 的比值而增加。此結果繪於全對數圖中，稱為 Moody 圖，在層流區可呈現一條斜直線，在紊流區則為漸降的曲線。但需注意，Moody 圖只能用於圓管。

流體在工廠或建築物中行經的管道也可能不具有圓形截面，例如許多住宅的管道間設計成矩形截面。甚至人造的渠道或自然界中的河道也不是圓截面，而且還包含一個自由表面（free surface），亦即接觸大氣的液面。此時可透過相當直徑（equvalent diameter）的概念，將這些管道轉換成圓管，即可用圓管來估計非圓管的平均流動效應。相當直徑 D_{eq} 的定義為：

$$D_{eq} = \frac{4A_c}{L_P} \tag{2-42}$$

其中 A_c 為管道的截面積，L_P 則為截面上流體與管壁的接觸總長度，所以對圓管而言，$D_{eq} = \dfrac{4\pi R^2}{2\pi R} = 2R = D$，即為原本的管徑。算出各種管道的相當直徑 D_{eq} 之後，即可算出對應的 Re 和 f，以及摩擦損失 F_f，使非圓形管道中的流動也可預測或設計。

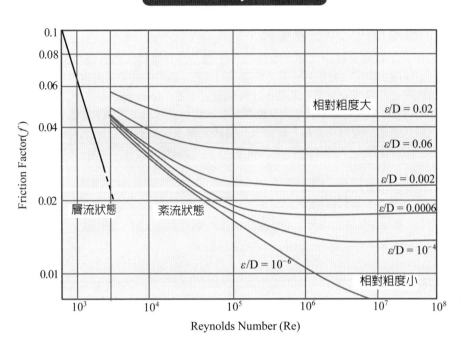

Moody 圖

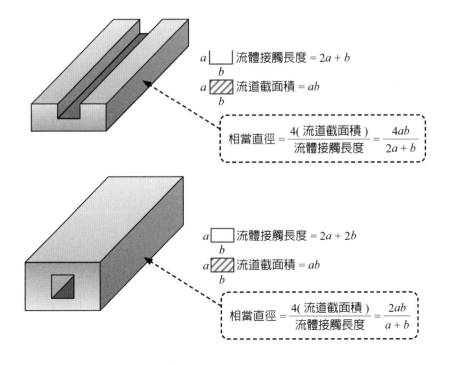

非圓形管道

2-15　摩擦損失

管線的摩擦損失只來自管壁嗎？

　　在家用或工廠的管線中，除了管路之外，還有多種管件、閥件或流量控制測量器，例如桶槽的排水口會發生流道突然縮小的情形，閥件中的流道則會出現迂迴的路線，這些狀況都會減損流體的動能，統稱爲形狀摩擦（form friction）。雖然形狀摩擦的類型很多，但基於質量、能量與動量均衡，仍可計算出每種類型的能量損失 F_f。無論流動狀態屬於層流或紊流，每種管件造成的摩擦損失 F_f 皆可類比成長直圓管，因而產生相當管長 L_{eq} 的概念，且可列出 F_f 與 L_{eq} 的關係：

$$F_f = \frac{\Delta p}{\rho} = 4f\left(\frac{L_{eq}}{D_{eq}}\right)\left(\frac{\mathbf{v}^2}{2}\right) \tag{2-43}$$

其中的 D_{eq} 是管件的相當直徑，$\mathbf{v}$ 是離開管件的平均流速。爲了更簡單地描述管件造成的摩擦損失，可再定義各管件的摩擦損失係數 K_f：

$$K_f = 4f\left(\frac{L_{eq}}{D_{eq}}\right) \tag{2-44}$$

代表管件消耗掉流出動能之倍率，例如一個 90° 的彎管可能耗損 40～90% 的流出動能，45° 的肘管可能耗損 30～40% 的流出動能，一個球閥甚至可能消耗掉 6 倍的流出動能。因此 F_f 將成爲：

$$F_f = K_f\left(\frac{\mathbf{v}^2}{2}\right) \tag{2-45}$$

對於圓形或非圓形管線，上述摩擦損失係數 K_f 之計算皆適用。

　　若一組管線中包含了數個管件和閥件，以及數段圓管，各組件具有編號 k，則整組管線的總摩擦損失可表示爲：

$$F_f = \sum_k K_{f,k}\left(\frac{\mathbf{v}_k^2}{2}\right) \tag{2-46}$$

將此項能量損失代入能量均衡方程式之後，即可估計出整組管線從入口至出口的各型式能量變化。

範例 1

當流體從一根細管進入一根粗管時，流動截面會突然放大。已知細管的截面積爲 A_0，粗管的截面積爲 A_2，則在理想的流動狀況下，截面突然放大導致的摩擦損失係數 K_f 爲何？

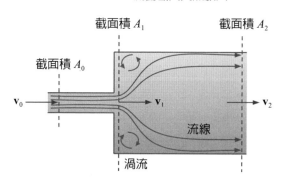

流動截面突然放大

截面積 A_1　　　截面積 A_2

截面積 A_0

$\mathbf{v}_0$　　　　$\mathbf{v}_1$　　　　$\mathbf{v}_2$

流線

渦流

解答

　　如圖所示，在此流道中可取三個截面，其管道截面積分別爲 A_0、A_1、A_2，其中位置 0 代表入口，位置 2 代表出口，位置 1 則爲兩管相接處的下游，且 $A_1 = A_2$。另可假設流體進入粗管後，從位置 1 逐漸放大截面至位置 2，因此在位置 1 的流動截面仍爲 A_0，但因此處的管道面積爲 A_1，所以在主流線以外的區域存在一些角落渦流，預期會消耗流體的能量。

　　從位置 0 流動到位置 1 之間，由於流動面積不變，且假設細管的表面不造成摩擦，所以速度與壓力皆不改變，亦即 $\mathbf{v}_0 = \mathbf{v}_1$ 與 $p_0 = p_1$。相對地，從位置 1 流動到位置 2 之間，由於流動面積逐漸變大，即使假設粗管的表面不造成摩擦，仍可預期速度與壓力都會變化。

　　透過位置 1 與位置 2 之間的質量均衡，可得到管道內的質量流率 $\dot{m}$ 爲：

$\dot{m} = \rho A_0 \mathbf{v}_0 = \rho A_2 \mathbf{v}_2$　（因 $A_1 = A_0$）

另再透過位置 1 與位置 2 之間的動量均衡，可得到：

$\dot{m}\mathbf{v}_1 - \dot{m}\mathbf{v}_2 + p_1 A_2 - p_2 A_2 = 0$

從中可再計算出兩位置之間的壓差：

$$p_2 - p_1 = \rho \mathbf{v}_0^2 \frac{A_0}{A_2}\left(1 - \frac{A_0}{A_2}\right)$$

若此流動屬於紊流，進行兩位置之間的能量均衡可得到：

$$\frac{1}{2}(\mathbf{v}_2^2 - \mathbf{v}_0^2) + \frac{p_2 - p_1}{\rho} + F_f = 0 \quad (\text{因 } \mathbf{v}_1 = \mathbf{v}_0)$$

經化簡後，可推得管路放大導致的摩擦損失 F_f：

$$F_f = \frac{1}{2}\left(1 - \frac{A_0}{A_2}\right)^2 \mathbf{v}_0^2 = \frac{1}{2}\left(1 - \frac{A_0}{A_2}\right)^2 \left(\frac{A_2}{A_0}\right)^2 \mathbf{v}_2^2 = \frac{1}{2}\left(\frac{A_2}{A_0} - 1\right)^2 \mathbf{v}_2^2$$

根據（2-45）式，可發現摩擦損失係數 K_f 為：

$$K_f = \left(\frac{A_2}{A_0} - 1\right)^2$$

範例 2

一管路將常溫下的水從點 1 輸送至點 2，所用管徑為 0.1 m，管長為 100 m，且有兩個相同的 90 度肘管和一個閥。肘管的等效管長為 10 m，閥的等效管長為 80 m。已知入口 1 的壓力為 1.5 bar，出口 2 為 1.0 bar，其間流速不變，試計算在穩定態下的體積流率。層流下的摩擦因子 $f = \dfrac{16}{\text{Re}}$，紊流下的摩擦因子 $f = 0.0791\,\text{Re}^{-1/4}$。

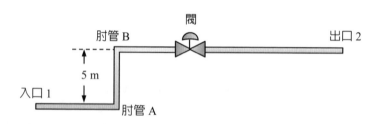

解答

管路之摩擦損失總計為：

$$\Sigma F_f = \frac{\mathbf{v}^2}{2}\left[4f\left(\frac{L_{pipe} + L_{elbow} + L_{valve}}{D}\right)\right] = \frac{\mathbf{v}^2}{2}(4)(f)\left(\frac{100 + 20 + 80}{0.1}\right) = 4000\,f\mathbf{v}^2 \text{。}$$

若為層流，$\text{Re} = \dfrac{\rho D \mathbf{v}}{\mu} = \dfrac{(1000)(0.1)\mathbf{v}}{(0.001)} < 2100$，可得 $\mathbf{v} < 0.021$ m/s，且可知

$$f\mathbf{v}^2 < \frac{16\mathbf{v}^2}{\text{Re}} = \frac{16\mu\mathbf{v}}{\rho D} < 3.36 \times 10^{-6}\,;\ 若為紊流，則 f\mathbf{v}^2 = \frac{0.0791\mathbf{v}^2}{\text{Re}^{1/4}} = 0.0791\left(\frac{\mu}{\rho D}\right)^{1/4} \mathbf{v}^{7/4}$$

$$= 4.45 \times 10^{-3}\,\mathbf{v}^{7/4} \text{。}$$

根據能量均衡：$g(z_2 - z_1) + \dfrac{P_2 - P_1}{\rho} + \Sigma F_f = 0$ 代入對應條件後可得：

$(9.8)(5) + \dfrac{(1 - 1.5) \times 10^5}{1000} + 4000 f\mathbf{v}^2 = 0$，可解出 $f\mathbf{v}^2 = 2.5 \times 10^{-4}$，不符合層流的條件，所以應該使用紊流條件來計算速度：$f\mathbf{v}^2 = 4.45 \times 10^{-3}\mathbf{v}^{7/4} = 2.5 \times 10^{-4}$。從中解得 $\mathbf{v} = 0.193$ m/s，進一步可得到流量 $Q = \dfrac{\pi D^2 \mathbf{v}}{4} = \dfrac{\pi (0.1)^2 (0.193)}{4} = 1.5 \times 10^{-3}\,\text{m}^3/\text{s}$。

2-16　流體邊界層

管線的出入口流動是否不同於中段？

　　無論在簡單或複雜的管線中，還有兩處需要特別考慮，一爲入口端，另一爲出口端，因爲這兩段區域無法達到完全發展流動（fully developed flow）。若流體剛進入管子之前，各點的速度都相同，但進入管子後，部分流體開始接觸管壁，因而受到摩擦，使鄰近管壁區域的流速下降，並在管壁處的速度降至 0。反之，從緊鄰管壁處到管軸處，速度漸增，從 0 加大到入口速度，此速度漸變的區域可稱爲邊界層（boundary layer）。任何具有黏度的流體相對於固體運動時，都會產生邊界層，而且從接觸點往下游前進，邊界層的厚度會漸增。對於圓管，流入的液體在管壁圓周上形成邊界層，從入口往下游前進時，邊界層的厚度逐漸增加，直到某一點，邊界層厚度已擴增到圓管半徑的大小，此時四周的邊界層將匯聚在軸心，再往下游其厚度都無法再增大，所以速度將不再隨位置而變，形成穩定的分布，此狀態即稱爲完全發展流動。從入口至此特定點的距離稱爲過渡長度 L_e（transition length）。若流體運動不快而形成層流時，完全發展的速度分布呈現拋物線型，所需的過渡長度 L_e 爲：

$$\frac{L_e}{D} = 0.0575\,\text{Re} \tag{2-47}$$

其中的 D 爲圓管直徑。但流體運動較快而形成紊流時，所需的過渡長度與 Re 無關，約爲 $50D$。

　　流體運動時，與周圍物體間的關係可分爲三類，在固體內之流動，例如管內的水流；在固體外部流動，例如穿越周圍空氣而前進的汽車；在其他流體中流動，例如水中上升之氣泡。無論在固體內部或外部流動，流體在固體表面皆會形成邊界層。於邊界層內部，流體分子受到固體阻力影響，速度減低，且在表面處速度降至最低；但邊界層外，速度變化不大，甚至可假設爲無黏度之理想流體。在上述例子中，若欲評估固體對流體的影響，可計算其邊界層厚度，因此邊界層是流體力學研究中的重要指標。

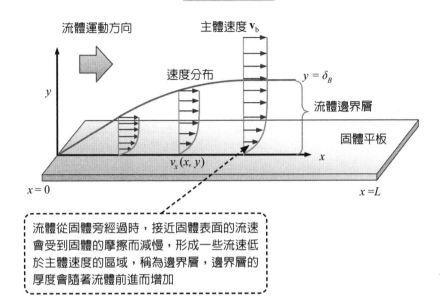

流體從固體旁經過時，接近固體表面的流速
會受到固體的摩擦而減慢，形成一些流速低
於主體速度的區域，稱為邊界層，邊界層的
厚度會隨著流體前進而增加

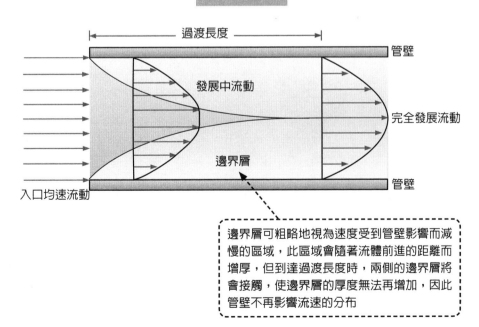

邊界層可粗略地視為速度受到管壁影響而減
慢的區域，此區域會隨著流體前進的距離而
增厚，但到達過渡長度時，兩側的邊界層將
會接觸，使邊界層的厚度無法再增加，因此
管壁不再影響流速的分布

2-17 流體繞過固體

流道上的固體如何阻礙流體運動？

若一固體的表面外有流體，且兩者出現相對運動時，雖然可分為固體靜止、流體靜止或兩者皆運動的情形，但只要兩者皆不加速度，使用任何慣性座標來描述其運動狀態皆相同，因此以下僅探討固體靜止而流體從旁經過的案例。

在工業應用中，常採用固體顆粒組成填充床（packed bed），再通入流體，流體行進時會衝擊固體顆粒，所施加的力量可區分為表面拖曳力（skin drag）與形狀拖曳力（form drag）。前者是指固體的表面與流體摩擦，因流體具有黏性，使接近固體表面的流速降低，在前面的章節中已陳述其原理；後者則來自流體的運動方向不一定平行於固體表面，所以當固體的形狀特殊時，部分區域將會正面迎接流體，繼而導致流體轉向繞過，並造成流體動能損失，前面章節提及的彎管即為一例。

由於物體的形狀會影響總拖曳力 F_D，為了便於計算 F_D，定義拖曳係數 C_D（drag coefficient）：

$$C_D = \frac{F_D}{A_P} \frac{1}{\frac{1}{2}\rho \mathbf{v}_0^2} \tag{2-48}$$

其中 A_P 為物體垂直流動方向的投影面積，$\mathbf{v}_0$ 是流體尚未受到固體影響前的速度，ρ 是流體的密度。因此，拖曳係數 C_D 代表單位體積流體的動能轉換成固體應力的效應。若已知拖曳係數、固體外形與流體初速，即可估計總拖曳力 F_D：

$$F_D = C_D A_P (\frac{1}{2}\rho \mathbf{v}_0^2) \tag{2-49}$$

以定速行進中的汽車為例，雖然車體有速度，周圍的空氣也有速度，但在車中的觀察者會認為流體從車身周圍經過，因此汽車會承受力量，包括大約 55% 的形狀阻力、10% 的表面阻力、16% 的干擾阻力、12% 的內部流動阻力與 7% 的升力。根據實驗，汽車的拖曳係數 C_D 若能減少 10%，即可節省 5% 的耗油量。已知流過車身的氣流會形成邊界層，並在擋風玻璃的上緣分離而產生紊流，流至車頂末端時又再度分離而形成更多紊流，此邊界層分離現象會造成一股真空狀態，對車子產生作用力。若車身被設計成淚滴形（流線型），則可有效減低拖曳係數；截去尾巴雖然會增加形狀阻力，但可減少表面阻力，升力會降低輪胎抓地力，故可使用擾流板或翼片，在車尾產生高壓以降低升力；天線、雨刷、後視鏡、門把、車輪等凸出物都會產生干擾阻力，但基於行車便利與安全而必須加裝。總結以上，汽車的設計與拖曳係數關係密切，其他的交通工具亦然。

球體外的流體運動

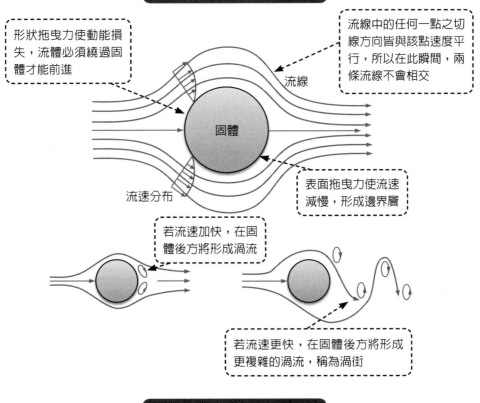

形狀拖曳力使動能損失，流體必須繞過固體才能前進

流線中的任何一點之切線方向皆與該點速度平行，所以在此瞬間，兩條流線不會相交

流線

固體

流速分布

表面拖曳力使流速減慢，形成邊界層

若流速加快，在固體後方將形成渦流

若流速更快，在固體後方將形成更複雜的渦流，稱為渦街

球體的 $C_D - Re$ 圖

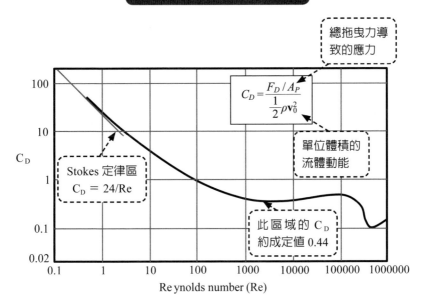

總拖曳力導致的應力

$$C_D = \frac{F_D / A_P}{\frac{1}{2}\rho \mathbf{v}_0^2}$$

單位體積的流體動能

Stokes 定律區
$C_D = 24/Re$

此區域的 C_D 約成定值 0.44

C_D

Reynolds number (Re)

2-18　粒子沉降

水中微粒或空中雨滴會以多快的速度下降？

由前述已知，從拖曳係數、固體外形與流體初速，即可估計總拖曳力 F_D。在化工程序中，常需要分離溶液中的固體微粒，最簡單的方式是讓粒子沉降（settling）。當粒子與器壁或兩個粒子之間的距離都很大時，個別粒子的沉降不受干擾，稱爲自由沉降（free settling）；相反地，固體粒子之間會互相干擾時，則稱爲阻礙沉降（hindered settling）。

通常一個粒子在流體中會受到重力 F_g、浮力 F_b 和拖曳力 F_D，根據牛頓運動定律，可列出自由沉降速度 $\mathbf{v}$ 的微分方程式：

$$m\frac{d\mathbf{v}}{dt} = F_g - F_b - F_D = mg - \frac{\rho mg}{\rho_P} - \frac{C_D A_p \rho \mathbf{v}^2}{2} \tag{2-50}$$

其中 ρ_P 和 m 是粒子的密度與質量，A_p 是粒子移動方向上的投影面積。由於向下的重力大於向上的浮力與拖曳力之和，所以沉降速度會隨時間增大，並導致拖曳力加大。待加速時間足夠之後，拖曳力與浮力之和將平衡重力，使粒子不再加速，因而達到終端速度 $\mathbf{v}_t$：

$$\mathbf{v}_t = \sqrt{\frac{2mg}{C_D \rho A_p}(1 - \frac{\rho}{\rho_P})} \tag{2-51}$$

若微粒爲球型，且粒徑爲 d_p，則可得知移動方向上的投影面積 $A_p = \dfrac{\pi d_p^2}{4}$，微粒的體積爲 $\dfrac{\pi d_p^3}{6}$，因此球型微粒的終端速度 $\mathbf{v}_t$ 將成爲：

$$\mathbf{v}_t = \sqrt{\frac{4(\rho_P - \rho)g d_p}{3C_D \rho}} \tag{2-52}$$

由此可知，若能測量出微粒的終端速度，即可推算流體對微粒的拖曳係數 C_D。此外，另一種推估拖曳係數 C_D 的方式來自流體的運動方程式。在粒子沉降時，可定義另一種雷諾數 Re_p，其中以粒徑 d_P 和終端速度 $\mathbf{v}_t$ 作爲特徵參數：

$$\mathrm{Re}_p = \frac{\rho d_p \mathbf{v}_t}{\mu} \tag{2-53}$$

其中的 ρ 和 μ 仍爲流體的密度與黏度。當球型微粒緩慢沉降時，Re_p 通常會小於 0.1，此時周圍的流體屬於緩流（creeping flow），其拖曳力滿足 Stokes 定律：

$$F_D = 3\pi\mu d_p \mathbf{v}_t \tag{2-54}$$

故可得到 $\mathbf{v}_t = \dfrac{g d_p^2 (\rho_P - \rho)}{18\mu}$，且 $C_D = \dfrac{24}{\mathrm{Re}_p}$；若 $1000 < \mathrm{Re}_p < 2\times10^5$，則可得 $C_D = 0.44$。

沉降加速階段

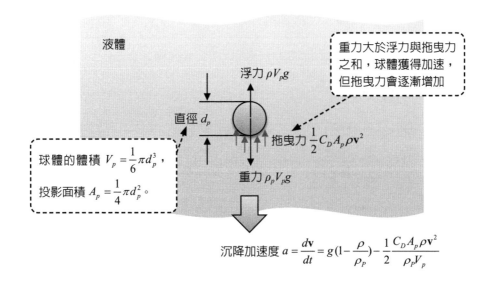

液體

浮力 $\rho V_p g$

重力大於浮力與拖曳力
之和，球體獲得加速，
但拖曳力會逐漸增加

直徑 d_p

拖曳力 $\frac{1}{2}C_D A_p \rho \mathbf{v}^2$

球體的體積 $V_p = \frac{1}{6}\pi d_p^3$，
投影面積 $A_p = \frac{1}{4}\pi d_p^2$。

重力 $\rho_p V_p g$

沉降加速度 $a = \dfrac{d\mathbf{v}}{dt} = g(1-\dfrac{\rho}{\rho_P}) - \dfrac{1}{2}\dfrac{C_D A_p \rho \mathbf{v}^2}{\rho_P V_p}$

沉降恆速階段

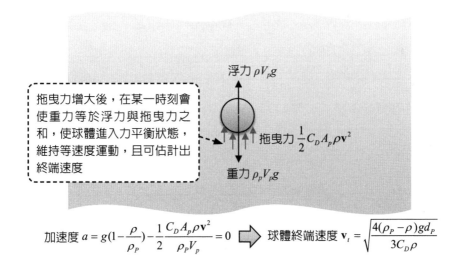

浮力 $\rho V_p g$

拖曳力增大後，在某一時刻會
使重力等於浮力與拖曳力之
和，使球體進入力平衡狀態，
維持等速度運動，且可估計出
終端速度

拖曳力 $\frac{1}{2}C_D A_p \rho \mathbf{v}^2$

重力 $\rho_p V_p g$

加速度 $a = g(1-\dfrac{\rho}{\rho_P}) - \dfrac{1}{2}\dfrac{C_D A_p \rho \mathbf{v}^2}{\rho_P V_p} = 0$ ⇒ 球體終端速度 $\mathbf{v}_t = \sqrt{\dfrac{4(\rho_P - \rho)g d_p}{3C_D \rho}}$

範例 1

一個金屬球直徑為 3 cm，密度為 3 g/cm³，在一個密度為 1.5 g/cm³、黏度為 2 cp 的
液體中，以穩定速度 100 cm/s 移動。試問此金屬球所受到的拖曳力為何？

解答

$$\text{Re} = \frac{\rho D \mathbf{v}}{\mu} = \frac{(1.5)(3)(100)}{0.02} = 22500，$$

查詢 $C_D - \text{Re}$ 圖（2-17 節）可得 $C_D = 0.44$。

因此拖曳力 $F_D = C_D A_p \dfrac{\rho \mathbf{v}^2}{2} = (0.44)\left[\dfrac{\pi(0.03)^2}{4}\right]\left[\dfrac{(1500)(1)^2}{2}\right] = 0.233 \text{ N}$。

範例 2

直徑 2 mm 的水滴在沒有流動的空氣中下落，已知此時的空氣密度為 1.25 kg/m³，
黏度為 1.5×10^{-5} kg/m·s。經歷一段時間後，水滴下落之終端速度應為何？

解答

若 $\text{Re}_p = \dfrac{24}{C_D} = \dfrac{\rho d_p \mathbf{v}}{\mu} = \dfrac{(1.25)(0.002)\mathbf{v}}{(1.5 \times 10^{-5})} < 0.1$，所以 $\mathbf{v} < 6 \times 10^{-4}$ m/s，屬於緩流。此時

的拖曳力等於重力和浮力之差，亦即 $F_D = 3\pi\mu d_p \mathbf{v} = \dfrac{1}{6}\pi d_p^3 (\rho_p - \rho)g$，從中可計算出下

落速度：

$$\mathbf{v} = \frac{(\rho_p - \rho)g d_p^2}{18\mu} = \frac{(1000 - 1.25)(9.8)(0.002)^2}{(18)(1.5 \times 10^{-5})} = 145 \text{ m/s}，但此值與前述條件不合，因此$$

水滴下落不屬於緩流。

若 $1000 \leq \text{Re}_p \leq 2 \times 10^5$，則可得 6.0 m/s $\leq \mathbf{v} \leq$ 1440 m/s，且已知 $C_D = 0.44$。由於

$F_D = C_D \dfrac{1}{2}\rho \mathbf{v}^2 (\dfrac{1}{4}\pi d_p^2) = \dfrac{1}{6}\pi d_p^3 (\rho_p - \rho)g$，可計算出：

$$\mathbf{v} = \sqrt{\frac{4d_p(\rho_p - \rho)g}{3\rho C_D}} = \sqrt{\frac{4(0.002)(1000 - 1.25)(9.8)}{3(1.25)(0.44)}} = 6.89 \text{ m/s}$$

此結果符合前述條件。

範例 3

直徑 0.01 mm 的粒子在鹽水中自由沉降，終端速度為 0.005 cm/s。已知粒子的比重為 2.7，鹽水的比重為 1.3，試計算鹽水的黏度。

解答

由已知條件可先計算粒子所受拖曳力：

$$F_D = \frac{1}{6} \pi d_p^3 (\rho_p - \rho) g = \frac{1}{6} \pi (1 \times 10^{-5})^3 (2700 - 1300)(9.8) = 7.18 \times 10^{-12} \text{ N}。$$

假設沉降屬於緩流，則應符合：

$$\text{Re}_p = \frac{24}{C_D} = \frac{\rho d_p \mathbf{v}}{\mu} = \frac{(1300)(1 \times 10^{-5})(5 \times 10^{-5})}{\mu} < 0.1 \Rightarrow \mu > 6.5 \times 10^{-6} \text{ Pa·s}$$

由於緩流時可使用 Stokes 定律計算拖曳力，故可得：

$$F_D = 3\pi \mu d_p \mathbf{v} = 3\pi \mu (1 \times 10^{-5})(5 \times 10^{-5}) = 7.18 \times 10^{-12} \Rightarrow \mu = 1.52 \times 10^{-3} \text{ Pa·s}$$

此結果合於黏度的假設。

2-19 攪拌

如何使液體內的成分均勻分布？

在化工程序中，另一種典型的固體與流體皆在運動，且兩者相互影響的案例是攪拌槽（agitation tank），可應用於化學反應裝置，例如連續攪拌槽反應器（continuous stirred-tank reactor，簡稱 CSTR）。除了化學反應，其他牽涉混合、分散或散熱等程序也會運用攪拌技術。

攪拌槽除了包含容器之外，還需要一根連接電動馬達的轉軸（shaft）與固定在轉軸上的攪拌葉（propeller）、攪拌槳（paddle）或渦輪（turbine），有時也可沿著轉軸製成螺帶（helical ribbon），以擴大攪拌範圍。當攪拌器伸入裝有液體的桶槽後，可利用外部能量使液體內部產生流動，但轉軸不一定要對準桶槽的軸線，需視攪拌的效用而定。程序中需要攪拌的原因，包括不同液體的混合、固體微粒之溶解或懸浮、氣體之分散、不互溶液體之乳化、熱傳速率增大，以及質傳速率提升。攪拌葉會使液體產生軸向流（axis flow）和徑向流（radial flow），從桶槽的垂直剖面觀察，前者是指流體上下運動，後者則是在軸心與側壁間的來回運動。掌握這些流動即可控制混合效果，若軸向流是攪拌槽內的主要流動，則混合效果不佳。

被攪拌的流體將形成漩渦狀的自由液面（free surface），因為液面的流體需要向心力，因而呈現下凹的表面，理想情形趨近於拋物面，且中心深度會隨轉速增加而更降低，當此深度接近攪拌葉的位置時，氣體會被捲入溶液中，但有時則會刻意地通氣攪拌，以達到其他的混合目的。

已知攪拌葉的類型將影響流態，攪拌槽的形狀、方位、尺寸與組件（例如擋板）亦會影響流動。為了評估流體的運動，可採用葉片直徑 D 和葉片邊緣速度作為特徵參數，並相似地以雷諾數 Re 作為指標。由於攪拌葉的運動型態是旋轉，轉速 ω 是控制變因，所以葉片邊緣速度可表示為 $\frac{1}{2}D\omega$，雷諾數 Re 可定義為：

$$\mathrm{Re} = \frac{\rho\omega D^2}{\mu} \tag{2-55}$$

在圓柱狀桶槽中，Re < 10 屬於層流，Re > 10^4 產生紊流。隨著 Re 增加，流體越過葉片後，還可能出現邊界層剝離的現象，產生尾流（wake）與 Karman 漩渦。此外，流體的黏度與攪拌效果十分相關，黏度高於 50 Pa·s 時，流動效果很差，黏度過低時，混合效果不佳，所以常會於槽壁加裝擋板，以打亂流線促進混合。

攪拌葉所需功率 P 可從流體撞擊葉片時的拖曳力來計算，透過因次分析可知，包含 P 的無因次數 N_P（power number）是 Re 和 Fr（Froude number）的函數。其中，$N_P = \dfrac{P}{\rho\omega^3 D^5}$，$\mathrm{Fr} = \dfrac{D\omega^2}{g}$。

攪拌槽

馬達

轉軸

評估攪拌流動時，可用葉片直徑 D 和轉速 ω 作為特徵參數，以計算雷諾數 Re。在圓柱狀桶槽中，Re < 10 屬於層流，Re > 10^4 產生紊流

液體被攪拌而旋轉運動時，液面會下凹，以產生旋轉所需之向心力

側視圖

攪拌葉

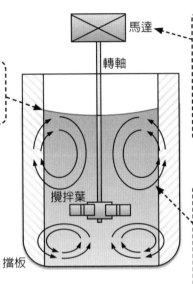

擋板

攪拌葉會使液體產生軸向流和徑向流，從側視圖可發現前者是指流體上下運動，後者則是在軸心與側壁間的來回運動

擋板

攪拌葉

俯視圖

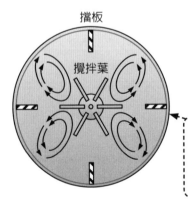

攪拌葉的類型、攪拌槽的形狀、方位、尺寸，以及擋板都會影響流動狀態

2-20　微觀質量均衡

如何描述流體密度隨時空的變化？

　　前面的章節已經描述了巨觀控制體積內的質量、能量與動量均衡，但對於流體的運動，只能以平均速度代表，實際上控制體積內的局部速度並不相同，例如一根圓管的軸心速度較快，緊鄰管壁的速度較慢。為了探究各物理量在空間上的變化，還需要執行微觀的物理量均衡。

　　對於管線或桶槽中的流體，皆可切割成無數個微小空間，空間的形狀可依巨觀裝置的外型而定，所以可分成長方體、圓環或球殼等，接著即定義這些微小空間為系統的控制體積，以執行物理量均衡。現先考慮長方體的控制體積，其長寬高分別為 Δx、Δy、Δz，在此空間內，由於沒有質量生成或消失，其變化速率可表示為：

$$[\text{質量累積速率}] = [\text{質量進料速率}] - [\text{質量出料速率}] \tag{2-56}$$

其中的質量累積可表示為控制體積與流體密度之乘積，但因為控制體積維持不變，所以質量累積速率將成為控制體積與密度時變率之乘積：$\Delta x \Delta y \Delta z \dfrac{\partial \rho}{\partial t}$。對於進出控制體積的質量，可分成三個方向探究，首先討論沿著 x 方向，假設流體從位置為 x 的平面進入，再從位置為 $x + \Delta x$ 的平面離開，兩者的截面積皆為 $\Delta y \Delta z$，因此進入或離開控制體積的質量流率，皆為局部密度 ρ、局部速度 $\mathbf{v}_x$ 與截面積 $\Delta y \Delta z$ 的乘積，使沿著 x 方向的淨質量流率表示為：$\Delta y \Delta z \left(\rho \mathbf{v}_x |_x - \rho \mathbf{v}_x |_{x+\Delta x} \right)$。同理可證，沿著 y 方向和 z 方向的淨質量流率，分別為 $\Delta z \Delta x \left(\rho \mathbf{v}_y |_y - \rho \mathbf{v}_y |_{y+\Delta y} \right)$ 和 $\Delta x \Delta y \left(\rho \mathbf{v}_z |_z - \rho \mathbf{v}_z |_{z+\Delta z} \right)$，而且整個控制體積的淨質量流率是三個方向的總和。若假設控制體積趨近於 0，成為空間中的單一點，則可得到質量的變化方程式（equation of change），又稱為連續方程式（continuity equation）：

$$\frac{\partial \rho}{\partial t} = -\left[\frac{\partial(\rho \mathbf{v}_x)}{\partial x} + \frac{\partial(\rho \mathbf{v}_y)}{\partial y} + \frac{\partial(\rho \mathbf{v}_z)}{\partial z} \right] \tag{2-57}$$

單點的質量即為密度，由此式可知，流體的密度不只隨時間變化，藉由微觀均衡，還可找出密度隨位置的變化。

靜止流體之微觀質量均衡

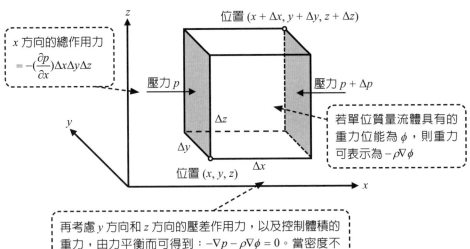

x 方向的總作用力
$= -(\frac{\partial p}{\partial x})\Delta x \Delta y \Delta z$

位置 $(x + \Delta x, y + \Delta y, z + \Delta z)$

壓力 p

壓力 $p + \Delta p$

若單位質量流體具有的
重力位能為 ϕ，則重力
可表示為 $-\rho\nabla\phi$

位置 (x, y, z)

再考慮 y 方向和 z 方向的壓差作用力，以及控制體積的
重力，由力平衡而可得到：$-\nabla p - \rho\nabla\phi = 0$。當密度不
變時，$p + \rho\phi$ 將等於常數

運動流體之微觀質量均衡

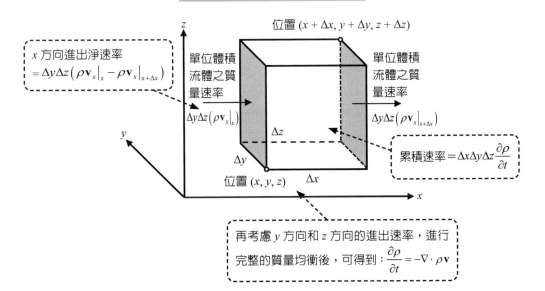

x 方向進出淨速率
$= \Delta y \Delta z (\rho\mathbf{v}_x|_x - \rho\mathbf{v}_x|_{x+\Delta x})$

位置 $(x + \Delta x, y + \Delta y, z + \Delta z)$

單位體積
流體之質
量速率

單位體積
流體之質
量速率

$\Delta y \Delta z (\rho\mathbf{v}_x|_x)$

$\Delta y \Delta z (\rho\mathbf{v}_x|_{x+\Delta x})$

累積速率 $= \Delta x \Delta y \Delta z \dfrac{\partial \rho}{\partial t}$

位置 (x, y, z)

再考慮 y 方向和 z 方向的進出速率，進行
完整的質量均衡後，可得到：$\dfrac{\partial \rho}{\partial t} = -\nabla \cdot \rho\mathbf{v}$

2-21 連續方程式

如在圓管中運用連續方程式？

在前一節求得的連續方程式中，看似只能使用於直角座標，難以應用在圓管中的流體，但透過座標轉換，可將直角座標中的方程式變換成其他座標的方程式。例如在圓柱座標中，連續方程式應為：

$$\frac{\partial \rho}{\partial t} = -\left[\frac{1}{r}\frac{\partial(\rho r\mathbf{v}_r)}{\partial x} + \frac{1}{r}\frac{\partial(\rho \mathbf{v}_\theta)}{\partial \theta} + \frac{\partial(\rho \mathbf{v}_z)}{\partial z}\right] \tag{2-58}$$

在球座標中，連續方程式應為：

$$\frac{\partial \rho}{\partial t} = -\left[\frac{1}{r^2}\frac{\partial(\rho r^2\mathbf{v}_r)}{\partial r} + \frac{1}{r\sin\theta}\frac{\partial(\rho \mathbf{v}_\theta \sin\theta)}{\partial \theta} + \frac{1}{r\sin\theta}\frac{\partial(\rho \mathbf{v}_\phi)}{\partial \phi}\right] \tag{2-59}$$

除此之外，還存在其他類型的座標，因而有其他形式的連續方程式。然而，不同座標下的連續方程式，其實可以化為相同的表示式。透過向量（vector）與張量（tensor），以及微分算子 ∇（differential operator），可以統一不同座標下的表示式，例如連續方程式中出現向量 $\rho\mathbf{v}$ 的各分量對各方向參數的微分，此即散度（divergence）的定義，可用算符 $\nabla\cdot$ 表示。因此，連續方程式可改寫為：

$$\frac{\partial \rho}{\partial t} = -\nabla \cdot \rho\mathbf{v} \tag{2-60}$$

此結果不但簡明，而且更容易觀察出物理意涵。因為流場中任何一點的散度，是指流動向量從該點發散出去的傾向。散度為正的位置代表源點（source）或水源，散度為負則代表沉點（sink）或排水口。上述的連續方程式可解讀為單點的質量累積速率等於該點的發散速率之負號，恰為質量均衡的本意。

探討流場時，還有一種固定框架而檢視隨波逐流的觀點，稱為 Euler 描述，例如用於漂浮在水流中的樹葉。因此流體的實質密度變化率，應表示為密度的實質微分 $\frac{D\rho}{Dt}$，根據其定義：

$$\frac{D\rho}{Dt} = \frac{\partial \rho}{\partial t} + (\mathbf{v}\cdot\nabla)\rho \tag{2-61}$$

再搭配向量恆等式 $\nabla\cdot\rho\mathbf{v} = \rho(\nabla\cdot\mathbf{v}) + (\mathbf{v}\cdot\nabla)\rho$，連續方程式可再改寫為：

$$\frac{D\rho}{Dt} = -\rho(\nabla\cdot\mathbf{v}) \tag{2-62}$$

在定溫下，對於如水般的不可壓縮流體，其密度維持固定，所以可推得 $\nabla\cdot\mathbf{v} = 0$，亦即速度的散度恆為 0，此結果可以大幅簡化水流的研究。

圓柱座標 (r, θ, z)

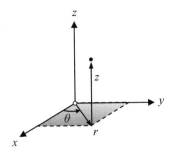

球座標 (r, θ, ϕ)

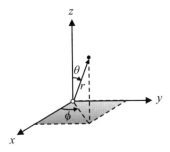

座標轉換 $\begin{cases} x = r\cos\theta \\ y = r\sin\theta \\ z = z \end{cases}$ ◄--- 與直角座標的 z 軸相同

座標轉換 $\begin{cases} x = r\sin\theta\cos\phi \\ y = r\sin\theta\sin\phi \\ z = r\cos\theta \end{cases}$ 球座標的 ϕ 類似經度，範圍介於 0 至 2π；θ 類似緯度，範圍介於 0 至 π

座標系統	微分算子 ∇
直角座標 (x, y, z)	$\nabla = (\dfrac{\partial}{\partial x}, \dfrac{\partial}{\partial y}, \dfrac{\partial}{\partial z})$
圓柱座標 (r, θ, z)	$\nabla = (\dfrac{\partial}{\partial r}, \dfrac{1}{r}\dfrac{\partial}{\partial \theta}, \dfrac{\partial}{\partial z})$
球座標 (r, θ, ϕ)	$\nabla = (\dfrac{\partial}{\partial r}, \dfrac{1}{r}\dfrac{\partial}{\partial \theta}, \dfrac{1}{r\sin\theta}\dfrac{\partial}{\partial \phi})$

2-22 微觀動量均衡

單點流體承受哪些外力？

求得微觀系統的連續方程式之後，接著探討動量均衡。從巨觀系統已知，動量的產生來自於外力。控制體積內的流體所受外力可分成兩類，第一類是整體力（body force），典型的例子是重力，電力或磁力也屬於此類型；第二類是表面力，將作用於控制體積的外表面，包括壓力或應力導致的作用力。

考慮流體只承受外部的表面力和重力，由此可估計動量產生速率。由於動量屬於向量，故先考慮 x 方向，之後再整合所有方向的變化率。對於微觀的長方體控制體積，在 x 方向上，邊長為 Δx，故有兩側表面受到壓力，由於這兩側表面的截面積皆為 $\Delta y \Delta z$，所以沿著 x 方向的壓差推力可表示為 $(p|_x - p|_{x+\Delta x})\Delta y \Delta z$。此外，整個長方體控制體積承受的重力可從流體的質量與重力場強度（或重力加速度）來計算，已知總質量為 $\rho \Delta x \Delta y \Delta z$，但重力加速度的 x 分量為 g_x，所以 x 方向的重力應表示為 $\rho g_x \Delta x \Delta y \Delta z$。

流體承受的表面力還有一個來源，因為控制體積內外的流體可能會有相對運動，因而產生應力。例如外部沿著 x 方向運動的流體將改變控制體積的 y 平面上的流速，因此產生剪應力 τ_{yx}，作用面積為 $\Delta z \Delta x$；同理，沿 x 方向運動的流體也將改變 z 平面上的流速，因此產生剪應力 τ_{zx}，作用面積為 $\Delta x \Delta y$；另外，沿 x 方向運動的流體也會改變 x 平面上的流速，因而產生正向應力 τ_{xx}，作用面積為 $\Delta y \Delta z$。由於控制體積的 y 平面有兩側，分別位於 y 和 $y + \Delta y$，兩側分別產生的剪應力會互相抵抗，使 y 平面上產生的淨作用力應表示為：$\Delta z \Delta x(\tau_{yx}|_y - \tau_{yx}|_{y+\Delta y})$。$z$ 平面和 x 平面也可類推，分別表示為 $\Delta x \Delta y(\tau_{zx}|_z - \tau_{zx}|_{z+\Delta z})$ 和 $\Delta y \Delta z(\tau_{xx}|_x - \tau_{xx}|_{x+\Delta x})$。上述三平面導致的應力作用力皆沿著 x 方向，故應相加而得到 x 方向上的總應力作用力：$\Delta y \Delta z(\tau_{xx}|_x - \tau_{xx}|_{x+\Delta x}) + \Delta z \Delta x(\tau_{yx}|_y - \tau_{yx}|_{y+\Delta y}) + \Delta x \Delta y(\tau_{zx}|_z - \tau_{zx}|_{z+\Delta z})$。

至此，控制體積承受的所有外力都已釐清，代表動量產生速率已獲確認，接著只需考慮動量進出速率和累積速率，即可完成微觀的動量均衡。

x 方向的微觀動量均衡

x 方向重力與壓差推力

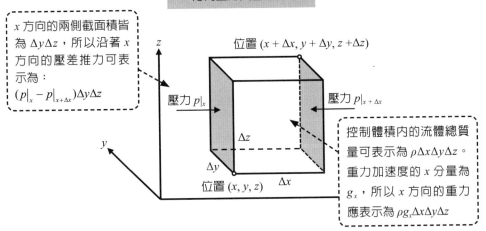

x 方向的兩側截面積皆為 $\Delta y \Delta z$，所以沿著 x 方向的壓差推力可表示為：
$(p|_x - p|_{x+\Delta x})\Delta y \Delta z$

壓力 $p|_x$

壓力 $p|_{x+\Delta x}$

位置 $(x+\Delta x, y+\Delta y, z+\Delta z)$

位置 (x, y, z)

控制體積內的流體總質量可表示為 $\rho \Delta x \Delta y \Delta z$。重力加速度的 x 分量為 g_x，所以 x 方向的重力應表示為 $\rho g_x \Delta x \Delta y \Delta z$

x 方向應力作用力

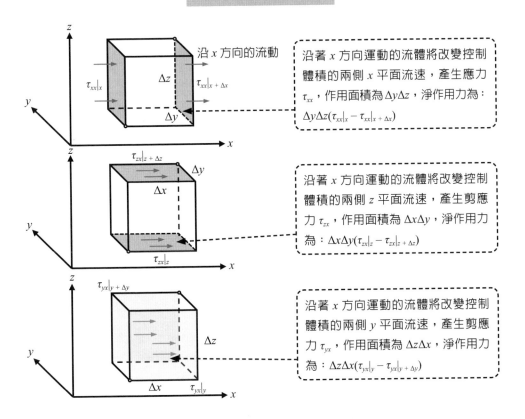

沿 x 方向的流動

$\tau_{xx}|_x$　$\tau_{xx}|_{x+\Delta x}$

沿著 x 方向運動的流體將改變控制體積的兩側 x 平面流速，產生應力 τ_{xx}，作用面積為 $\Delta y \Delta z$，淨作用力為：
$\Delta y \Delta z(\tau_{xx}|_x - \tau_{xx}|_{x+\Delta x})$

$\tau_{zx}|_{z+\Delta z}$

$\tau_{zx}|_z$

沿著 x 方向運動的流體將改變控制體積的兩側 z 平面流速，產生剪應力 τ_{zx}，作用面積為 $\Delta x \Delta y$，淨作用力為：$\Delta x \Delta y(\tau_{zx}|_z - \tau_{zx}|_{z+\Delta z})$

$\tau_{yx}|_{y+\Delta y}$

$\tau_{yx}|_y$

沿著 x 方向運動的流體將改變控制體積的兩側 y 平面流速，產生剪應力 τ_{yx}，作用面積為 $\Delta z \Delta x$，淨作用力為：$\Delta z \Delta x(\tau_{yx}|_y - \tau_{yx}|_{y+\Delta y})$

2-23 運動方程式

如何以數學方程式描述流體運動？

　　微觀系統內的總動量為質量與速度之積，但 x 方向上的動量僅需考慮速度的 x 分量，亦即 $\mathbf{v}_x$。因此，系統內沿著 x 方向的動量累積速率可以表示成 $\Delta x \Delta y \Delta z \dfrac{\partial(\rho \mathbf{v}_x)}{\partial t}$。

　　由於微觀控制體積屬於開放系統，流體可以進出此空間，所以外部流體的 x 方向動量可能會從各種方向被帶進系統。例如流體會從 y 平面流入，穿越的截面積為 $\Delta z \Delta x$，此方向的質量流率為 $\rho \mathbf{v}_y \Delta z \Delta x$，但這些流體也內含 x 方向動量，所以進入系統的動量速率可表示為 $(\rho \mathbf{v}_y \Delta z \Delta x)\mathbf{v}_x|_y$。相對地，可假設流體會從 $y + \Delta y$ 平面流出，而且穿越的截面積與 y 平面相同，所以離開系統的動量速率可表示為 $(\rho \mathbf{v}_y \Delta z \Delta x)\mathbf{v}_x|_{y+\Delta y}$。此外，流體還會從 z 平面流入，再從 $z + \Delta z$ 平面流出，穿越的截面積為 $\Delta x \Delta y$，此方向的質量流率為 $\rho \mathbf{v}_z \Delta x \Delta y$，所以進入和離開系統的 x 方向動量速率可分別表示為 $(\rho \mathbf{v}_z \Delta x \Delta y)\mathbf{v}_x|_z$ 與 $(\rho \mathbf{v}_z \Delta x \Delta y)\mathbf{v}_x|_{z+\Delta z}$。同理可得，在 x 方向上，進入和離開系統的 x 方向動量速率可分別表示為 $(\rho \mathbf{v}_x \Delta y \Delta z)\mathbf{v}_x|_x$ 與 $(\rho \mathbf{v}_x \Delta y \Delta z)\mathbf{v}_x|_{x+\Delta x}$。

　　接著將前一節得到的動量產生速率，連結本單元求出的動量累積速率、動量進入速率、動量離開速率，即可得到控制體積的動量均衡方程式。若再次假設控制體積趨近於 0，視為空間中的單點，則可得到動量的變化方程式，也稱為運動方程式（equation of motion）：

$$\frac{\partial(\rho \mathbf{v}_x)}{\partial t} = -\left[\frac{\partial(\rho \mathbf{v}_x \mathbf{v}_x)}{\partial x} + \frac{\partial(\rho \mathbf{v}_x \mathbf{v}_y)}{\partial y} + \frac{\partial(\rho \mathbf{v}_x \mathbf{v}_z)}{\partial z}\right] - \left(\frac{\partial \tau_{xx}}{\partial x} + \frac{\partial \tau_{yx}}{\partial y} + \frac{\partial \tau_{zx}}{\partial z}\right) - \frac{\partial p}{\partial x} + \rho g_x$$

(2-63)

　　但需注意，此式僅討論 x 方向的運動，y 方向和 z 方向也可類推，得到下列方程式：

$$\frac{\partial(\rho \mathbf{v}_y)}{\partial t} = -\left[\frac{\partial(\rho \mathbf{v}_y \mathbf{v}_x)}{\partial x} + \frac{\partial(\rho \mathbf{v}_y \mathbf{v}_y)}{\partial y} + \frac{\partial(\rho \mathbf{v}_y \mathbf{v}_z)}{\partial z}\right] - \left(\frac{\partial \tau_{xy}}{\partial x} + \frac{\partial \tau_{yy}}{\partial y} + \frac{\partial \tau_{zy}}{\partial z}\right) - \frac{\partial p}{\partial y} + \rho g_y$$

(2-64)

$$\frac{\partial(\rho \mathbf{v}_z)}{\partial t} = -\left[\frac{\partial(\rho \mathbf{v}_z \mathbf{v}_x)}{\partial x} + \frac{\partial(\rho \mathbf{v}_z \mathbf{v}_y)}{\partial y} + \frac{\partial(\rho \mathbf{v}_z \mathbf{v}_z)}{\partial z}\right] - \left(\frac{\partial \tau_{xz}}{\partial x} + \frac{\partial \tau_{yz}}{\partial y} + \frac{\partial \tau_{zz}}{\partial z}\right) - \frac{\partial p}{\partial z} + \rho g_z$$

(2-65)

x 方向動量累積速率

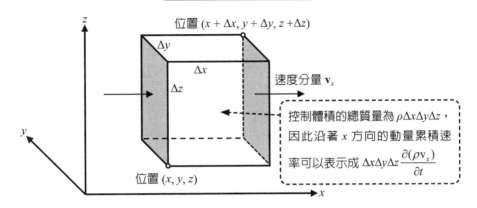

位置 $(x + \Delta x, y + \Delta y, z +\Delta z)$

Δy

Δx

Δz

速度分量 $\mathbf{v}_x$

位置 (x, y, z)

控制體積的總質量為 $\rho \Delta x \Delta y \Delta z$，因此沿著 x 方向的動量累積速率可以表示成 $\Delta x \Delta y \Delta z \dfrac{\partial (\rho \mathbf{v}_x)}{\partial t}$

x 方向動量流入流出淨速率

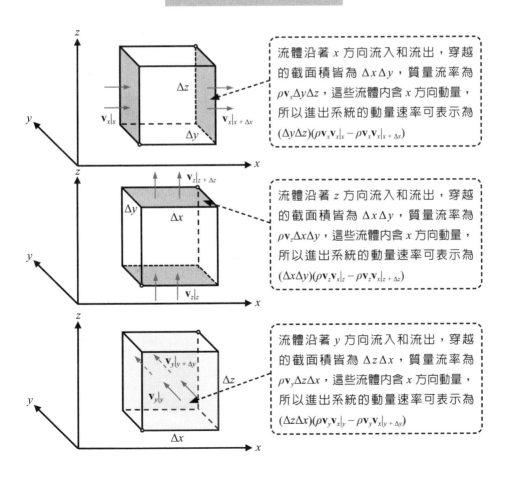

Δz

$\mathbf{v}_x|_x$

$\mathbf{v}_x|_{x + \Delta x}$

Δy

流體沿著 x 方向流入和流出，穿越的截面積皆為 $\Delta x \Delta y$，質量流率為 $\rho \mathbf{v}_x \Delta y \Delta z$，這些流體內含 x 方向動量，所以進出系統的動量速率可表示為 $(\Delta y \Delta z)(\rho \mathbf{v}_x \mathbf{v}_x|_x - \rho \mathbf{v}_x \mathbf{v}_x|_{x + \Delta x})$

$\mathbf{v}_z|_{z + \Delta z}$

Δy

Δx

$\mathbf{v}_z|_z$

流體沿著 z 方向流入和流出，穿越的截面積皆為 $\Delta x \Delta y$，質量流率為 $\rho \mathbf{v}_z \Delta x \Delta y$，這些流體內含 x 方向動量，所以進出系統的動量速率可表示為 $(\Delta x \Delta y)(\rho \mathbf{v}_z \mathbf{v}_x|_z - \rho \mathbf{v}_z \mathbf{v}_x|_{z + \Delta z})$

$\mathbf{v}_y|_{y + \Delta y}$

Δz

$\mathbf{v}_y|_y$

Δx

流體沿著 y 方向流入和流出，穿越的截面積皆為 $\Delta z \Delta x$，質量流率為 $\rho \mathbf{v}_y \Delta z \Delta x$，這些流體內含 x 方向動量，所以進出系統的動量速率可表示為 $(\Delta z \Delta x)(\rho \mathbf{v}_y \mathbf{v}_x|_y - \rho \mathbf{v}_y \mathbf{v}_x|_{y + \Delta y})$

2-24　不可壓縮牛頓流體的運動

用於水的運動方程式為何？

在上一節中，我們已經推得微觀系統內的動量均衡方程式，又稱為運動方程式，但僅限直角座標才能使用。為了擴增此方程式的應用性，應將三個分量的方程式合成向量張量表示式。以壓力項為例，可利用梯度將三式組合，亦即：

$$\nabla p = \left(\frac{\partial p}{\partial x}, \ \frac{\partial p}{\partial y}, \ \frac{\partial p}{\partial z} \right) \tag{2-66}$$

另由於應力屬於張量，所以（2-63）至（2-65）式的等號右側共 9 個應力項可以使用散度組合：

$$\nabla \cdot \tau = \left(\frac{\partial \tau_{xx}}{\partial x} + \frac{\partial \tau_{yx}}{\partial y} + \frac{\partial \tau_{zx}}{\partial z}, \ \frac{\partial \tau_{xy}}{\partial x} + \frac{\partial \tau_{yy}}{\partial y} + \frac{\partial \tau_{zy}}{\partial z}, \ \frac{\partial \tau_{xz}}{\partial x} + \frac{\partial \tau_{yz}}{\partial y} + \frac{\partial \tau_{zz}}{\partial z} \right) \tag{2-67}$$

運動方程式右側的速度分量乘積項，則可視兩個速度向量 **v** 相乘而得的張量 **vv**，也可使用散度組合成 $\nabla \cdot \rho \mathbf{vv}$。因此，向量張量型式的運動方程式將成為：

$$\frac{\partial (\rho \mathbf{v})}{\partial t} = -\nabla \cdot \rho \mathbf{vv} - \nabla \cdot \tau - \nabla p + \rho g \tag{2-68}$$

由前述已知，探討流場時還可採用 Euler 描述法，因此流體的實質速度變化率，可表示為實質微分 $\dfrac{D\mathbf{v}}{Dt}$，此即加速度，根據定義：

$$\frac{D\mathbf{v}}{Dt} = \frac{\partial \mathbf{v}}{\partial t} + (\mathbf{v} \cdot \nabla) \mathbf{v} \tag{2-69}$$

藉由（2-69）式，可以合併（2-68）式中的等號左側與右側第一項，因而得到：

$$\rho \frac{D\mathbf{v}}{Dt} = -\nabla \cdot \tau - \nabla p + \rho g \tag{2-70}$$

由此式可清楚發現，等號右側的三項依序為應力作用力、壓差推力和重力，而且密度與加速度之乘積，即為單位體積流體所受外力之總和，與眾所周知的牛頓運動定律相同。

對於不可壓縮牛頓流體，從連續方程式可知其 $\nabla \cdot \mathbf{v} = 0$，且其應力符合黏度定律：$\tau = -\mu \nabla \mathbf{v}$，因此運動方程式的右側第一項將成為 $\mu \nabla \cdot \mathbf{v}$，算符 $\nabla \cdot \nabla$ 代表先計算梯度再計算散度，稱為 Laplacian，可使運動方程式化為：

$$\rho \frac{D\mathbf{v}}{Dt} = \mu \nabla \cdot \nabla \mathbf{v} - \nabla p + \rho g \tag{2-71}$$

此結果又稱為 Navier-Stokes 方程式，但只適用於不可壓縮牛頓流體。上述的向量張量型式的運動方程式可用於所有座標，在本書的附錄中可查詢圓柱座標與球座標中，梯度或散度的計算方法。

通用的運動方程式

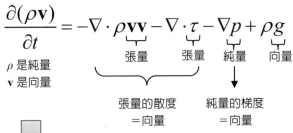

$$\frac{\partial(\rho\mathbf{v})}{\partial t} = -\nabla \cdot \rho\mathbf{v}\mathbf{v} - \nabla \cdot \tau - \nabla p + \rho g$$

ρ 是純量
$\mathbf{v}$ 是向量

張量　張量　純量　向量

張量的散度
=向量

純量的梯度
=向量

改用實質微分：

$$\frac{D}{Dt} = \frac{\partial}{\partial t} + (\mathbf{v}\cdot\nabla)$$

$$\rho\frac{D\mathbf{v}}{Dt} = -\nabla \cdot \tau - \nabla p + \rho g$$

密度 × 加速度
= $\dfrac{質量}{體積}$ × 加速度

外力
體積

密度 × 加速度 = $\dfrac{外力}{體積}$，

等同於牛頓第二運動定律

不可壓縮
牛頓流體

密度固定
黏度固定
滿足黏度定律：$\tau = -\mu\nabla\mathbf{v}$

Navier-Stokes 方程式

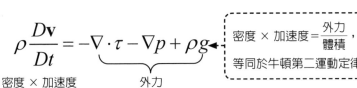

$$\rho\frac{D\mathbf{v}}{Dt} = \mu\nabla \cdot \nabla\mathbf{v} - \nabla p + \rho g$$

Laplacian 算符：
先梯度後散度

向量方程式可分成三個純
量方程式

特定座標

第一分量方程式，例如(2-63)式
第二分量方程式，例如(2-64)式
第三分量方程式，例如(2-65)式

範例 1

一個斜面的長度為 L，寬度為 W，斜面與鉛直線的夾角為 β。斜面上游的儲槽會持續釋放密度 ρ、黏度 μ 的液體，液流穩定後會形成厚度為 δ 的液膜。假設液體在斜面各位置的壓力相同，試問在此液膜中的速度分布為何？液體之質量流率為何？

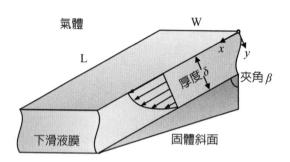

解答

(1) 假設
    (A) 不可壓縮牛頓流體
    (B) 穩定態
    (C) 速度分量 $\mathbf{v}_x = \mathbf{v}_x(y)$，$\mathbf{v}_y = \mathbf{v}_z = 0$
    (D) 上下游壓力相等，$P_0 = P_L$

(2) 連續方程式：$\dfrac{\partial \mathbf{v}_x}{\partial x} + \dfrac{\partial \mathbf{v}_y}{\partial y} + \dfrac{\partial \mathbf{v}_z}{\partial z} = 0$，可發現速度的假設不矛盾。

(3) 運動方程式（x 分量）：$\mu\dfrac{d^2\mathbf{v}_x}{dy^2} + \rho g\cos\beta = 0$，可得 $\mathbf{v}_x = -\dfrac{\rho g\cos\beta}{2\mu}y^2 + c_1 y + c_2$

(4) 邊界條件：(A) 在 $y = 0$ 為氣液界面，$\dfrac{d\mathbf{v}_x}{dy} = 0$；(B) 在 $y = \delta$ 為固液界面，$\mathbf{v}_x = 0$

(5) 故可求出 c_1 和 c_2，進而得到 $\mathbf{v}_x = \dfrac{\rho g\cos\beta}{2\mu}(\delta^2 - y^2)$

(6) 質量流率 $\dot{m} = \rho W\delta\overline{\mathbf{v}} = \rho W\delta\left[\dfrac{1}{\delta}\int_0^\delta \mathbf{v}_x(y)dy\right] = \dfrac{\rho^2 gW\delta^3\cos\beta}{3\mu}$

範例2

有一半徑 R 的固體圓柱以 z 方向為軸轉動，其轉動角速度固定為 ω。已知圓柱外的流體密度為 ρ，黏度為 μ，會隨圓柱而流動，達到穩定態後，只有速度分量 $\mathbf{v}_\theta(r, \theta)$ 不為 0：

(a) 試證明 $\mathbf{v}_\theta$ 與 θ 無關，亦即 $\dfrac{\partial \mathbf{v}_\theta}{\partial \theta} = 0$。

(b) 試求出圓柱外的流體速度分布。

(c) 試求出在圓柱表面（$r = R$）的流體之切線速度和剪應力。

(d) 若圓柱轉速增為 2ω，則旋轉圓柱所需之力矩 T_z 將變為原始值的幾倍？

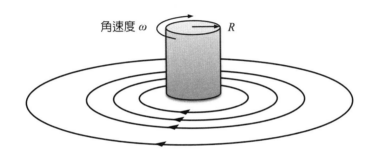

角速度 ω　　R

解答

(1) 假設

   (A) 不可壓縮牛頓流體

   (B) 穩定態

   (C) $\mathbf{v}_\theta = \mathbf{v}_\theta(r)$，$\mathbf{v}_r = \mathbf{v}_z = 0$

(2) 連續方程式：$\nabla \cdot \mathbf{v} = \dfrac{1}{r}\dfrac{\partial}{\partial r}(r\mathbf{v}_r) + \dfrac{1}{r}\dfrac{\partial \mathbf{v}_\theta}{\partial \theta} + \dfrac{\partial \mathbf{v}_z}{\partial z} = 0$，可得 $\dfrac{\partial \mathbf{v}_\theta}{\partial \theta} = 0$。

(3) 運動方程式（θ 分量）：$\dfrac{d}{dr}\left(\dfrac{1}{r}\dfrac{d(r\mathbf{v}_\theta)}{dr}\right) = 0$，可得 $\mathbf{v}_\theta = c_1 r + \dfrac{c_2}{r}$。

(4) 邊界條件：(A) 在 $r \to \infty$，$\mathbf{v}_\theta = 0$，可得到 $c_1 = 0$；(B) 在 $r = R$，$\mathbf{v}_\theta = R\omega$，此即表面切線速度，可求得 $c_2 = R^2\omega$。因此 $\mathbf{v}_\theta = \dfrac{R^2\omega}{r}$。

(5) 剪應力 $\tau_{r\theta} = -\mu r \dfrac{d}{dr}\left(\dfrac{\mathbf{v}_\theta}{r}\right) = 2\mu\omega\left(\dfrac{R}{r}\right)^2$，因此在 $r = R$ 處，$\tau_R = 2\mu\omega$。

(6) 外加力矩 $T = R \times F = R(2\pi RL)\tau_{r\theta} = 4\pi R^2 L\mu\omega$。所以當轉速加倍時，外加力矩也加倍。

2-25　紊流中的運動方程式

如何描述紊流中的速度？

　　即使擁有了連續方程式與運動方程式，我們仍然只能解決層流問題，而工程中面臨的問題卻多數屬於紊流，而且紊流狀態存在許多微小擾動，使流動變得非常複雜，而且隨著時間充滿變化性，很難達到穩定態。以管中某定點的速度為例，經過一段時間的測量，會得到振盪性的變化，因為測量的時距不夠小，會呈現鋸齒狀的速度變化線。面臨這種結果，我們只能先估計這段時間內的平均值 $\bar{\mathbf{v}}$，並觀察其變化，若 $\bar{\mathbf{v}}$ 在更長的時間後能維持不變，則可視為平均性的穩定狀態。了解紊流的平均特性後，便可運用於工程設計。

　　紊流雖然導致了複雜的流體運動，但也會伴隨更有效的熱傳與質傳效果，所以工程應用中，流體常處於紊流狀態。在紊流中，流體的瞬時特性可以表達成時間平均值與瞬時變動量之和，例如速度為：

$$\mathbf{v} = \bar{\mathbf{v}} + \mathbf{v}' \tag{2-72}$$

此概念稱為 Reynolds 分解，其中的 $\bar{\mathbf{v}}$ 是指速度 $\mathbf{v}(t)$ 在一段時間 T 內取得的平均值，但 $\bar{\mathbf{v}}$ 也是時間的函數，所以平均值的計算範圍是從時刻 t 的前 $T/2$ 到 t 的後 $T/2$ 之間，亦即：

$$\bar{\mathbf{v}} = \frac{1}{T} \int_{t-T/2}^{t+T/2} \mathbf{v}(s)ds \tag{2-73}$$

若紊流主要沿著管線的 z 方向，則達到穩定狀態後，$\bar{\mathbf{v}}$ 將不再是時間的函數，且可發現瞬時變動量之平均值 $\overline{\mathbf{v}'} = 0$，但 $\overline{\mathbf{v}'^2} \neq 0$，因為速度仍然具有振盪性，而且 $\overline{\mathbf{v}'^2} / \bar{\mathbf{v}}^2$ 可用以表示振盪的程度。

　　振盪性的速度概念應用於牛頓流體後，可列出對應的連續方程式，再取一段時間進行平均，則能化簡成：

$$\frac{\partial \bar{\mathbf{v}}_x}{\partial x} + \frac{\partial \bar{\mathbf{v}}_y}{\partial y} + \frac{\partial \bar{\mathbf{v}}_z}{\partial z} = 0 \tag{2-74}$$

對於運動方程式，也取一段時間進行平均，則其 x 方向可成為：

$$\rho\left(\bar{\mathbf{v}}_x \frac{\partial \bar{\mathbf{v}}_x}{\partial x} + \bar{\mathbf{v}}_y \frac{\partial \bar{\mathbf{v}}_y}{\partial y} + \bar{\mathbf{v}}_z \frac{\partial \bar{\mathbf{v}}_z}{\partial z} \right) = -\rho\left(\frac{\partial \overline{\mathbf{v}'_x \mathbf{v}'_x}}{\partial x} + \frac{\partial \overline{\mathbf{v}'_y \mathbf{v}'_x}}{\partial y} + \frac{\partial \overline{\mathbf{v}'_z \mathbf{v}'_x}}{\partial z} \right) + \mu \nabla^2 \bar{\mathbf{v}}_x - \frac{\partial p}{\partial x} + \rho g_x \tag{2-75}$$

對比層流的運動方程式，可發現多出等號右側的第一大項，而在 y 方向和 z 方向亦同。改寫成張量型式後，多出的項目將組合成 $\nabla \cdot \rho \overline{\mathbf{v}'\mathbf{v}'}$，代表一種應力散度，故定義 $\rho \overline{\mathbf{v}'\mathbf{v}'} = \bar{\tau}$ 為 Reynolds 應力，並假設紊流下的流體承受了總應力 τ_{tot}：

$$\tau_{tot} = \tau + \bar{\tau} \tag{2-76}$$

其中 $\tau = -\mu \nabla \mathbf{v}$，是牛頓黏度定律所述之應力。由於紊流會導致漩渦，並增進動量的輸送速率，故可再定義漩渦擴散度 ε_M（eddy diffusivity）來類比動黏度 ν，使總應力 τ_{tot} 表達為：

$$\tau_{tot} = -\rho(\nu + \varepsilon_M)\nabla \mathbf{v} \tag{2-77}$$

這種漩渦效應在遠離管壁處與靠近管壁處差異大，所以接近管壁處的速度梯度較大，使管線中的紊流速度分布比層流更均勻，僅在管壁附近劇烈變化。相似的情形也發生在熱傳與質傳現象中，所以紊流可以導致較佳的輸送效果。

紊流的時間波動性

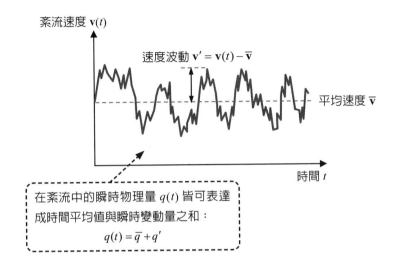

紊流速度 $\mathbf{v}(t)$

速度波動 $\mathbf{v}' = \mathbf{v}(t) - \overline{\mathbf{v}}$

平均速度 $\overline{\mathbf{v}}$

時間 t

在紊流中的瞬時物理量 $q(t)$ 皆可表達成時間平均值與瞬時變動量之和：
$$q(t) = \overline{q} + q'$$

層流與紊流的速度分布

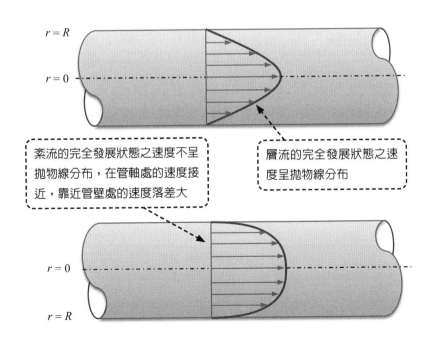

$r = R$

$r = 0$

紊流的完全發展狀態之速度不呈拋物線分布，在管軸處的速度接近，靠近管壁處的速度落差大

層流的完全發展狀態之速度呈拋物線分布

$r = 0$

$r = R$

2-26　流場分析

如何求解流場？

在前一節，我們已經推得 Navier-Stokes 方程式，可用以描述流場。但在分析流場時，通常有四個變數是未知的，分別是三個速度分量與壓力，Navier-Stokes 方程式可分成三組，所以欲得流場的唯一解，至少還需要質量均衡方程式，亦即連續方程式，總計 4 個變數與 4 個微分方程式。

然而，除了微分方程式之外，還需要邊界條件與初始條件才能得到定解。初始條件是指系統開始的狀態，屬於操作者或設計者給定的條件；邊界條件則發生在系統的邊緣，必須依靠物理準則設定。最常出現的邊界條件可基於流體接觸的外物，而分成三種類型，分別是流固界面、液液界面和氣液界面。在巨觀系統中已多次論及流固界面，最常使用的是無滑動條件，亦即固體速度相等於流體速度，因為固體材料的表面能足夠高，得以吸附流體，使兩者的相對運動困難，但需注意，當固體縮小到微觀尺寸或分子尺寸時，材料表面的親水疏水性或電雙層等特徵，將會導致有滑動的邊界條件。另在不互溶的液液界面上，最常採用的也是無滑動條件，因此兩液體平行界面之速度分量相等，而且兩液體承受的表面力大小也相等，代表界面上的壓力與應力之和將會相等。在無滑動的氣液界面上，本應擁有相同的情形，但通常氣體的黏度遠小於液體的黏度，而且氣體側並沒有非常大的速度梯度，故可假設界面上的剪應力為 0。

Navier-Stokes 方程式加上合適的條件後，至少可以透過數值方法求出定解。但有很多流體屬於可壓縮或非牛頓流體，而且系統在操作中若出現了溫度變化，都將使 Navier-Stokes 方程式不能適用。由於此處先不考慮熱能輸送，假定系統的溫度不變，所以對於任何種類的流體，除了必須考慮代表質量均衡的連續方程式，以及代表動量均衡的運動方程式，還需要下列三項關係：

■ 流體密度對壓力的變化，亦即狀態方程式：$\rho = f_1(p)$。
■ 流體黏度對密度的關係，必須從分子觀點建立 $\mu = f_2(p)$。
■ 流體黏度對速度的關係，亦即應力對應變的關係，可表示成 $\tau = f_3(\mu, \mathbf{v})$。

因此，牽涉在流體力學課題中的所有變數，包括密度 ρ、壓力 p、應力 τ、速度 $\mathbf{v}$、黏度 μ，可由上述的方程組解出。

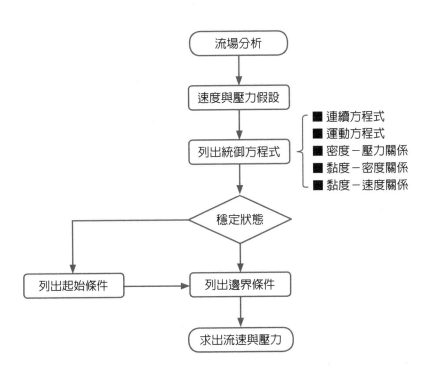

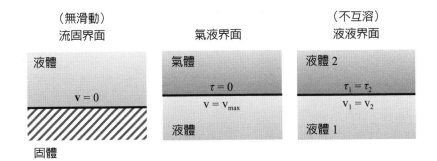

範例

試證明在穩定態下，水平圓管中的不可壓縮牛頓流體出現層流時，速度呈現拋物線分布。若圓管的半徑為 R，長度為 L，入口和出口的壓力分別為 p_0 和 p_L，由此可推導出 Hagen-Poiseuille 方程式：$\mathbf{v}_{av} = \dfrac{(p_0 - p_L)R^2}{8\mu L}$。

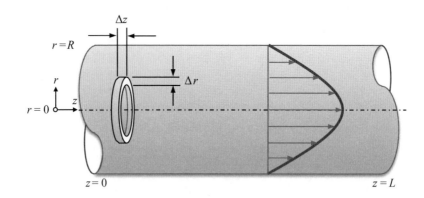

解答

由於探討的對象是不可壓縮牛頓流體，故可使用連續方程式與 Navier-Stokes 方程式描述穩定態下的質量均衡與動量均衡：

$$\nabla \cdot \mathbf{v} = 0$$
$$\mu \nabla \cdot \nabla \mathbf{v} - \nabla p + \rho g = 0$$

因為系統屬於圓管，比較適合使用圓柱座標，而且三個速度分量中只有 $\mathbf{v}_z \neq 0$，$\mathbf{v}_r = \mathbf{v}_\theta = 0$，另在完全發展狀態下，$\mathbf{v}_z$ 只隨著 r 而變化，代表 $\dfrac{\partial \mathbf{v}_z}{\partial \theta} = \dfrac{\partial \mathbf{v}_z}{\partial z} = 0$。因此連續方程式（質量均衡）將成為：$0 = 0$，表示速度分量的假設合理。

另再假設壓力 p 只沿著 z 而改變，使 $\dfrac{\partial p}{\partial r} = \dfrac{\partial p}{\partial \theta} = 0$；且因水管水平放置，重力加速度的 z 分量為 0，使 z 方向上的運動方程式（動量均衡）成為：

$$-\frac{\partial p}{\partial z} + \frac{\mu}{r}\frac{\partial}{\partial r}\left(r\frac{\partial \mathbf{v}_z}{\partial r}\right) = 0$$

假設重新排列上式，並轉為常微分型式，可成為：

$$\frac{\mu}{r}\frac{d}{dr}\left(r\frac{d\mathbf{v}_z}{dr}\right) = \frac{dp}{dz}$$

由於等式的左側為 r 的函數，但右側卻為 z 的函數，因此兩側都必須等於同一常數

才能相等。已知圓管入口與出口的壓差爲 $\Delta p = p_0 - p_L$，長度爲 L，所以可得到：

$$\frac{\mu}{r}\frac{d}{dr}\left(r\frac{d\mathbf{v}_z}{dr}\right) = \frac{dp}{dz} = -\frac{\Delta p}{L}$$

求解這個二階微分方程式可得到速度分布：

$$\mathbf{v}_z = -\frac{\Delta p}{4\mu L}r^2 + c_1\ln r + c_2$$

其中 c_1 和 c_2 是積分產生的待定常數。已知在管軸（$r = 0$），$\mathbf{v}_z$ 具有最大值；在管壁（$r = R$），流體無滑動，使 $\mathbf{v}_z = 0$。從這兩個邊界條件可以決定 c_1 和 c_2，求解後可知 $c_1 = 0$，且 $c_2 = \frac{\Delta p}{4\mu L}R^2$，因此 $\mathbf{v}_z$ 的分布應爲：

$$\mathbf{v}_z = \frac{\Delta p}{4\mu L}\left(R^2 - r^2\right)$$

由此可發現速度具有拋物線的形狀，從中還可計算出平均速度：

$$\mathbf{v}_{av} = \frac{\int_0^{2\pi}\int_0^R \mathbf{v}_z r\,dr\,d\theta}{\pi R^2} = \frac{\Delta p}{8\mu L}R^2 = \frac{p_0 - p_L}{8\mu L}R^2$$

此即 Hagen-Poiseuille 方程式。

2-27 無因次的運動方程式

為什麼雷諾數可以關聯到流體運動？

在前面的章節中，曾提及雷諾數 Re 是流體運動的特徵，可用以判別流動狀態屬於層流或紊流。然需注意，Re 沒有單位，亦即沒有因次，無法關聯到前一節推導出的 Navier-Stokes 方程式，因為式中的各項物理量皆有因次，無法對應到 Re。為此，我們可採用某些基準，消去這些物理量的因次，再觀察運動方程式的變化。

首先，我們將重力項合併到壓力項中，定義廣義壓力的梯度 $\nabla P = \nabla p - \rho g$，接著再定義一個巨觀系統的特徵長度 L 與特徵速度 U，因而依序得到無因次長度 $\bar{x}$、$\bar{y}$、$\bar{z}$，以及無因次速度 $\bar{\mathbf{v}}$：

$$\bar{x} = \frac{x}{L}; \quad \bar{y} = \frac{y}{L}; \quad \bar{z} = \frac{z}{L} \tag{2-78}$$

$$\bar{\mathbf{v}} = \frac{\mathbf{v}}{U} \tag{2-79}$$

運動方程式中，尚有時間項與廣義壓力項必須處理，仍要借助 L 與 U 才能完成無因次化：

$$\bar{t} = \frac{Ut}{L} \tag{2-80}$$

$$\bar{P} = (\frac{L}{\mu U})P \tag{2-81}$$

此外，微分算符 ∇ 之中亦包含了長度的因次，也必須無因次化而成為 $\bar{\nabla}$，所以最終可得到：

$$\frac{D\bar{\mathbf{v}}}{D\bar{t}} = \left(\frac{\mu}{\rho UL}\right)\bar{\nabla} \cdot \bar{\nabla}\bar{\mathbf{v}} - \left(\frac{\mu}{\rho UL}\right)\bar{\nabla}\bar{P} - \frac{1}{\text{Re}}\left(\bar{\nabla} \cdot \bar{\nabla}\bar{\mathbf{v}} - \bar{\nabla}\bar{P}\right) \tag{2-82}$$

從（2-82）式可以明顯發現，右側出現了 Re，所以 Re 確實是流體力學中最重要的參數。由此結果更可以檢視 Re 的意涵，因為 Re 被定義為慣性力對黏滯力的比值，在運動方程式中，慣性力是指 $\rho \frac{D\mathbf{v}}{Dt}$，黏滯力是指 $\mu\nabla \cdot \nabla\mathbf{v}$，所以：

$$\text{Re} = \frac{\rho \dfrac{D\mathbf{v}}{Dt}}{\mu\nabla \cdot \nabla\mathbf{v}} \approx \frac{\rho U^2 / L}{\mu U / L^2} = \frac{\rho UL}{\mu} \tag{2-83}$$

方程式與輔助條件皆無因次化之後，所描述的流體與解出的流態，皆無關於系統尺寸或流速，亦即相同的解代表相同的流態，這個結論對於從實驗室到工廠的規模放大（scale up）或從實驗室到微型系統的規模縮小（scale down）具有關鍵意義。

實驗室規模

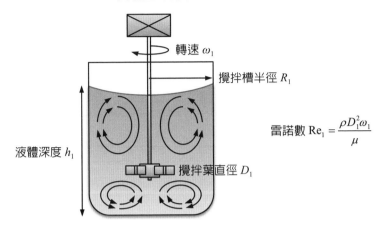

轉速 ω_1

攪拌槽半徑 R_1

液體深度 h_1

雷諾數 $\mathrm{Re}_1 = \dfrac{\rho D_1^2 \omega_1}{\mu}$

攪拌葉直徑 D_1

規模放大

攪拌槽的規模改變後，各種尺寸皆依比例放大，若兩者的流動狀態要相同，則兩者的雷諾數必須相等，亦即 $\mathrm{Re}_1 = \mathrm{Re}_2$

工廠規模

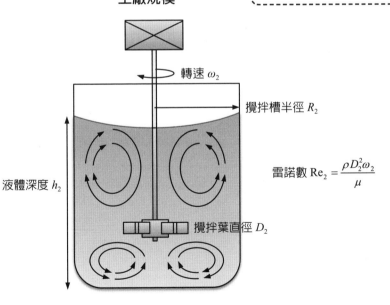

轉速 ω_2

攪拌槽半徑 R_2

液體深度 h_2

雷諾數 $\mathrm{Re}_2 = \dfrac{\rho D_2^2 \omega_2}{\mu}$

攪拌葉直徑 D_2

2-28 緩流

如何估計緩慢下沉球體的速度？

　　將 Navier-Stokes 方程式無因次化之後，對應的邊界條件也應該無因次化。有一些條件相關於重力，所以無因次化時會產生慣性力對重力的比值，並可定義此比值為 Froude 數：

$$\text{Fr} = \frac{\rho \dfrac{D\mathbf{v}}{Dt}}{\rho g} \approx \frac{U^2}{gL} \tag{2-84}$$

有時則會牽涉表面張力 σ，因而產生慣性效應對表面張力效應的比值，並可定義此比值為 Weber 數：

$$\text{We} = \frac{\rho \dfrac{D\mathbf{v}}{Dt}}{\sigma / L^2} \approx \frac{\rho U^2 / L}{\sigma / L^2} = \frac{\rho U^2 L}{\sigma} \tag{2-85}$$

其中 σ 為表面張力，σL 是表面能導致的作用力，σ/L^2 是單位體積流體的表面能作用力，這類邊界條件在不互溶的流體界面會用到。

　　由（2-82）式已知，無因次的運動方程式直接與 Re 相關，但當 Re 非常小時，慣性力的效應將遠小於黏滯力與壓力作用力。在穩定態下，將各項的因次還原，可得到：

$$\mu \nabla \cdot \nabla \mathbf{v} = \nabla p \tag{2-86}$$

此時的流速很慢，稱為緩流（creeping flow）。對於一個置於無限大液體中的圓球粒子，在緩慢沉降時，藉由連續方程式與簡化的運動方程式，可透過推導而得到沉降速度的解析解（analytical solution），接著可對球表面積分，求出沉降時所承受的拖曳力 F_D，其結果為：

$$F_D = 3\pi \mu d_P \mathbf{v}_t \tag{2-87}$$

其中 d_P 是粒子直徑，$\mathbf{v}_t$ 是穩定態沉降的終端速度，此式稱為 Stokes 定律，在 2-18 節曾討論過。此案例的雷諾數被定義為：

$$\text{Re}_p = \frac{\rho d_P \mathbf{v}_t}{\mu} \tag{2-88}$$

通常在 $\text{Re}_p < 0.1$ 時，可使用 Stokes 定律估計拖曳力 F_D。

範例

已知一個微粒的直徑為 d_P，密度為 ρ_p，在密度為 ρ 且黏度為 μ 的液體中進行很緩慢的沉降。試證明沉降的終端速度 $\mathbf{v}_t = \dfrac{(\rho_p - \rho)gd_p^2}{18\mu}$。並再證明此時的拖曳係數 $C_D = \dfrac{24}{\mathrm{Re}_p}$，其中 Re_p 的特徵長度為微粒的直徑 d_P。

解答

微粒向下沉降時，會承受三種外力，分別為重力、浮力與拖曳力 F_D，其中後兩種力量向上。根據牛頓運動定律可知：

$$\frac{1}{6}\pi d_p^3 \rho_p g - \frac{1}{6}\pi d_p^3 \rho g - F_D = \frac{1}{6}\pi d_p^3 \rho_p a$$

其中 a 為加速度。因為微粒加速後，拖曳力將增大，最終會達到力平衡，使 $a = 0$，且使速度達到極限值，亦即終端速度 $\mathbf{v}_t$。由於沉降過程緩慢，可使用 Stokes 定律計算拖曳力，亦即：

$$F_D = 3\pi \mu d_p \mathbf{v}_t = \frac{1}{6}\pi d_p^3 (\rho_p - \rho)g$$

重新整理後即可得到：

$$\mathbf{v}_t = \frac{(\rho_p - \rho)gd_p^2}{18\mu}$$

此時的雷諾數 $\mathrm{Re}_p = \dfrac{\rho d_p \mathbf{v}_t}{\mu}$。另根據拖曳力 F_D 的定義可知：

$$F_D = C_D A_P \left(\frac{1}{2}\rho \mathbf{v}_t^2\right) = C_D \left(\frac{\pi d_p^2}{4}\right)\left(\frac{1}{2}\rho \mathbf{v}_t^2\right) = 3\pi \mu d_p \mathbf{v}_t$$

重新排列後可得到：

$$C_D = \frac{24\mu}{\rho d_p \mathbf{v}_t} = \frac{24}{\mathrm{Re}_p}$$

2-29 白努利定理

為什麼流體的壓力能、重力位能與動能之和能守恆？

在 Navier-Stokes 方程式尚未提出之前，流體力學的研究都忽略了流體的黏性，後稱其為理想流體（ideal fluid），無關黏滯效應的運動方程式則稱為 Euler 方程式：

$$\rho \frac{D\mathbf{v}}{Dt} = \rho \frac{\partial \mathbf{v}}{\partial t} + \rho (\mathbf{v} \cdot \nabla) \mathbf{v} = -\nabla p + \rho g \tag{2-89}$$

雖然真實世界中不存在理想流體，但對於黏性流體遠離固體的區域，其速度幾乎不受固體影響，所以黏滯效應微小，此時非常接近理想流體，可用 Euler 方程式快速地預測流動行為。

若將重力加速度改寫成重力位能的梯度，亦即 $g = -\nabla \phi$，再引用向量恆等式：$(\mathbf{v} \cdot \nabla)\mathbf{v} = \frac{1}{2}\nabla(\mathbf{v} \cdot \mathbf{v}) - \mathbf{v} \times (\nabla \times \mathbf{v})$ 以替換慣性項，方程式中將會出現速度的旋度 $\nabla \times \mathbf{v}$，或稱為渦度（vorticity）：$\Omega = \nabla \times \mathbf{v}$，可用以描述流體的旋轉行為。旋度相關於向量場沿著某個封閉路徑的環流量，最終會連結到角速度。例如一個以等角速度 ω 旋轉的剛體，局部速度為該點至軸心的距離 r 與等角速度 ω 之乘積，故可簡單地求得渦度的大小：$|\Omega| = |\nabla \times \mathbf{v}| = 2\omega$。對於流體，渦度的計算較繁瑣，但不改變其意涵。引入渦度之後，Euler 方程式將成為：

$$\rho \frac{\partial \mathbf{v}}{\partial t} + \rho (\Omega \times \mathbf{v}) = -\nabla (p + \rho\phi - \frac{1}{2}\rho \mathbf{v} \cdot \mathbf{v}) \tag{2-90}$$

旋度是微分算符的外積運算，若一個純量函數先取梯度再取旋度後，其結果將成為 0。因此，上式的左右兩側都進行旋度運算後，右側將成為 0，運動方程式可依此化簡為：$\frac{\partial \Omega}{\partial t} + \nabla \times (\Omega \times \mathbf{v}) = 0$。搭配連續方程式與適當的邊界條件後，即可算出渦度場，研究大氣物理時常用。

在穩定態下，已知 $\frac{\partial \mathbf{v}}{\partial t} = 0$，此時對 Euler 方程式的兩側內積速度向量 $\mathbf{v}$，並利用向量恆等式，可知 $\mathbf{v} \cdot (\Omega \times \mathbf{v}) = 0$，所以能得到：

$$\mathbf{v} \cdot \nabla (p + \rho\phi - \frac{1}{2}\rho \mathbf{v} \cdot \mathbf{v}) = 0 \tag{2-91}$$

此式恰指函數 $p + \rho\phi - \frac{1}{2}\rho \mathbf{v} \cdot \mathbf{v}$ 沿著速度 $\mathbf{v}$ 計算方向導數，且導數值為 0。這個結果代表流體在同一條流線（streamline）上，亦即沿著 $\mathbf{v}$ 的方向，$p + \rho\phi - \frac{1}{2}\rho \mathbf{v} \cdot \mathbf{v}$ 為定值，說明流線上單位體積流體的壓力能、重力位能與動能之和固定不變，此即 Bernoulli 定理，意味著能量守恆。

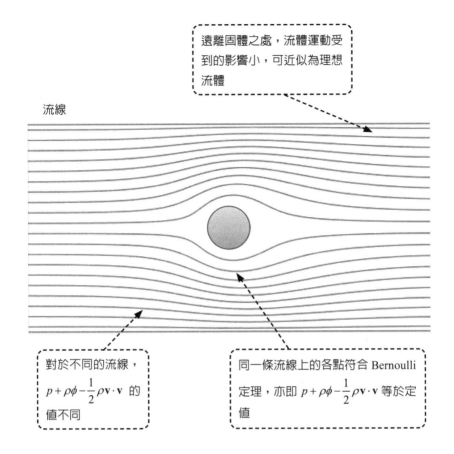

遠離固體之處，流體運動受到的影響小，可近似為理想流體

流線

對於不同的流線，$p + \rho\phi - \dfrac{1}{2}\rho\mathbf{v}\cdot\mathbf{v}$ 的值不同

同一條流線上的各點符合 Bernoulli 定理，亦即 $p + \rho\phi - \dfrac{1}{2}\rho\mathbf{v}\cdot\mathbf{v}$ 等於定值

流體力學中使用的曲線

徑線	特定質點在一段時間中移動的實際路徑，可使用質點影像速度儀（particle image velocimetry，簡稱 PIV）測量而得。
流線	在一時刻下，從一點的速度方向延伸至下一點，再以下一點的速度方向延伸至第三點，因而連接成曲線，可知曲線上任何一點之切線方向皆與該點的瞬時速度平行。
流脈	不同的質點在某一瞬間連接而成之曲線，例如煙囪出口冒出的白煙軌跡，不同於徑線。
時間線	某一組質點在同時刻下的連線，例如氣泡的輪廓，它可與其他時間的連線共同呈現，以顯示流體隨時間的發展，例如氣泡的膨脹。

[註] 在穩定態下，流線、徑線與流脈會重合

2-30　速度勢與流函數

如何快速求解無旋水流的速度？

在前一節中，我們曾得到渦度的運動方程式，再聯合連續方程式之後，理應能夠求出速度場。在眾多流動的可能性中，存在一種處處渦度皆為 0 的流場，通常從流動開始時，所有點都沒有旋轉的效應，此流動若不受外力影響，將永遠沒有渦度，可稱為無旋流（irrotational flow）。若流體屬於不可壓縮型，則其速度將滿足下列兩式：

$$\nabla \cdot \mathbf{v} = 0 \tag{2-92}$$
$$\nabla \times \mathbf{v} = 0 \tag{2-93}$$

欲求解上述方程組，可利用純量函數先取梯度再取旋度後必為 0 的定則，假設速度是某個純量函數的梯度，亦即 $\mathbf{v} = \nabla\phi$，此處的 ϕ 可稱為速度勢（velocity potential），配合連續方程式之後，可得到：

$$\nabla \cdot \nabla \phi = \frac{\partial^2 \phi}{\partial x^2} + \frac{\partial^2 \phi}{\partial y^2} + \frac{\partial^2 \phi}{\partial z^2} = 0 \tag{2-94}$$

此類二階偏微分方程式稱為 Laplace 方程式。所以從 Laplace 方程式中可先解出無旋流的速度勢 ϕ，再代入 Navier-Stokes 方程式求出壓力 p，比直接求解渦度方程式更簡易。

另有一些流動具有對稱關係，例如流場沿著某特定方向皆相同，或從某一個角度觀察也都相同，因此可將三維流場簡化成二維問題。沿特定方向對稱者可使用直角座標描述，對所有角度對稱者可用極座標描述，後者又稱為軸對稱。在二維的直角座標中，已知連續方程式可表示成：

$$\nabla \cdot \mathbf{v} = \frac{\partial \mathbf{v}_x}{\partial x} + \frac{\partial \mathbf{v}_y}{\partial y} = 0 \tag{2-95}$$

故可從中猜測兩個速度分量為 $\mathbf{v}_x = \dfrac{\partial \psi}{\partial y}$ 和 $\mathbf{v}_y = -\dfrac{\partial \psi}{\partial x}$，此處引用的 ψ 稱為流函數（stream function），也屬於純量，可使速度分布直接滿足連續方程式。接著將速度分量代入渦度為 0 的方程式，可得到 $\nabla \cdot \nabla \psi = \dfrac{\partial^2 \psi}{\partial x^2} + \dfrac{\partial^2 \psi}{\partial y^2} = 0$，又再度出現 Laplace 方程式。相似地，透過推導求出流函數 ψ，接著即可得到兩個速度分量。當解出的流函數 ψ 等於某定值時，可在二維平面中描繪出一條曲線，此即流體粒子移動的流線；另對解出的速度勢 ϕ 等於某定值時，可能描繪出等勢（位）線，而且這兩種曲線會正交。至此可知，人為創造的 ϕ 和 ψ 對於求解簡單流場極有助益。

圓柱繞流

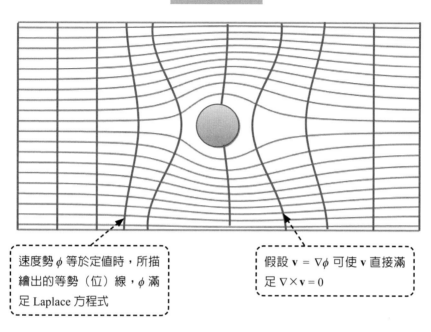

速度勢 ϕ 等於定值時，所描繪出的等勢（位）線，ϕ 滿足 Laplace 方程式

假設 $\mathbf{v} = \nabla\phi$ 可使 $\mathbf{v}$ 直接滿足 $\nabla \times \mathbf{v} = 0$

假設 $\mathbf{v} = \left(\dfrac{\partial\psi}{\partial y}, -\dfrac{\partial\psi}{\partial x}\right)$ 可使 $\mathbf{v}$ 直接滿足 $\nabla \cdot \mathbf{v} = 0$

流函數 ψ 等於定值時所描繪出的流線，ψ 滿足 Laplace 方程式

機翼繞流

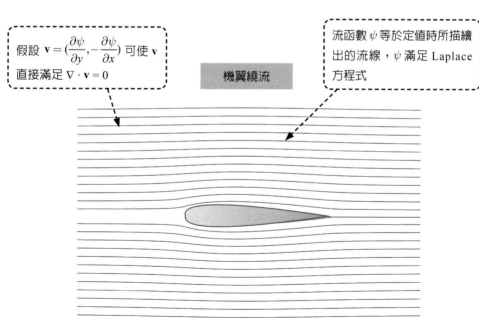

2-31 渦流

排水孔和茶杯中的渦流相同嗎？

不可壓縮流體出現無旋流時，其速度 **v** 的散度和旋度皆為 0。前一節提及，速度勢和流函數皆有助於求解流速，但僅限於對稱型流場。現今處理這類問題，大都採用計算流體力學的數值方法，再以可視化的方法呈現速度分布。然而在定性上，仍可透過簡單分析而描述出無旋流的特性。

無旋流從字面上看似流體不旋轉，但旋度實際上是指單點的特性，並非全部流體的特性，所以繞著一根直立圓柱旋轉的流體也有可能出現無旋流。因為在特定的速度分布下，流體可以轉彎但不具旋度。例如有一種自由渦流（free vortex），可能出現在水槽的排水孔周圍，流體會圍繞著一個轉軸而運動，每個流體粒子擁有切線速度，當流體遠離轉軸時速度較小，接近轉軸時速度較大。假設流體以等速率繞行圓周，根據角動量守恆，此速率恰與轉動半徑成反比，計算流場的渦度後發現結果為 0，代表每一個位置上的流體皆無旋轉的趨勢，但整體卻會繞行。

雖然在排水孔附近的水流還有徑向分量 v_r，但因為水屬於不可壓縮流體，滿足 $\nabla \cdot \mathbf{v} = 0$，所以可算出 v_r 和切線速度 v_θ 相似，都反比於轉動半徑 r，其流線類似阿基米德螺線。又因為機械能守恆，從 Bernoulli 定理可知道水面的重力位能與動能之總和為定值，且速率反比於轉動半徑 r，終而發現水面的高度 z 會相關於 r^2，在排水孔上方形成一個凹面，其方程式可表示為：$z = \dfrac{a}{r^2} + b$，其中的 a 和 b 都是常數。

另有一種從外界提供能量而使流體繞行的強制渦流（forced vortex），常發生在沖泡飲料的茶匙攪拌或化學實驗的磁石攪拌中。這類渦流的特點是動力來源接近轉軸，而盛裝流體的容器維持靜止，但若假設容器夠大，轉軸附近的流體將具有正比於轉動半徑的切線速度，所以每個位置的旋度不為 0，約為角速度的兩倍，行為類似剛體，故此流場不能歸類為無旋流。此外，停止以外力攪拌後，渦流將逐漸消失，若要讓流體持續轉動，則需從外界不斷提供能量。

由於一般容器的體積有限，容器與流體接觸的區域通常會出現無滑動現象，因而會施加剪應力減緩流速，這個區域遠離軸心，流場類似自由渦流。因此，整個容器內，有強制渦流，也有自由渦流，故合稱為 Rankine 組合渦流。常見的例子如颱風，位於颱風中心處的風速通常很弱，如同強制渦流的中心，常稱為颱風眼；而颱風眼的外圍則有一處風力最強，稱為颱風眼牆，此區約為上述兩種渦流的交界處。

排水孔 攪拌槽

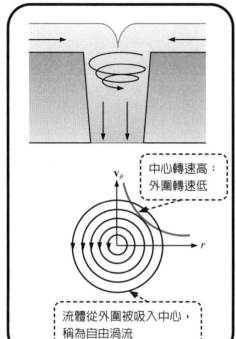

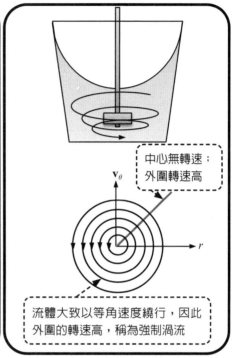

中心轉速高；
外圍轉速低

中心無轉速；
外圍轉速高

流體從外圍被吸入中心，
稱為自由渦流

流體大致以等角速度繞行，因此
外圍的轉速高，稱為強制渦流

Rankine 組合渦流

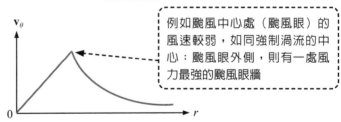

例如颱風中心處（颱風眼）的
風速較弱，如同強制渦流的中
心；颱風眼外側，則有一處風
力最強的颱風眼牆

2-32　環流

為什麼岸邊會出現海風環流？

　　對於速度的旋度，尚有一個重要概念必須被介紹，此概念稱爲環流（circulation）。若流場中有一定點，存在一個封閉路徑 C 包圍此定點，則沿著路徑 C 對切線速度進行線積分後，可得到此路徑的環流 Γ。現以位置向量 r 表示封閉路徑 C 上的各點，所以單點沿著路徑 C 的流量可表示爲 $\mathbf{v} \cdot r$，其中的內積代表相切於 C 的分量。因此，整個封閉路徑 C 的環流 Γ 將成爲：

$$\Gamma = \oint_C \mathbf{v} \cdot dr \tag{2-96}$$

　　根據 Stokes 積分定理，封閉路徑的線積分可轉化爲包覆此路徑的任意曲面 S 上的面積分，且被積函數爲向量場的旋度。故在計算環流 Γ 時，被積函數將成爲渦度：

$$\Gamma = \oint_C \mathbf{v} \cdot dr = \iint_S (\nabla \times \mathbf{v}) \cdot n dS = \iint_S \Omega \cdot n dS \tag{2-97}$$

其中的 n 是曲面 S 上的單位法向量。現將曲線 C 和曲面 S 無限縮小，成爲單一點，則可觀察出渦度的意涵：

$$|\Omega| = |(\nabla \times \mathbf{v}) \cdot n| = \lim_{\Delta S \to 0} \frac{1}{\Delta S} \oint_C \mathbf{v} \cdot dr = \lim_{\Delta S \to 0} \frac{\Gamma}{\Delta S} \tag{2-98}$$

此式可說明渦度等於圍繞單點的環流。

　　對於理想流體，已知流場中的環流可在封閉路徑 C 上進行線積分而求得。若欲估計環流隨著時間的變化，可將（2-97）式對時間微分，成爲：

$$\frac{\partial \Gamma}{\partial t} = \frac{\partial}{\partial t} \oint_C \mathbf{v} \cdot dr = \oint_C \frac{\partial \mathbf{v}}{\partial t} \cdot dr + \oint_C \mathbf{v} \cdot d(\frac{\partial r}{\partial t}) \tag{2-99}$$

等號右側的第一項可使用運動方程式推算，第二項中的位置向量對時間之微分即爲速度 $\mathbf{v}$，所以第二項將成爲：

$$\oint_C \mathbf{v} \cdot d(\frac{\partial r}{\partial t}) = \oint_C \mathbf{v} \cdot d\mathbf{v} = \frac{1}{2} \oint_C d\mathbf{v}^2 = 0 \tag{2-100}$$

因爲積分沿著封閉的路徑，所以（2-100）式的結果爲 0。第一項代入運動方程式後將成爲：

$$\frac{\partial \Gamma}{\partial t} = \oint_C \frac{\partial \mathbf{v}}{\partial t} \cdot dr = -\oint_C \frac{dP}{\rho} = \iint_S \left(\frac{\nabla P \times \nabla \rho}{\rho^2} \right) \cdot n dS \tag{2-101}$$

其中的 P 爲包含重力效應的廣義壓力，最右側的等式來自於 Stokes 積分定理。因爲目前探討的是理想流體，所以沒有黏滯項。此外，還可發現流場中的等壓線若不平行於等密度線，代表 $\nabla P \times \nabla \rho \neq 0$，必會出現環流，岸邊的海風環流可由此理論推想出。

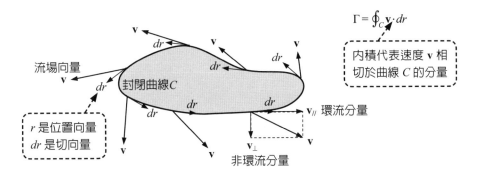

環流量＝速度沿著封閉曲線上 C 的線積分

$$\Gamma = \oint_C \mathbf{v} \cdot dr$$

流場向量 $\mathbf{v}$

封閉曲線 C

dr

內積代表速度 $\mathbf{v}$ 相切於曲線 C 的分量

r 是位置向量
dr 是切向量

$\mathbf{v}_{//}$ 環流分量

$\mathbf{v}_{\perp}$ 非環流分量

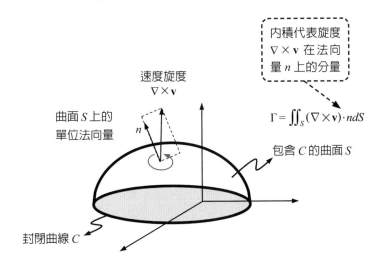

環流量＝速度旋度在包含封閉曲線 C 的曲面 S 的面積分

內積代表旋度 $\nabla \times \mathbf{v}$ 在法向量 n 上的分量

速度旋度 $\nabla \times \mathbf{v}$

曲面 S 上的單位法向量

n

$$\Gamma = \iint_S (\nabla \times \mathbf{v}) \cdot n dS$$

包含 C 的曲面 S

封閉曲線 C

2-33 邊界層理論

流體經過固體時會受到多大程度的影響？

前面幾個小節，透過速度與渦度，可以快速地分析出理想流體的行為，但對於真實流體，黏滯項加至渦度方程式後將變得難以求解：

$$\frac{\partial \Omega}{\partial t} + \nabla \times (\Omega \times \mathbf{v}) = \frac{\mu}{\rho} \nabla \cdot \nabla \Omega \tag{2-102}$$

除非在穩定態下，且可忽略慣性項 $\nabla \times (\Omega \times \mathbf{v})$，以簡化成渦度的 Laplace 方程式 $\nabla \cdot \nabla \Omega = 0$，才比較容易求出解答。

以直徑為 d_P 的球型微粒在廣大液體中沉降為例，Stokes 基於液體緩慢地從微粒繞過的假設，忽略了慣性項 $\nabla \times (\Omega \times \mathbf{v})$，在穩定態下得到 $\nabla \cdot \nabla \Omega = 0$，進一步求出液體施加在微粒的拖曳力為 $F_D = 3\pi\mu d_P \mathbf{v}_t$，其中 $\mathbf{v}_t$ 的是沉降速度。其他的例子還包括水流從跨河橋梁的橋墩繞過，或空氣從飛機機翼上下兩方繞過，甚至空氣從棒球的四周繞過，這些案例中的流場都遠比緩慢沉降的微粒更複雜。

對所有真實流體經過固體的情形，皆可使用邊界層理論（boundary-layer theory）來預測流場。因為固體表面會施加應力給流體，使附近的流體減速，在無滑動的條件下，緊鄰表面的速度降為 0，而從無速度延伸到原速度之間的範圍，即稱為邊界層。理論上，此範圍會深及無窮遠處，但離固體足夠遠時，流速已幾乎不變，因此為了便於預測流場，可自訂邊界層的邊緣速度為原速度的 99% 或 99.9% 等標準，使邊界層成形。

現討論一個對稱系統，不可壓縮流體從固體旁經過，到達穩定態後，質量與動量均衡方程式可表示為：

$$\frac{\partial \mathbf{v}_x}{\partial x} + \frac{\partial \mathbf{v}_y}{\partial y} = 0 \tag{2-103}$$

$$\mathbf{v}_x \frac{\partial \mathbf{v}_x}{\partial x} + \mathbf{v}_y \frac{\partial \mathbf{v}_x}{\partial y} = -\frac{1}{\rho}\frac{\partial p}{\partial x} + \frac{\mu}{\rho}\left(\frac{\partial^2 \mathbf{v}_x}{\partial x^2} + \frac{\partial^2 \mathbf{v}_x}{\partial y^2}\right) \tag{2-104}$$

$$\mathbf{v}_x \frac{\partial \mathbf{v}_y}{\partial x} + \mathbf{v}_y \frac{\partial \mathbf{v}_y}{\partial y} = -\frac{1}{\rho}\frac{\partial p}{\partial y} + \frac{\mu}{\rho}\left(\frac{\partial^2 \mathbf{v}_y}{\partial x^2} + \frac{\partial^2 \mathbf{v}_y}{\partial y^2}\right) \tag{2-105}$$

在此方程組中，有一些項目的數量級較小，可以忽略。假設流體尚未接觸固體之前的速度為 $\mathbf{v}_0$，沿著 x 方向，而邊界層厚度為 δ，會沿著 x 方向而逐漸增厚，但其厚度仍遠遠小於固體的特徵長度 L。在邊界層內，因為速度分量 $\mathbf{v}_x$ 會從固體表面無速度，沿著 y 方向增加到邊界層邊緣的 $\mathbf{v}_0$，此變化率約為 $\frac{\partial \mathbf{v}_x}{\partial y}$ 的數量級，可用 O 符號（big O notation）表示：

$$\frac{\partial \mathbf{v}_x}{\partial y} = O(\frac{\mathbf{v}_0}{\delta}) \tag{2-106}$$

然而，$\frac{\partial \mathbf{v}_x}{\partial x}$ 的數量級是沿著 x 方向的變化率，用 O 符號可表示：

$$\frac{\partial \mathbf{v}_x}{\partial x} = O(\frac{\mathbf{v}_0}{L}) \ll O(\frac{\mathbf{v}_0}{\delta}) \tag{2-107}$$

可得知其數量級遠小於 $\frac{\partial \mathbf{v}_x}{\partial y}$。基於連續方程式，$\frac{\partial \mathbf{v}_y}{\partial y}$ 的數量級相同於 $\frac{\partial \mathbf{v}_x}{\partial x}$，所以 $\frac{\partial \mathbf{v}_y}{\partial y}$

也遠小於 $\frac{\partial \mathbf{v}_x}{\partial y}$，故可推論出 $\mathbf{v}_y \ll \mathbf{v}_x$，以及 $\frac{\partial^2 \mathbf{v}_x}{\partial x^2} \ll \frac{\partial^2 \mathbf{v}_x}{\partial y^2}$。接著可再假設沿著 x 方向無

壓差，得以維持遠離固體處的速度皆為 $\mathbf{v}_0$，使運動方程式簡化為：

$$\mathbf{v}_x \frac{\partial \mathbf{v}_x}{\partial x} + \mathbf{v}_y \frac{\partial \mathbf{v}_x}{\partial y} = \frac{\mu}{\rho} \left(\frac{\partial^2 \mathbf{v}_x}{\partial y^2} \right) \tag{2-108}$$

欲求解運動方程式時，通常需要假設邊界層邊緣的速度，若設定在 $y = \delta$ 處，$\mathbf{v}_x =$ $0.99\mathbf{v}_0$。且另已知，在 $y = 0$ 處，$\mathbf{v}_x = \mathbf{v}_y = 0$。從這些條件解出速度後，可接著求出邊界層的厚度：

$$\delta = 5\sqrt{\frac{\mu x}{\rho \mathbf{v}_0}} \tag{2-109}$$

並能發現邊界層厚度會沿著 x 方向增長，以及邊界的形狀同於根號函數。從這個結果還可以進一步計算固體施予流體的應力：

$$\tau = \mu \left(\frac{\partial \mathbf{v}_x}{\partial y} \right)_{y=0} = 0.332\mu\mathbf{v}_0 \sqrt{\frac{\rho \mathbf{v}_0}{\mu x}} \tag{2-110}$$

此式顯示上游的應力大於下游。若已知固體的寬度為 w，則固體平板的單面施予流體的總拖曳力 F_D 可表示為：

$$F_D = \int_0^L \tau w dx = 0.664w\sqrt{\rho \mu \mathbf{v}_0^3 L} \tag{2-111}$$

在前面的章節曾提及拖曳力 F_D 正比於拖曳係數 C_D，依此可計算出 C_D：

$$C_D = 1.328\sqrt{\frac{\mu}{\rho \mathbf{v}_0 L}} = \frac{1.328}{\sqrt{\text{Re}}} \tag{2-112}$$

式中顯示出拖曳係數 C_D 與雷諾數 Re 的直接關聯。

範例

20℃的空氣以 10 m/s 的速度流經一片長度爲 1.5 m 的光滑平板，已知其動黏度爲 1.5×10^{-5} m²/s。另知雷諾數 Re 介於 1×10^5 到 3×10^6 之間，邊界層會從層流過渡至紊流。試以下表內的層流和紊流特性關聯式來估計平板末端的邊界層厚度與局部摩擦係數。

特性	層流	紊流
邊界層厚度	$\delta = \dfrac{5x}{\sqrt{\mathrm{Re}_x}}$	$\delta = \dfrac{0.16x}{(\mathrm{Re}_x)^{1/7}}$
局部摩擦係數	$C_D = \dfrac{0.664}{\sqrt{\mathrm{Re}_x}}$	$C_D = \dfrac{0.027}{(\mathrm{Re}_x)^{1/7}}$

解答

在 $x = 1.5$ m 的雷諾數爲：$\mathrm{Re}_x = \dfrac{(10)(1.5)}{1.5 \times 10^{-5}} = 1 \times 10^6$，代表邊界層的流動介於層流與紊流之間。對於層流情形，平板末端的邊界層厚度爲：

$$\delta = \frac{5x}{\sqrt{\mathrm{Re}_x}} = \frac{(5)(1.5)}{\sqrt{1 \times 10^6}} = 7.5 \times 10^{-3} \text{ m} = 7.5 \text{ mm}$$

平板末端的摩擦係數爲：

$$C_D = \frac{0.664}{\sqrt{\mathrm{Re}_x}} = \frac{0.664}{\sqrt{1 \times 10^6}} = 6.64 \times 10^{-4}$$

對於紊流，平板末端的邊界層厚度爲：

$$\delta = \frac{0.16x}{(\mathrm{Re}_x)^{1/7}} = \frac{(0.16)(1.5)}{(1 \times 10^6)^{1/7}} = 3.33 \times 10^{-2} \text{ m} = 33.3 \text{ mm}$$

平板末端的摩擦係數爲：

$$C_D = \frac{0.027}{(\mathrm{Re}_x)^{1/7}} = \frac{0.027}{(1 \times 10^6)^{1/7}} = 3.75 \times 10^{-3}$$

可發現紊流假設下的邊界層較厚，且摩擦係數較大。然而，此計算之基礎是平板前端的邊界層即已出現紊流，與現實情形不同，因而出現偏差。實際的邊界層會先出現層流區，接著出現過渡區，再往下游才會出現紊流區。

邊界層理論

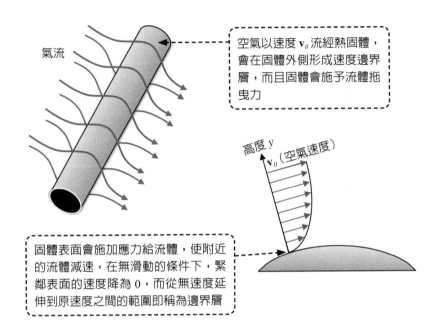

氣流

空氣以速度 $\mathbf{v}_0$ 流經熱固體，會在固體外側形成速度邊界層，而且固體會施予流體拖曳力

高度 y
$\mathbf{v}_0$（空氣速度）

固體表面會施加應力給流體，使附近的流體減速，在無滑動的條件下，緊鄰表面的速度降為 0，而從無速度延伸到原速度之間的範圍即稱為邊界層

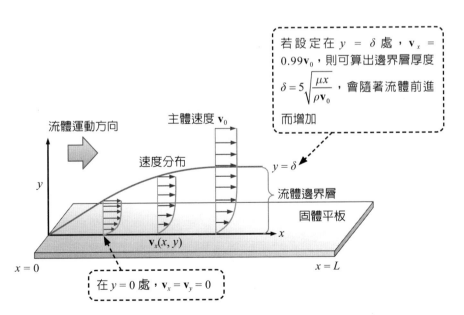

若設定在 $y = \delta$ 處，$\mathbf{v}_x = 0.99\mathbf{v}_0$，則可算出邊界層厚度 $\delta = 5\sqrt{\dfrac{\mu x}{\rho \mathbf{v}_0}}$，會隨著流體前進而增加

流體運動方向

主體速度 $\mathbf{v}_0$

速度分布

$y = \delta$

流體邊界層

固體平板

y

x

$\mathbf{v}_x(x, y)$

$x = 0$

$x = L$

在 $y = 0$ 處，$\mathbf{v}_x = \mathbf{v}_y = 0$

2-34　邊界層剝離

為何風吹會使旗幟飄揚？

　　簡介了邊界層理論之後，讓我們再回到水流繞過橋墩的情形。假設河水夠深，在水面以下的流場可視為對稱，因而能簡化成二維的流場，僅討論水流繞過一個圓形固體。由於水具有黏性，接觸固體表面處不滑動，速度為 0，且會在固體表面形成流速較慢的邊界層。但在邊界層之外，速度幾乎相同於原始速度 v_0，因此可將此區域的流體視為理想流體，用 Euler 方程式描述。

　　對於迎向流體的圓柱體表面，存在一個停滯點（stagnation point），此處的所有速度分量皆為 0。但沿著圓柱表面往下游的方向，所產生的邊界層逐漸增厚，邊界層內具有明顯的速度變化。事實上，流體繞過圓柱體的流場有多種變化，而且都不同於無旋流的結果，因為黏滯力的作用非常顯著。當流體接近固體的速度非常小時，黏滯力的作用將遠遠超過慣性力，運動方程式可化簡為 $\nabla \cdot \nabla \Omega = 0$，此時可選取圓柱的直徑 D 作為特徵長度，流體原始速度 v_0 作為特徵速度，所計算出的雷諾數 Re 將會小於 1。求解流場後，從繪出的流線可發現流體可以順利緊鄰著固體而繞到圓柱的正後方。

　　然而，當原始速度 v_0 增大時，Re 超過 1，將會發現流體無法完全繞到圓柱的正後方，產生邊界層剝離的現象，現象的起始位置稱為剝離點。對於側面曲率更大的固體，此剝離現象會發生在更小的 Re。出現邊界層剝離也意味著剝離點之後的圓柱面上存在反方向的流動，亦即兩股流動會在剝離點匯聚，而且圓柱正後方的流向完全相反於流體原始速度 v_0。從流線圖可發現圓柱後方出現了環流，而且此環流是從 Re 超過某個臨界值才產生。

　　繼續增大 Re 後，仍然會發生邊界層剝離的現象，且在剝離點附近，會產生方向更複雜的漩渦，而且此情形的流場不會達到穩定態，會隨著時間出現有規則的週期性變化，亦即圓柱後的上下兩方會輪流地產生轉向相反的漩渦，並移動到下游處，類似漩渦逐漸往外擴散，此現象稱為 Karman 渦街（Karman vortex street）。例如旗子被風吹動時，旗桿的下風處常會形成 Karman 渦街，因而產生交替的力量促使旗幟飄揚。又如棒球投手投出的蝴蝶球，是一種球幾乎不旋轉而產生晃動的變化球，其原理也是基於氣流在棒球後方形成 Karman 渦街，而產生交替的壓差使棒球忽左忽右地移位。若再繼續擴大 Re，則原本二維的假設將不再適用，因為三個方向都有漩渦產生，破壞了週期性的流場變化。

　　若固體的後方發生了 Karman 渦街，其作用力會使物體振動，繼而導致材料損傷，例如橋梁懸索或高壓電線都有可能被氣流破壞。欲避免形成 Karman 渦街，可在固體表面製作凹洞與凸板，或纏繞細線，以後者為例，可用細索螺旋纏繞高壓電線，從橫切面來看，細索將成為圓柱面的凸起物，因而減少 Karman 渦街。但 Karman 渦街也有可用之處，將固體刻意放置在管路中，可以產生穩定的 Karman 渦街，接著偵測渦流干擾超音波信號的情形，藉以求得漩渦的頻率，即可換算出管路中的流速。

圓柱繞流的邊界層

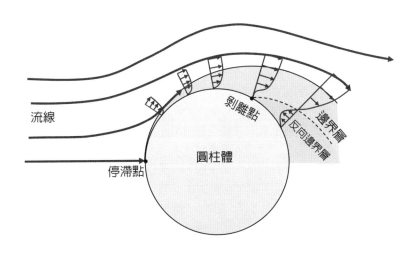

流線

剝離點

邊界層

反向邊界層

圓柱體

停滯點

圓柱體之後的 Karman 渦街

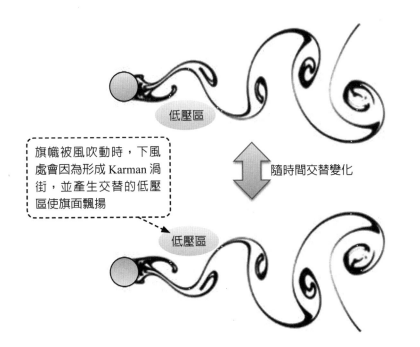

低壓區

旗幟被風吹動時，下風
處會因為形成 Karman 渦
街，並產生交替的低壓
區使旗面飄揚

隨時間交替變化

低壓區

2-35 流固作用力

氣流如何影響固體？

前面的幾個小節分別簡介了流線與邊界層，但需注意，水屬於不可壓縮流體，空氣屬於可壓縮流體，它們流經固體時會發生不同的現象。

考慮一種氣流以均勻速度接近固體，可預期其流線將隨固體的外形而彎曲。當流體彎曲前進時，若向心力不足，則會偏移到固體表面的更外側，這也意味著流線上遠離固體的一側將會擁有較多流體，導致此區的密度較高，因而局部壓力也較高。相對地，流線上偏向固體的一側則具有較低之壓力，此壓差將會形成一股朝向曲率中心的力量，以彌補不足的向心力，而使氣流繞轉。

若均勻流動的氣體並非平行經過固體平板，而是以斜角 θ 撞擊，之後再沿著平板行進。因此可推知，氣流前後的動量變化必定來自於平板，相對地氣體亦將施加一個反作用力給予平板。常見的例子如遊艇行進時，水流會不斷衝擊船底，並產生流動角度的變化，終而施加力量給遊艇，使船頭翹起。

若均勻流動的氣體沿著兩片有夾角的相連平面前進，最初的速度沿水平方向進入第一平板，最後則以仰角 θ 的速度離開第二平板，前後的動量變化也將轉換成作用力而施予平板。例如賽車高速前進時，在車頭常會設計一片折板，導引氣流先以水平前進，再從仰角方向離開，在車尾的上方也會加裝一片相似形狀的翼板，導引氣流轉向前進，這兩處產生的動量變化，都將施加力量給車身，使車體更貼緊地面，進而加強輪胎的抓地力，導致更快的移動速度。

雖然賽車加裝翼板可以提升速度，但在尾翼後方，可能會出現漩渦，這些漩渦來自於流體在固體表面的邊界層剝離。因為當固體表面曲線的形狀變化過於劇烈時，流體無法完全沿著固體表面行進，繼而出現剝離，甚至在速度較大時，於剝離點的後方出現逆向氣流，因而導致漩渦。已知漩渦會減損能量，因此多數交通工具的外形都從傳統的廂型逐漸轉變成流線型，希望車體表面接近流線，降低拖曳係數，不僅為了提升速度，也為了節省燃料。然而，有一些裝備雖然違反流線型原則，例如凸出的後照鏡，但基於安全而不宜省略。對於競速用的賽車，其拖曳係數通常高於一般轎車，因為設計時犧牲的拖曳係數可以增加氣流對車體的下壓力，以便輪胎抓地而加速。

氣流以斜角衝擊平板

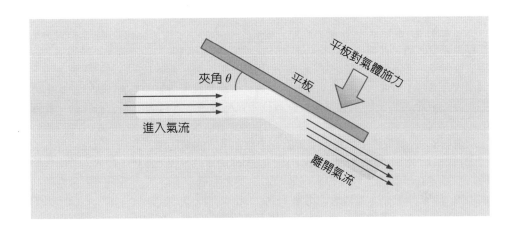

平板對氣體施力

夾角 θ　平板

進入氣流

離開氣流

氣流沿著折板行進

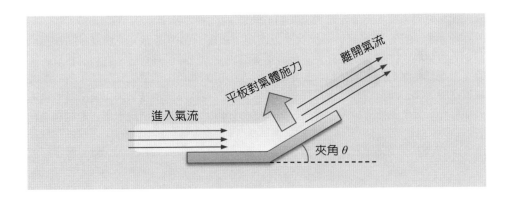

離開氣流

平板對氣體施力

進入氣流

夾角 θ

2-36　康達效應

飛機如何升空？

　　除了車輛與船舶，飛機和氣流的關係略有不同，必須考慮 Coanda（康達）效應，又稱為附壁效應。此概念是指均勻流動的流體遭遇表面彎曲的固體時，流體將沿著固體表面前進，在前面的章節已經陳述過。對於機翼，上表面附近的流線往下彎曲，下表面附近的往上彎曲，但需注意彎曲的流線代表流體粒子需要向心力，因此流線上方與下方的氣壓必定不同，此壓差最終會作用在機翼表面，導致固體受力移動，此即 Coanda 效應。

　　欲說明 Coanda 效應，可用一支放置在水龍頭下方的湯匙作為例子。假設開啟水流後，可以均勻地向下排水，此時用湯匙的凸面碰觸水柱，使水改變流向而沿著湯匙的凸面前進，在流線產生彎曲後，湯匙凸面的壓力降低，導致較高壓的凹面會推向凸面，繼而發生湯匙被水柱吸引的現象。

　　至於機翼為何可帶動機身飛行，其原因在於機翼的外型。機翼的形狀會導引周圍的流線分布，合適的分布才會產生升力。機翼的上表面會設計成曲率較大的凸面，而下表面的曲率則較小。由於 Coanda 效應，氣體會沿著機翼外形而繞行，雖然在上下表面都能產生壓力，但上表面的流線曲率大，需要較大的向心力促使氣體分子轉彎，所以緊鄰機翼上方的氣壓較低；相對地，下表面的流線曲率小，氣體分子轉彎所需向心力也比較小，所以緊鄰機翼下方的氣壓較高。此結果將會導致機翼上下兩面的壓差，進而產生升力，若升力能抵抗重力，即可使飛機上升。

　　在前面的章節也曾提到，流體迎向固體時會出現一個停滯點，飛機飛行時機翼的截面上也會出現停滯點，將此點連接到機翼最末端的直線稱為翼弦。在設計機翼時，除了考慮表面曲率外，通常也會設定翼弦對水平線的仰角，使機翼傾斜。飛行時假設氣流水平而來，傾斜的翼弦會在停滯點產生攻角（angle of attack），以及機翼的弧形表面會在末端產生彎曲角，前者對於翼弦屬於仰角，後者屬於俯角，兩者都能增加升力。

Coanda 效應
（湯匙旁的水流）

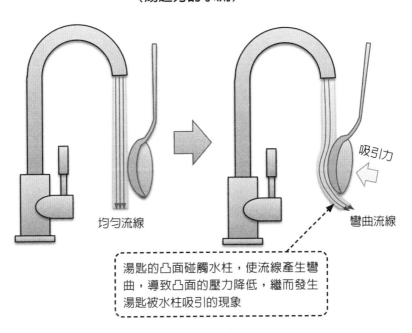

均勻流線

吸引力

彎曲流線

湯匙的凸面碰觸水柱，使流線產生彎曲，導致凸面的壓力降低，繼而發生湯匙被水柱吸引的現象

Coanda 效應
（機翼上下方的氣流）

上表面的流線曲率大，需要較大的向心力促使氣體分子轉彎，所以緊鄰機翼上方的氣壓較低

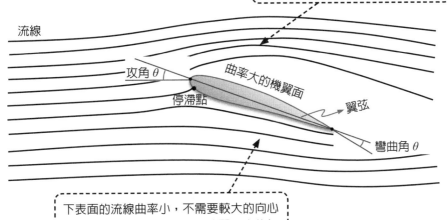

流線

攻角 θ

曲率大的機翼面

翼弦

停滯點

彎曲角 θ

下表面的流線曲率小，不需要較大的向心力促使氣體分子轉彎，所以機翼下方的氣壓高於機翼上方，因而導致升力

2-37 馬格努斯效應

如何控制變化球？

對於某些球類運動，也會出現氣流改變球體行進路線的現象，常見於桌球、網球、棒球與足球中。爲了簡化說明，先討論氣流經過圓柱的情形，再類推至球。已知均勻氣流經過一個靜止的圓柱時，柱面上正對流體的點會使流體靜止，稱爲停滯點，而柱面上的其他位置則會使流體繞道，使流線被均分成兩邊。但在球類運動中，很難控制球體不旋轉，所以實際的氣流作用還需考慮固體的旋轉。

回到圓柱的例子，當柱體沿著水平軸以順時針旋轉時，上下兩側的流線分布將不再相同，由於氣體具有黏性，上方的氣體與圓柱運動同向，可增進氣流速度。相對地，圓柱下方的運動與氣流反向，故使流速減慢。因此，流線受到轉動固體牽引而產生變化，促使上方的流線增密，下方疏離。假設離固體很遠之處的壓力同於大氣壓，呈現定值 p_∞。如前所述，旋轉圓柱的上下兩方都出現了流線彎曲的情形，故兩側的局部壓力皆低於 p_∞，才能提供流體轉彎所需的向心力。然而圓柱上方的流線曲率較大，下方的流線曲率較小，因此上方的局部壓力將小於下方的局部壓力，此壓差將導致圓柱得到升力，此現象稱爲 Magnus（馬格努斯）效應。雖然 H. Magnus 曾在 1852 年明確描述此效應，但 Newton 卻在更早的 1672 年觀看劍橋大學的網球比賽時，即已推斷出 Magnus 效應的原因。

Magnus 效應可用來解釋球類運動中常出現的曲球。若球體恰以鉛直線方向作爲轉軸而旋轉，同時往水平方向前進，當轉動爲逆時針方向時，左側的流線較密且曲率較大，右側的流線較疏且曲率較小，所以球體會受到向左的推力而往左偏；相對地，順時針旋轉的球會向右偏。現實的比賽中，轉軸很難單純地沿著鉛直線，通常轉軸會傾斜，所以產生的曲球不只會左右偏移，還會產生額外的下墜，此現象常見於棒球中的曲球、滑球或伸卡球。若欲控制球體上漂，因旋轉而產生的升力要能克服重力，較難發生，但理論上可行。

Magnus 效應亦可採用均勻流與環流的疊加來解釋。在均勻流中，流線被球均分成兩側；在環流中，流線則繞著球心循環。兩者疊加後將導致球體某一側流線的曲率較大，球體另一側流線的曲率較小。有一些書籍曾試圖採用 Bernoulli 原理來解釋變化球，但前面的章節已經說明 Bernoulli 定理只適用於同一條流線，球體移動方向偏轉的原因其實來自兩側的流線，應該要使用 Coanda 效應與 Magnus 效應來解釋才正確。

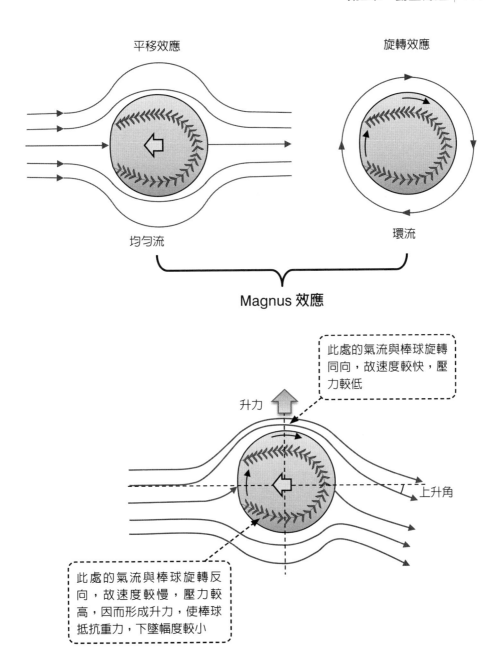

平移效應

旋轉效應

均勻流

環流

Magnus 效應

此處的氣流與棒球旋轉
同向，故速度較快，壓
力較低

升力

上升角

此處的氣流與棒球旋轉反
向，故速度較慢，壓力較
高，因而形成升力，使棒球
抵抗重力，下墜幅度較小

2-38 套管內的流動

如何產生波浪狀的環流？

在圓管或圓桶內的流動有時其實很複雜，有可能出現各式各樣的流態。若將兩根圓管同軸相套，形成一個圓環型的容器，並注入液體，可用來觀察流動狀態，或設計成黏度計（viscometer）。

若兩根圓管都接上馬達，使它們都能旋轉，則可帶動圓環內的流體運動。當外管慢速旋轉而內管不動且到達穩定態時，流體粒子可維持相同的高度而呈現圓周運動，在特定高度下，其流線為多個同心圓，稱為 Couette 流態。相反地，當內管慢速旋轉而外管不動時，到達穩定態後，在特定高度下，亦可形成多個同心圓的流線，也會出現 Couette 流態。然而，當內管的轉速漸增後，流線不再屬於圓形，將形成圍繞內管的波浪狀曲線，但仍為層流。若內管的轉速更高時，流動將不再穩定，呈現紊流特性。

上述兩種轉動情形並非相對運動，而以內管轉動的流態較複雜，因為內管旋轉時，可推算出內側流體的速度快於外側，但兩側壓差導致的作用力可能不足以支持流體轉向，使內側流體傾向往外偏移。內側流體傾向往外推擠時，外管壁將會施力阻擋，當內管角速度超過某一個臨界值後，不同高度的流體將被打散，使局部流體產生對流循環，進入第二種穩定態。這類流動的特點是在環形空間內出現渦流，從圓管徑向剖面觀察，可發現在某一高度範圍內，渦流為順時針方向，但與此範圍相鄰的上下兩區之流體卻以逆時針方向迴旋，此狀態稱為 Taylor 渦流。

如前所述，當內管角速度再增大，將不再維持同一高度區間，出現週期性上下起伏的狀況，使整體流動狀態具有雙週期性，其一是迴旋具有週期性，另一是繞著內管的波動也具有週期性。若內管角速度繼續再增大，則將進入過渡區，亦即層流與紊流無法明顯分別的狀態，超越過渡區後，則是明顯的紊流。可用以測量黏度的是純然的圓周運動區，無論內管或外管的轉動，只要能測量角速度 ω 與轉動所需力矩 T，即可透過 Navier-Stokes 方程式求出未知的黏度 μ。若黏度計中可旋轉的是內管，內管徑與外管徑的比值為 κ，外管半徑為 R，測量區的高度為 L，則流體黏度 μ 為：

$$\mu = \frac{T}{4\pi R^2 L \omega}\left(\frac{1-\kappa^2}{\kappa^2}\right) \tag{2-113}$$

Couette 流態

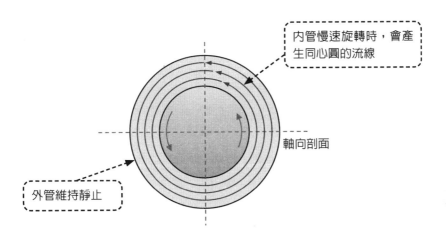

內管慢速旋轉時,會產生同心圓的流線

軸向剖面

外管維持靜止

Taylor 渦流

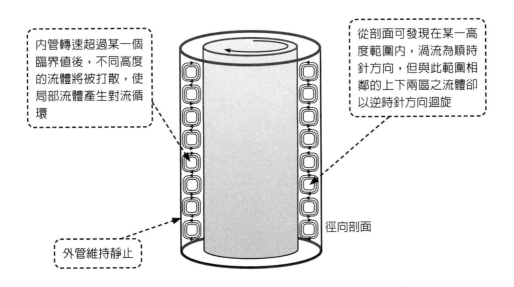

內管轉速超過某一個臨界值後,不同高度的流體將被打散,使局部流體產生對流循環

從剖面可發現在某一高度範圍內,渦流為順時針方向,但與此範圍相鄰的上下兩區之流體卻以逆時針方向迴旋

外管維持靜止

徑向剖面

2-39 管件

管路中包含哪些組件？

　　流體的輸送主要藉由管路系統，在系統中包含三大部分，分別爲管線（pipe）、管件（pipe fitting）與閥件（valve）。然而，管路系統不具動力，所以還需要輸送機械提供流體能量，例如輸送液體的泵（pump）和輸送氣體的壓氣機（gas compressor）。

　　依據製管所需材料，可分爲鐵製管、非鐵製管和非金屬管。鐵製管中除了鐵之外，常會含有其他元素，以製成鋼管或矽鐵管，分別用於不同場合。非鐵製管所用材料包括銅、鋁、鎳、鉛、鈦等，常爲合金，有的材料耐酸，有的耐鹼，因成本考量而採用。非金屬管的材料包括玻璃、陶瓷、塑膠、橡膠、水泥、石棉等，有的適合輸送液體，有的適合輸送氣體。選擇管時，不僅需要考慮材料，也要確認管徑，因爲管徑會影響流量，流量又相關於動力供應。在相同流量下，欲提高流速，則需要更高的動力成本，但管徑卻可縮小，從而降低了管路成本，因此在設計管道時，存在最適流速。

　　管件的用途在於不同管線間的連接、流向改變與管路終止，所以可略分爲接頭類管件、彎頭類管件與管帽。接頭類管件可將兩根直管連接成更長的管線，常用的連接工具包括螺紋短管、套節（union）和凸緣（flange）；接管時，還可改變管線的流動截面，例如流道漸縮或流道擴張，透過異徑接頭即可變換；有時管路需要分流，因而必須安裝分支類接頭，例如分成兩股流動的三通接頭或分成三股流動的十字接頭。彎頭類管件可改變流體輸送的方向，例如使用肘管可使流體轉向，通常設計成轉動 45º、90º 或 180º。管帽用於封閉管路，阻止流體由此排出，另有一種管塞也可提供相同功能。

　　管路系統中的閥具有控制流動的作用，透過操作可以決定流體通過、停止或流量變化，以主要功能可分爲截斷閥（stop valve）、節流閥（throttle valve）、止回閥（check valve）、安全閥（relief valve）與控制閥（control valve）。操作截斷閥時，只分爲全開與全關，主要的目的是控制流體通過與否，並非調整流量；相對地，節流閥和控制閥主要用於調整流量，前者例如球形閥（global valve）中的類球狀閥座，可以升降控制流量，後者則藉由電子儀表產生的訊號來控制氣壓，以連續性的調整流量。安裝止回閥的目的則是避免逆流，所以流體只能單向通過，類似電路中的二極體。顧名思義，安全閥的目的即在於防止事故發生，例如系統內的氣壓過高時，安全閥會自動開啓而洩壓，故常用於高壓裝置。

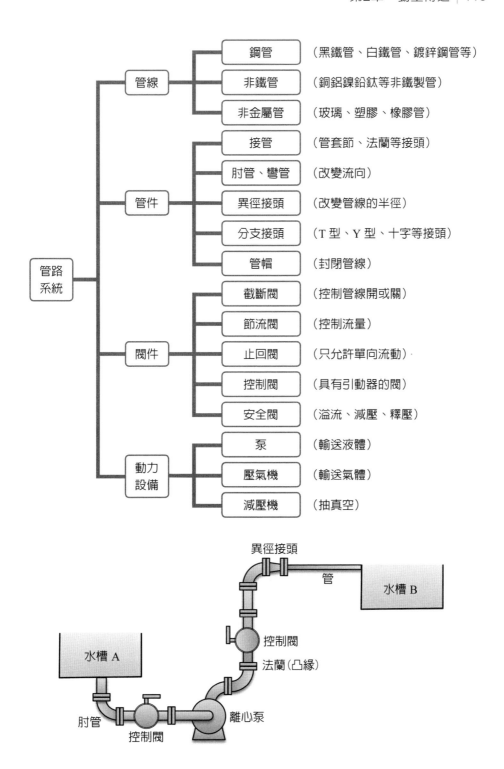

2-40 離心泵

如何正確使用泵？

泵是用來提供流體動力的機械裝置，依其設計可分爲離心式、往復式和旋轉式。離心泵（centrifugal pump）具有高輸送流量；往復泵（reciprocating pump）可以提供流體較多能量；旋轉泵（rotary pump）則適合輸送高黏度流體。

離心泵的內部包括葉輪（impeller）、導流葉和馬達，葉輪可以擁有四片或六片曲葉，馬達則可帶動葉輪旋轉，將軸心注入的液體自曲葉之間甩出，進入固定不動的導流葉片之間，此時流體的諸多動能將轉變成壓力能，最終沿著離心泵的外殼排出。葉輪的尺寸與轉速將會決定離心泵的流量，流量又會影響揚程（head），揚程相當於單位質量的流體被提升的高度，通常離心泵的理論揚程會正比於轉速的平方，但與流體的密度無關。然而，在離心泵內仍存在摩擦，所以實際揚程不如理論揚程。爲了評估離心泵的效率 η，必須先定義流體功率 P_f 與制動功率 P_b，前者是指流體在單位時間內獲得的實際能量，後者則是指馬達提供的總機械能量，由於摩擦耗損能量，制動功率必定大於流體功率，因此離心泵的效率即定義爲流體功率對制動功率之比值：

$$\eta = \frac{P_f}{P_b} \tag{2-114}$$

在安置或操作離心泵時，要留意空洞現象（cavitation）和氣縛現象（air binding）。空洞現象是指離心泵安裝位置不佳時，入口壓力過低，導致部分液體氣化而形成氣泡，這些氣泡被葉輪撞擊後，將產生噪音與振動，使葉片受損，繼而降低泵效率。爲了避免空洞現象，可先估計入口處的機械能對發生蒸發的壓力能之差額，稱爲淨正吸入揚程（net positive suction head，簡稱 NPSH）：

$$\text{NPSH} = \frac{p_0}{\rho g} - \frac{\mathbf{v}_{in}^2}{2g} + \Delta z - \frac{p_v}{\rho g} \tag{2-115}$$

其中 p_0、Δz、$\mathbf{v}_{in}$ 分別代表水槽液面壓力、液面至泵的高度、泵入口的速度，p_v 和 ρ 則爲此液體的蒸氣壓和密度。當 NPSH > 0 時，不會發生空洞現象，可以正常操作離心泵。

氣縛現象則是指空氣被吸入離心泵中，因爲氣體無法推動上方的液體，使葉輪空轉，液體無法抽出，氣體亦無法排出。在泵剛啓動時，最容易發生氣縛現象，所以通常會設計一個灌液閥，先注滿液體，才不會使泵空轉，或在入口管安裝單向閥，使泵內隨時充滿液體。

離心泵

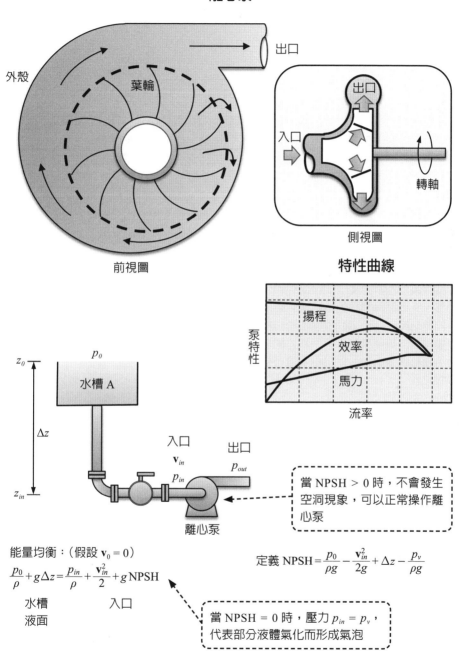

前視圖

側視圖

特性曲線

能量均衡：（假設 $v_0 = 0$）

$$\frac{p_0}{\rho} + g\Delta z = \frac{p_{in}}{\rho} + \frac{v_{in}^2}{2} + g\,\text{NPSH}$$

水槽　　　　　入口
液面

定義 $\text{NPSH} = \dfrac{p_0}{\rho g} - \dfrac{v_{in}^2}{2g} + \Delta z - \dfrac{p_v}{\rho g}$

當 NPSH > 0 時，不會發生空洞現象，可以正常操作離心泵

當 NPSH = 0 時，壓力 $p_{in} = p_v$，代表部分液體氣化而形成氣泡

2-41　正位移泵

如何輸送高黏性液體？

　　除了離心泵，管路中亦常使用往復泵和旋轉泵，這兩種皆屬於正位移泵（positive displacement pump），其內部都擁有動力機械可對液體施壓，使液體位移而排出，並獲得壓力能，適合輸送高黏度液體。

　　最簡單的往復泵使用了活塞，稱為活塞泵（piston pump）。藉由活塞的運動，可以從入口單向閥吸入液體，再藉由活塞的反向運動，從出口單向閥排出液體。但因為活塞往復運動，此泵的流量亦將產生波動，無法穩定，這是活塞泵的最大缺點。為了縮減流量波動，可設計兩個入口與兩個出口，產生雙效雙動作用。此作用來自於活塞運動時，有一個入口吸入液體，一個出口排出液體，活塞進行反向運動時，第二個入口吸入液體，第二個出口排出液體，使流量的波動頻率增加，但波動幅度卻能縮小，抽動液體的效果比單效單動型更穩定。往復泵的優點包括無氣縛現象，且適合輸送高於 100 cP 的黏性液體（附註：水的黏度為 1 cP），但輸送的流體中含有懸浮固體時，液缸內壁容易受損。

　　旋轉泵內通常會安置齒輪或螺桿，由馬達驅動旋轉體，直接對液體施壓，以推動其前進。一個簡單的齒輪泵中含有兩個嚙合的齒輪，流體入口正對著齒輪的嚙合處，當齒輪轉動時，嚙合處的液體不斷被推進，最終從出口排離，輸送流體時不會發生流量波動現象，只要控制齒輪的轉速即可調整流量，但能輸送的流量較低。另在長期操作後，齒輪容易磨損，所以也不適合輸送含有懸浮固體的液體。

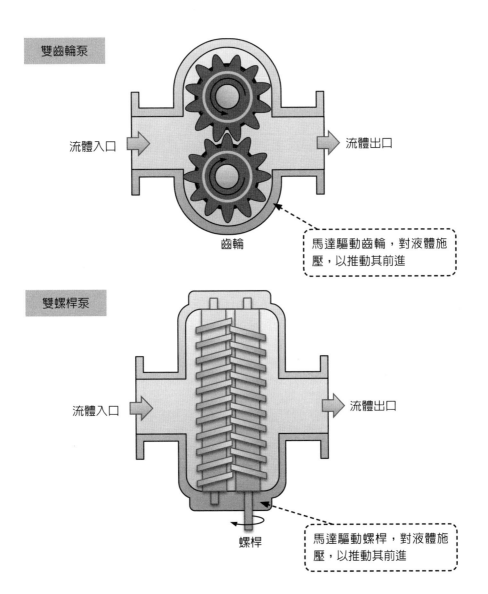

正位移泵

雙齒輪泵

流體入口

流體出口

齒輪

馬達驅動齒輪,對液體施壓,以推動其前進

雙螺桿泵

流體入口

流體出口

螺桿

馬達驅動螺桿,對液體施壓,以推動其前進

2-42 壓氣機

如何輸送氣體或抽出氣體？

輸送液體的機械稱爲泵，輸送氣體的機械則稱爲壓氣機（compressor），可使氣體的壓力提高至大氣壓以上。若氣壓到達 300 kPa 以上，則稱爲壓縮機，但送風量較小；若欲提高送風量，則氣壓通常會小於 15 kPa，此類裝置稱爲風扇；若氣壓介於 15 kPa 至 300 kPa 之間，則爲鼓風機。由於氣體可以壓縮，流經壓氣機時，透過活塞擠壓氣缸，使體積縮小而壓力提升。多部壓氣機可以被串級使用，提供更高的氣壓。爲了評估氣體輸送，定義輸出壓力 P_{out} 對輸入壓力 P_{in} 之比值爲壓縮比：

$$K = \frac{P_{out}}{P_{in}}$$

(2-116)

若有 n 級壓氣機串接，則總壓縮比將成爲 K^n。氣體壓縮時，部分機械能將轉變成熱，所以高壓縮比的壓氣機必須配備冷卻設施。

如同泵，壓氣機也分爲離心式與正位移式，後者又可分爲往復式與旋轉式；此外還有一種軸流式，亦即從軸心吸入氣體，也由軸心排出氣體，家用電風扇即屬此型。但不同於泵輸送液體，壓氣機所輸送的氣體具有低密度、低黏度的特性，且流速高，易從管道洩漏，所以設計壓氣機時更注重密合性。

此外，爲了提供真空環境，另有一類減壓用的真空泵（vacuum pump）。真空泵的分類，包括離心式、往復式、旋轉式、噴射式和擴散式，其中前三者的構造和原理相似於一般壓氣機，但真空泵不需要冷卻系統，因爲氣體不受壓縮而生熱。在化工程序中，蒸發、蒸餾、結晶和過濾可能會使用真空泵。噴射式真空泵主要使用水或蒸汽的噴流來抽真空，但減壓的效果不夠好，工業界較少採用。工業界常用的真空泵爲擴散式，例如用於半導體製程中的 CVD 或材料分析用的 SEM，泵內填充了容易揮發的液體，此液體在底部被加熱，氣化後從上方噴出，噴口外設置冷卻器，使該液體冷凝而往下流，藉此帶走吸入真空泵內的氣體，同時也回收易揮發的液體而反覆操作，最終可達到高度的真空狀態。

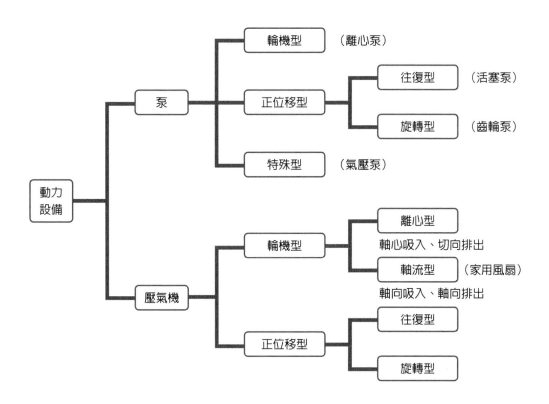

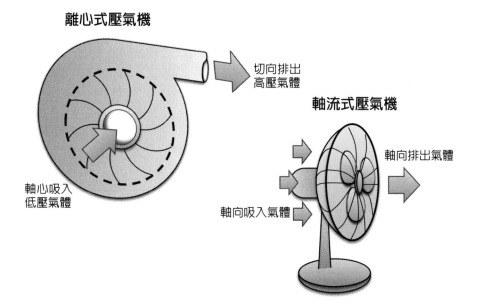

2-43　流量計

如何測量管線中的流速？

　　輸送中的流體常需要控制流速，在控制之前還需要準確地測量流速。然而，在一條管線中，每一個截面上各點的流速可能不同，比較簡單的方法是先測出流量，接著再估計平均流速，這類工具通稱為流量計，但也有一種皮托管（Pitot pipe）可測出截面上單點的流速。

　　常用的流量計可分為差壓式、面積式和排量式。差壓式流量計是分析管線中兩處截面的壓力差，再藉由機械能均衡來估計流量；面積式流量計則只分析一處截面，透過流體與浮子間的相互作用而估計流量，故又稱為浮子流量計；排量式流量計內擁有固定的計量空間，藉由轉子的旋轉數來估計單位時間內流體通過的體積，繼而估計出流量，準確度高。家用自來水表即屬於排量式流量計，內部擁有一個固定在球上的圓盤，斜置於計量空間中，流體進入此流量計，將施壓至圓盤使其搖擺，繼而帶動齒輪以指示流量，此種流量計不受流體密度與黏度的影響，適用範圍大。

　　除了上述三種流量計之外，也有其他的測量方法被提出。對於開放式非圓形截面的流道，可使用長方形堰或三角形堰來估算流量，若能測出液面至堰口底部的高度 H，則在長方形堰中，流量 $Q \propto H^{1.5}$，在三角形堰中，流量 $Q \propto H^{2.5}$。對於酸鹼溶液或電解質溶液，因為具有導電性，還可透過電磁感應原理來估計流量。測量時，在垂直流向上施加磁場後，可在流速與磁場的公垂方向上測得感應電壓，此電壓將正比於流速。由於此類流量計不會阻礙流動，也不會改變流道，而且容易傳遞出電子訊號，因此也獲得廣泛應用。另有一種不接觸流體的測量方法，要先在管線兩側安裝發射器與接收器，再測量超音波穿越兩者的時間，從音波對流體的相對速度關係估計出流速，可適用於非導電性溶液或含氣泡溶液。

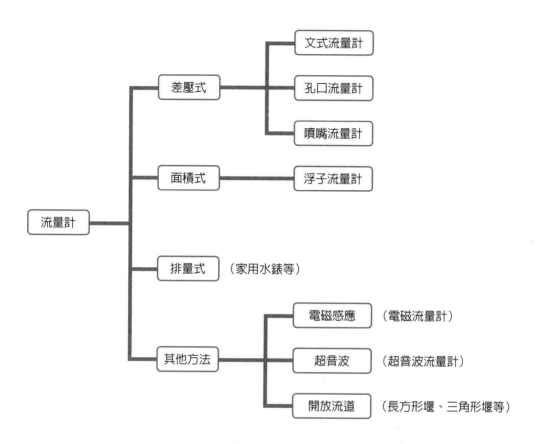

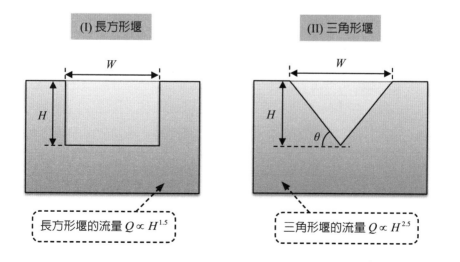

(I) 長方形堰

長方形堰的流量 $Q \propto H^{1.5}$

(II) 三角形堰

三角形堰的流量 $Q \propto H^{2.5}$

2-44 皮托管與浮子流量計

是否有直接讀取流量的裝置？

皮托管中，除了包含壓力計之外，主要的結構是一支 90° 的彎曲套管，內管連接到 U 形壓力計的一臂，外管亦連接到壓力計的另一臂，但外管壁擁有一些小孔。測量時，若壓力計能達到力平衡，則內管中的流體將會靜止，故內管開口處的流速應為 0。由於流體從皮托管外部（點 1）接近，但到達管口（點 2）時速度降為 0，所以皮托管測出的壓力 Δp 又稱為衝擊壓力。這些條件可以推得皮托管外部的流速：

$$\mathbf{v}_1 = C_p \sqrt{\frac{2\Delta p}{\rho}} \tag{2-117}$$

其中 C_p 為皮托管係數，來自於摩擦損失，通常皮托管很細，摩擦損失不大，可使 C_p 非常接近 1。另一種更簡單的結構只含有單管，其測量原理同於套管式。

此外，在化工廠中還常使用一種流道截面積可變的浮子流量計。此流量計是由透明錐形管製成，內部有一個可動的浮子（float），且必須垂直安裝於管線上。操作時，流體從流量計的下方往上流動，浮子將被流體衝擊而升高至平衡位置。由於錐形管的上方截面積較大，故流量大時，浮子的平衡位置較高，管壁附上刻度之後，即可立刻讀取流量。浮子達到力平衡的原因是向下的重力等於向上的浮力與流體拖曳力之和。若已知浮子的密度、體積與最大截面積分別為 ρ_f、V_f 與 A_p，且流體的密度為 ρ，則浮力 F_B 與拖曳力 F_D 可分別表示為：

$$F_B = \rho V_f g \tag{2-118}$$

$$F_D = \frac{1}{2} C_D A_p \rho \mathbf{v}^2 \tag{2-119}$$

其中 C_D 為拖曳係數，當 Re 夠大時，C_D 將趨近定值；$\mathbf{v}$ 為通過錐形管與浮子之間環形區域的流速。根據力平衡關係，再加上摩擦損失的估計，可得到流速 $\mathbf{v}$：

$$\mathbf{v} = C_R \sqrt{\frac{2(\rho_f - \rho)V_f g}{\rho A_p}} \tag{2-120}$$

因為浮子愈高時，環形區域的面積 A 愈大，代表流量 $Q = A\mathbf{v}$ 亦愈大。但必須注意，流量計的刻度只能針對特定一種流體，若用於測量其他流體時，因為密度 ρ 已改變，環形區域的流速 $\mathbf{v}$ 也將改變，停留高度亦改變，故需重新標定才能測量。

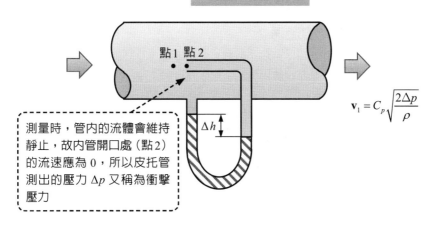

皮托管（單管式）

點1 點2

$$\mathbf{v}_1 = C_p \sqrt{\frac{2\Delta p}{\rho}}$$

測量時，管內的流體會維持靜止，故內管開口處（點2）的流速應為 0，所以皮托管測出的壓力 Δp 又稱為衝擊壓力

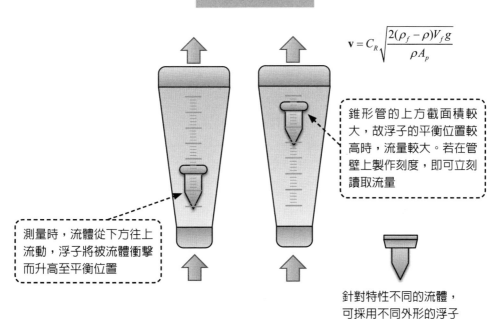

浮子流量計

$$\mathbf{v} = C_R \sqrt{\frac{2(\rho_f - \rho)V_f g}{\rho A_p}}$$

錐形管的上方截面積較大，故浮子的平衡位置較高時，流量較大。若在管壁上製作刻度，即可立刻讀取流量

測量時，流體從下方往上流動，浮子將被流體衝擊而升高至平衡位置

針對特性不同的流體，可採用不同外形的浮子

2-45　差壓式流量計

工廠如何測量管線中的流速？

工業界常用的差壓式流量計，包括孔口流量計、文式流量計和噴嘴流量計，其測量原理皆基於機械能均衡，亦即根據白努利定理。在此類流量計中，會選取流道中的兩點測量壓差，再由壓差估計出平均流速。

化工廠中使用最多的類型為孔口流量計，因為構造簡單且安裝便利。孔口流量計的構造為一具有圓孔的平板，通常會安置在兩管的凸緣之間，孔心對準管軸，但圓孔面對上游的一面擁有較小半徑，亦即孔口為銳邊，此設計可減少流體的摩擦損失。當流體經過孔口時，因流道縮小，流速會加快，通常會在孔口上游 1 倍管內徑處（點 1）和孔口下游 0.3～0.8 倍管內徑處（點 2）接上 U 形管壓力計，以求得兩處的壓差 Δp。若已知流體密度 ρ，以及孔口直徑對管內徑的比值 β，則可推得孔口的平均速度 $\mathbf{v}_o$：

$$\mathbf{v}_o = C_o \sqrt{\frac{2\Delta p}{\rho(1-\beta^4)}} \tag{2-121}$$

其中 C_o 為孔口流量係數，會隨流速加快而先增後減，但當 $\mathrm{Re}_o > 5 \times 10^4$ 後，C_o 將趨近於 0.61。

文式流量計被設計成收縮部、喉部和發散部三區，使流道面積漸變，流體的摩擦損失更小，但因製造困難，故成本較高，且需要空間安裝，安裝後難以修改。流量計中測量壓力的兩點分別為上游處（點 1）和喉部（點 2），估計喉部平均速度 $\mathbf{v}_2$ 的方法類似孔口流量計，若已知喉部直徑對管內徑的比值 β，則 $\mathbf{v}_2$ 為：

$$\mathbf{v}_2 = C_v \sqrt{\frac{2\Delta p}{\rho(1-\beta^4)}} \tag{2-122}$$

其中 C_v 為文式流量係數，當 $\mathrm{Re}_1 > 10^4$ 時，C_v 將趨近於 0.98。

噴嘴流量計比孔口流量計耐用，也需要安裝在兩個凸緣之間，但噴嘴必須朝向下游，所得到的平均速度公式與上述相似，唯有流量係數 C_n 在 $10^4 < \mathrm{Re}_1 < 10^6$ 時，落於 0.95～0.98 之間。噴嘴流量計主要用於測量接近音速的流體。

孔口流量計

化工廠多使用孔口流量計，因為安裝便利，通常會安置在兩管的凸緣之間

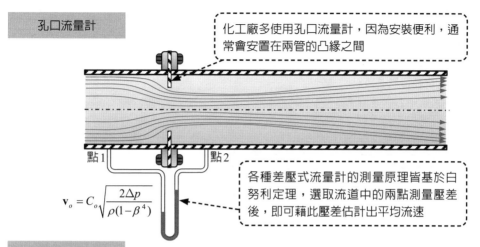

點1　　　　　點2

$$\mathbf{v}_o = C_o \sqrt{\frac{2\Delta p}{\rho(1-\beta^4)}}$$

各種差壓式流量計的測量原理皆基於白努利定理，選取流道中的兩點測量壓差後，即可藉此壓差估計出平均流速

噴嘴流量計

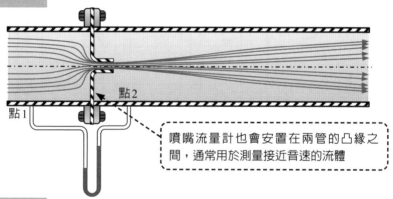

點2

點1

噴嘴流量計也會安置在兩管的凸緣之間，通常用於測量接近音速的流體

文氏流量計

收縮部　　喉部　　　　發散部

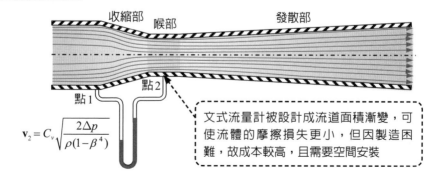

點1　　點2

$$\mathbf{v}_2 = C_v \sqrt{\frac{2\Delta p}{\rho(1-\beta^4)}}$$

文式流量計被設計成流道面積漸變，可使流體的摩擦損失更小，但因製造困難，故成本較高，且需要空間安裝

範例 1

皮托管用來測量 20℃的水在直徑 0.2 m 的圓管中的流速。若測量點是圓管的中心，U 形管所使用的液體是水銀（比重為 13.6），所測得的高度差是 10 mm。此皮托管的修正係數是 0.98。試問：

(a) 圓管中心的速度？
(b) 圓管的平均速度？
(c) 圓管的質量流率？

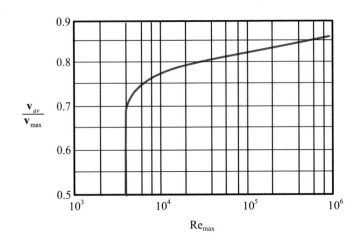

解答

已知壓力計中的水銀高度差 $\Delta h = 0.01$ m，可推算出壓差：

$\Delta p = \Delta h(\rho_A - \rho)g = 0.01 \times (13600 - 1000) \times 9.8 = 1234.8$ Pa。

所以

$$\mathbf{v}_{max} = C_P \sqrt{\frac{2\Delta p}{\rho}} = (0.98) \times \sqrt{\frac{(2)(1234.8)}{(1000)}} = 1.54 \text{ m/s}$$

$$\text{Re}_{max} = \frac{\rho D \mathbf{v}_{max}}{\mu} = \frac{(1)(20)(154)}{(0.01)} = 308013 \text{，故利用上圖可得 } \frac{\mathbf{v}_{av}}{\mathbf{v}_{max}} = 0.84 \text{，亦即 } \mathbf{v}_{av} =$$

1.29 m/s。

$$\text{質量流率 } \dot{m} = \rho \left(\frac{\pi D^2}{4}\right) \mathbf{v}_{av} = 1000 \times \left(\frac{\pi \times 0.2^2}{4}\right) \times 1.29 = 40.6 \text{ kg/s}$$

範例 2

文氏管被用來測量某種液體在直徑 0.1 m 的圓管中的流速。已知該液體的密度為 2 g/cm³，文氏管的喉部直徑為 4 cm，所測得的壓差為 200 kPa，在紊流時的修正係數為 0.98。試求圓管的體積流率為多少 m³/s？

解答

圓管之直徑 $D_1 = 0.1$ m，文氏管喉部直徑 $D_2 = 0.04$ m，液體密度 $\rho = 2000$ kg/m³，壓差 $\Delta p = 200000$ Pa，修正係數 $C_v = 0.98$，故在喉部的流速為：

$$\mathbf{v}_2 = \frac{C_v}{\sqrt{1-(D_2/D_1)^4}}\sqrt{\frac{2\Delta p}{\rho}} = \frac{0.98}{\sqrt{1-(0.04/0.1)^4}}\sqrt{\frac{2\times2\times10^5}{2000}} = 14.0 \text{ m/s}$$

接著可計算出圓管的流量：

$$Q = \left(\frac{\pi D_2^2}{4}\right)\mathbf{v}_2 = \left(\frac{\pi\times0.04^2}{4}\right)\times14.0 = 0.0176 \text{ m}^3/\text{s}$$

範例 3

常溫下，某種液態有機物經由一部泵從儲存槽抽至蒸餾塔。已知此液體的密度為 0.8 g/cm³，在常溫下的蒸氣壓是 0.5 atm。若儲存槽的液面與大氣接觸，泵入口的液體速度是 1.0 m/s，液體在管路中的摩擦損失高度為 1.5 m，泵所需的最小 NPSH 為 2.5 m。試問泵應該放置在距離儲存槽液面多遠之處？

解答

由於 $\text{NPSH} = \dfrac{p_0-p_v}{\rho g} + \Delta z - \dfrac{\mathbf{v}^2}{2g} - \dfrac{F_f}{g}$，其中已知 $p_1 = 1$ atm $= 1.01\times10^5$ Pa，$p_v = 0.5$ atm $= 5.0\times10^4$ Pa，$\mathbf{v} = 1$ m/s，摩擦損失 $F_f = 1.5$ m head $= 14.7$ J/kg，其中只有液面高度 z 未知，故可得到：$2.5 = \dfrac{(1.01-0.5)\times10^5}{800\times9.8} + \Delta z - \dfrac{1^2}{2\times9.8} - \dfrac{14.7}{9.8}$，使 $\Delta z = -2.45$ m，代表泵應該放置在液面之上 2.45 m。

2-46　因次分析法

不求解運動方程式可以預測流動行為嗎？

　　理論上，流體力學的問題可用 Navier-Stokes 方程式來描述，即使流動狀態爲紊流，但因方程式中存在了非封閉性與非線性的特質，尚無法證明其解的唯一性與存在性，而且隨著管線或裝置的複雜化，對應的邊界條件也迫使求解工作更難進行，所以早期設計流體裝置時，多採用因次分析的方法，求得簡單的經驗關聯式（empirical correlation），再以此預測裝置中的流體行爲。

　　因次分析法也被稱爲量綱分析法，用來探討牽涉物理量之間的關係，並可依此設計實驗而簡化問題。描述物理現象的方程式中，各項目的單位必定相同，所以可根據因次一致性原則進行分析。Buckingham 依此提出 π 定理，是指一個現象可由 n 個物理量描述，且這些物理量中包含了 m 個基本因次時，則此現象可以簡化成只用 $(n-m)$ 個無因次群來描述。基本因次包括時間、長度、質量與溫度等，其他物理量的因次皆可用它們來表示，例如速度是長度除以時間，力量是質量乘以長度再除以時間平方。無因次群則是由數個物理量組合而成，最終不具單位，前述的雷諾數 Re 即爲常見範例。

　　現在考慮一根簡單圓管中的流動問題，假設關聯到壓差 Δp 的變數，包括管徑 D、管長 L、平均速度 $\mathbf{v}$、流體密度 ρ 和流體黏度 μ，總計 6 項物理量，亦即 $n = 6$。因爲問題中的基本因次，包括質量、長度和時間，可分別使用 M、L、T 表示，故可得知 $m = 3$，代表有 3 個無因次群可用來描述圓管中的流動現象。接著假設這 3 個無因次群分別爲：

$$\pi_1 = D^a \mathbf{v}^b \rho^c \Delta p \tag{2-123}$$
$$\pi_2 = D^d \mathbf{v}^e \rho^f L \tag{2-124}$$
$$\pi_3 = D^g \mathbf{v}^h \rho^i \mu \tag{2-125}$$

對質量而言，π_1 中相關的參數只有 Δp 和 ρ，所以可得到 $c = -1$；另對長度與時間，也可分別得到 $a + b - 3c - 1 = 0$ 和 $-b - 2 = 0$，因而可解出 $a = 0$，$b = -2$，此結果代表：

$$\pi_1 = \frac{\Delta p}{\rho \mathbf{v}^2} \tag{2-126}$$

同理可得，

$$\pi_2 = \frac{L}{D} \tag{2-127}$$

$$\pi_3 = \frac{\mu}{\rho D \mathbf{v}} = \frac{1}{\text{Re}} \tag{2-128}$$

可看出第三個無因次群即爲 Re 的倒數。因爲這三個無因次群決定了圓管中的流動現象，故可假設 π_1 是 π_2 與 π_3 共同決定的函數，亦即 $\pi_1 = f(\pi_2, \pi_3)$。透過實驗，此函數關係應可求得，例如在層流中具有下列關係：

$$\pi_1 = 32\pi_2\pi_3 \tag{2-129}$$

此式即稱爲本問題的經驗關聯式。若還原此問題的 6 項物理量，上式將成爲：

$$\Delta p = 64\left(\frac{L}{D}\right)\left(\frac{\mu}{\rho D \mathbf{v}}\right)\left(\frac{\rho \mathbf{v}^2}{2}\right) = 4f\left(\frac{L}{D}\right)\left(\frac{\rho \mathbf{v}^2}{2}\right) \tag{2-130}$$

其中的 f 爲摩擦因子，在層流中 $f = 16/\text{Re}$。

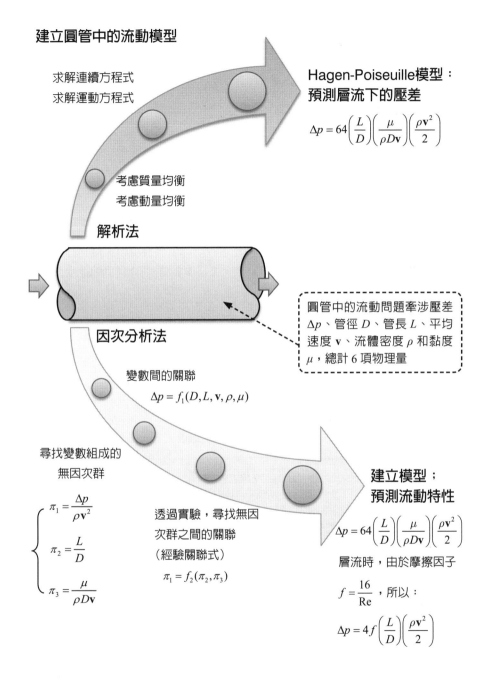

建立圓管中的流動模型

求解連續方程式
求解運動方程式

Hagen-Poiseuille模型：
預測層流下的壓差

$$\Delta p = 64\left(\frac{L}{D}\right)\left(\frac{\mu}{\rho D\mathbf{v}}\right)\left(\frac{\rho \mathbf{v}^2}{2}\right)$$

考慮質量均衡
考慮動量均衡

解析法

圓管中的流動問題牽涉壓差 Δp、管徑 D、管長 L、平均速度 $\mathbf{v}$、流體密度 ρ 和黏度 μ，總計 6 項物理量

因次分析法

變數間的關聯

$$\Delta p = f_1(D, L, \mathbf{v}, \rho, \mu)$$

尋找變數組成的
無因次群

$$\begin{cases} \pi_1 = \dfrac{\Delta p}{\rho \mathbf{v}^2} \\[2mm] \pi_2 = \dfrac{L}{D} \\[2mm] \pi_3 = \dfrac{\mu}{\rho D\mathbf{v}} \end{cases}$$

透過實驗，尋找無因
次群之間的關聯
（經驗關聯式）

$$\pi_1 = f_2(\pi_2, \pi_3)$$

建立模型；
預測流動特性

$$\Delta p = 64\left(\frac{L}{D}\right)\left(\frac{\mu}{\rho D\mathbf{v}}\right)\left(\frac{\rho \mathbf{v}^2}{2}\right)$$

層流時，由於摩擦因子

$$f = \frac{16}{\text{Re}}$$，所以：

$$\Delta p = 4f\left(\frac{L}{D}\right)\left(\frac{\rho \mathbf{v}^2}{2}\right)$$

2-47　計算流體力學

電腦可以用來預測流動現象嗎？

因次分析法雖然可以提供快速的裝置設計或製程改善方案，但其適用性狹窄，裝置中的小組件或整體管線的規模改變後，可能不再適用，必須重新透過實驗尋找無因次群之間的關聯式，即使裝置不更動，每一種關聯式也只能使用於某個流動範圍，例如 Re 低於某值或高於某值的情形不能使用，在熱傳與質傳問題中亦然，這是因次分析法最大的限制。

為了有效提升模擬的應用性，另有一套直接模擬法，使用數值計算求解 Navier-Stokes 方程式，以得到流速、壓力與應力的分布或隨時間的演變，此法又常稱為計算流體力學（computational fluid dynamics，以下簡稱 CFD）。從 CFD 得到結果之後，也可搭配實驗來修正模型，相輔相成。例如工程師從流體實驗中可得到升力、拖曳力、壓差或輸入輸出功率等整體系統的參數，可協助驗證 CFD 得到的流場分布，或提供 CFD 模型修改之依據。總體而言，CFD 可用來縮短設計時程，並減少實驗成本。目前 CFD 已可成功地應用在層流問題中，但對於紊流問題，還需要輔助參數，才能得到合理答案。

目前已發展出的主流 CFD 方法，包括有限差分法、有限元素法和有限體積法，這些方法的原理都是將整體系統的計算域（domain）切割成有限個離散單元，稱為網格（mesh），每個網格內都包含節點（node），節點上具有速度與壓力，相鄰單元間的變化可表示出變數的微分，將微分方程式轉換成代數方程式，再透過系統化的方法求解代數方程組，得到各離散單元的速度和壓力。換言之，每個網格都代表一個控制體積，可在之中執行質量、動量與能量均衡，但離散的數量必須夠多，才能夠代表真實的流場。執行空間離散化的過程稱為建立網格，但當網格的建立不適當時，使用 CFD 求出的流場可能不正確。因此，採用 CFD 進行流體裝置設計時，必須同時注意網格建立、離散化方法、CFD 運算法和數值穩定性。隨著當代電腦技術的進步，CFD 工作已可藉由軟體來執行，甚至可以結合其他的物理化學問題，例如電磁學或化學反應等，得到更有應用價值的模擬結果。

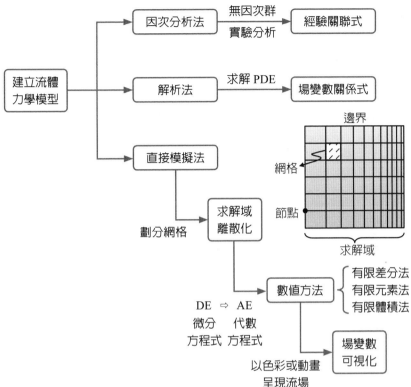

下圖是 OpenFOAM 自由軟體的介面，可
進行力學問題的場運算與後處理，故可用
於計算流體力學（CFD）領域，此軟體目
前是由 OpenFOAM 基金會維護。

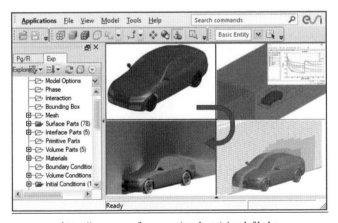

https://www.openfoam.com/products/visualcfd.php

2-48 數值模擬

有哪些數值方法可用於CFD？

在計算流體力學（CFD）的主流方法中，皆需將整體系統的計算域離散化，成為網格和包含其中的節點。為了描述均衡方程式中的微分項，可將鄰近節點之參數差額除以它們的變化範圍，以替代微分關係，其中最簡單且直觀的方法稱為有限差分法（finite difference method），透過計算空間中相鄰節點的差分，和同一節點隨時間變化的差分，以取代空間微分項與時間微分項，成為代數方程式。轉化微分項的方法包括一階差分、二階差分與高階差分，空間的一階差分將使用到相鄰的兩節點，二階差分使用到相鄰的三點來表示中心節點的微分，比一階差分更準確，高階差分則可依此類推。有限差分法比較適合用在具對稱性且結構化的系統，例如矩形或圓形的二維求解域、立方體或圓柱體的三維求解域等。

第二種常用的方法稱為有限元素法（finite element method），其中的元素是指整體系統被分割後出現的單元，二維系統常用的單元形狀是三角形，三維系統常用的單元形狀是四面體。有限元素法的數值計算原理牽涉變分學，可將單元內的統御方程式轉化成代數方程式，能處理邊界不規則的系統，是機械與土木工程中常用的模擬方法。然而，對於流體力學或熱傳質傳問題，有限元素法得到的離散方程式不一定滿足物理量均衡，因此較少應用在輸送現象中。

第三種方法稱為有限體積法（finite volume method），其中的體積即為前述的巨觀控制體積，所以離散化的代數方程式仍能維持原本的物理量守恆概念。接著對單元體積進行積分，積分時將會使用兩個單元體積的界面物理量，若牽涉導數則可使用上述差分計算式，以得到離散化的代數方程式，最後再聯立求解所有方程式而得到界面物理量，進而得到流場的分布。使用此法的優點是網格即使較大，數量較少，每個單元體積內仍然遵守均衡定律，因而非常適合輸送現象的模擬。

上述三種模擬方法皆需注意邊界條件，在求解域的邊界上必須滿足特定條件，所以邊緣節點的離散化主要依靠邊界條件。這三種方法有兩點相異，其一是有限差分法只注重節點變量，不論相鄰節點之間的變化；有限元素法則非常重視相鄰節點之間的變化，必須使用插值函數；而有限體積法則介於兩方法之間，在積分時需要節點之間的插值函數，但積分後只需要節點變量。

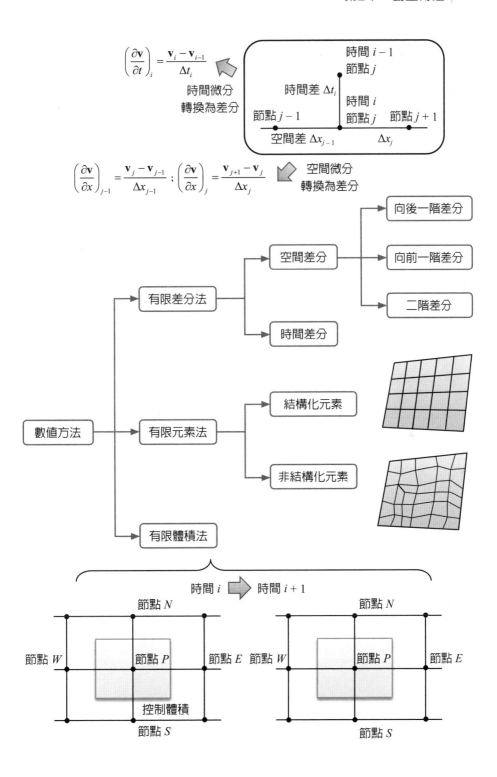

$$\left(\frac{\partial \mathbf{v}}{\partial t}\right)_i = \frac{\mathbf{v}_i - \mathbf{v}_{i-1}}{\Delta t_i}$$

時間微分
轉換為差分

時間 $i-1$
節點 j

時間差 Δt_i

時間 i
節點 j

節點 $j-1$ 節點 $j+1$

空間差 Δx_{j-1} Δx_j

$$\left(\frac{\partial \mathbf{v}}{\partial x}\right)_{j-1} = \frac{\mathbf{v}_j - \mathbf{v}_{j-1}}{\Delta x_{j-1}} \;;\; \left(\frac{\partial \mathbf{v}}{\partial x}\right)_j = \frac{\mathbf{v}_{j+1} - \mathbf{v}_j}{\Delta x_j}$$

空間微分
轉換為差分

向後一階差分

空間差分   向前一階差分

二階差分

有限差分法

時間差分

數值方法   結構化元素

有限元素法

非結構化元素

有限體積法

時間 i ➡ 時間 $i+1$

節點 N 節點 N

節點 W 節點 P 節點 E 節點 W 節點 P 節點 E

控制體積

節點 S 節點 S

2-49 模擬流程

模擬流體力學現象要按照哪些步驟？

計算流體力學（CFD）包含固定的步驟，而且某些步驟必須依序進行。

1. 建立網格：分割求解域成為多個元素，二維問題的元素是平面或曲面，三維問題的元素是立體空間。CFD 的計算結果與網格的品質密切相關，因此要採用某些指標來確認網格的品質。

2. 統御方程式離散化：每個元素內都包含節點，故可在節點上使用差分或積分消除統御方程式中的微分項，離散成多個代數方程式。

3. 設定邊界條件：在邊界節點上代入特定條件，並且消除微分項而成為代數方程式，二維求解域的邊界是直線或曲線，三維求解域的邊界是平面或曲面。

4. 輸入流體參數：流體依其型態可分為不可壓縮流體和可壓縮流體，其物性可從實驗或資料庫取得。

5. 設定演算法：求解代數方程組時，有多種演算法可供採用，這些方法通常已經設定於 CFD 軟體中。

6. 設定初始條件：對於非穩態流動，已存在起始值，可用在消除時間的微分項，並作為疊代程序的初值；但對於穩態流動，必須猜測各節點的變數起始值，再經由疊代程序得到更精確的值。

7. 疊代程序：從猜測的起始值，疊代求解包含非線性項的均衡方程式，在有限次疊代後，通常無法求得正確解（exact solution），故要評估目前答案與正確解之間的差距。若將均衡方程式的所有項目移至等號的同一側，另一側理應為 0。定義現階段答案代入所有項目的總和為殘值，則此殘值在疊代中逐漸縮小可代表愈來愈趨近正確解，稱為收斂，反之則將發散，但為了節省模擬的時間成本，通常會設定一個可以接受的殘值，以判斷疊代結束。

8. 後處理：得到收斂的解答後，因為速度與壓力等流場變數會有空間分布或時間變化，故可使用圖形來呈現。目前商用的 CFD 軟體皆已具有內建的後處理器（postprocessors），可以快速繪圖，使用色彩展示結果，使流場可視化。

有一些穩態問題可以先視為非穩態問題，透過猜測起始條件而開始疊代求解，待空間分布的答案可以收斂且幾乎不隨時間而變，即可視為穩態解。在一些進階的方法中，網格可在每一次疊代後重建，更快速地求得收斂解。

計算流體力學架構

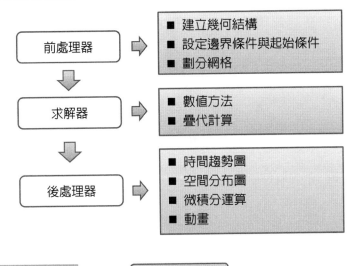

求解流程

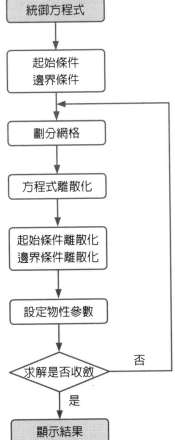

2-50　有限體積法

哪一種數值方法最常用於CFD問題中？

　　現舉一個一維的穩態層流問題爲例，說明使用有限體積法的關鍵步驟。假設 $\mathbf{v}$ 是流體沿著 x 方向的速度，根據連續方程式可知：

$$\frac{d(\rho \mathbf{v})}{dx} = 0 \tag{2-131}$$

接著將求解域分割成數個體積元素，在其中一個元素的內部設立節點 P，此元素的東側設爲節點 E，西側爲節點 W，另定此元素的東側界面爲 e，西側界面爲 w，元素的長度爲 Δx。另也假設 E 至 P 的距離爲 $(\delta x)_e$，W 至 P 的距離爲 $(\delta x)_w$。

　　現將輸送現象方程式標準化，場變數表示爲 ϕ，廣義的擴散係數表示爲 Γ，廣義的來源項表示爲 S，使統御方程式成爲：

$$\frac{d}{dx}(\rho \mathbf{v}\phi) = \frac{d}{dx}(\Gamma \frac{d\phi}{dx}) + S \tag{2-132}$$

其中的 ϕ 在動量輸送中爲速度 $\mathbf{v}$，在熱傳中爲溫度 T，在質傳中爲濃度 c，其他的廣義參數可類推。接著在含有 P 點的控制體積 ΔV 內積分，可得到：

$$\int_{\Delta V} \frac{d}{dx}(\rho \mathbf{v}\phi) A dx = \int_{\Delta V} \frac{d}{dx}(\Gamma \frac{d\phi}{dx}) A dx + \int_{\Delta V} SA dx \tag{2-133}$$

其中的 A 爲控制體積 ΔV 中的截面積，化簡（2-133）式後將成爲：

$$(\rho \mathbf{v}\phi A)_e - (\rho \mathbf{v}\phi A)_w = \left(\Gamma A \frac{d\phi}{dx} \right)_e - \left(\Gamma A \frac{d\phi}{dx} \right)_w + \overline{S}\Delta V \tag{2-134}$$

其中的 $\overline{S}$ 爲控制體積 ΔV 中的平均源項。接著可將微分項轉換成差分項：

$$\left(\frac{d\phi}{dx} \right)_e = \frac{\phi_E - \phi_P}{(\delta x)_e} \tag{2-135}$$

$$\left(\frac{d\phi}{dx} \right)_w = \frac{\phi_P - \phi_W}{(\delta x)_w} \tag{2-136}$$

再使用線性內插法，計算出邊界變數 $(\phi)_e$ 和 $(\phi)_w$：

$$(\phi)_e = \frac{\phi_P + \phi_E}{2} \tag{2-137}$$

$$(\phi)_w = \frac{\phi_W + \phi_P}{2} \tag{2-138}$$

源項則可採用線性假設，亦即 $\overline{S}\Delta V = S_C + S_P\phi_P$，其中 S_C 是常數，S_P 可隨時間和 ϕ_P 而變。最終可將此元素的數個場變量轉化成代數方程式：

$$a_P \phi_P = a_W \phi_W + a_E \phi_E + S_C \tag{2-139}$$

其中的 a_P、a_W、a_E 皆為常數。此式即為內含 P 點元素之離散方程式。另對連續方程式，也可離散化而成為：

$$(\rho \mathbf{v} A)_e - (\rho \mathbf{v} A)_w = 0 \tag{2-140}$$

所有元素被離散之後，再搭配邊界條件，即可構成代數方程組，求出場變數 ϕ 在各處的值。

有限體積法之網格

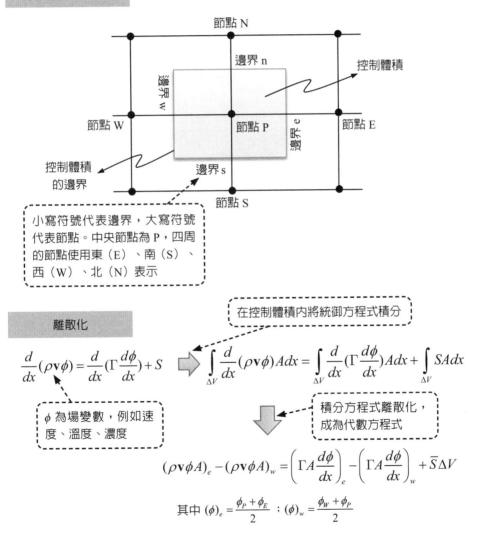

節點 N

邊界 n

控制體積

邊界 w

節點 W　節點 P　邊界 e　節點 E

控制體積
的邊界

邊界 s

節點 S

小寫符號代表邊界，大寫符號代表節點。中央節點為 P，四周的節點使用東（E）、南（S）、西（W）、北（N）表示

離散化

在控制體積內將統御方程式積分

$$\frac{d}{dx}(\rho \mathbf{v} \phi) = \frac{d}{dx}(\Gamma \frac{d\phi}{dx}) + S$$

$$\int_{\Delta V} \frac{d}{dx}(\rho \mathbf{v} \phi) A dx = \int_{\Delta V} \frac{d}{dx}(\Gamma \frac{d\phi}{dx}) A dx + \int_{\Delta V} S A dx$$

ϕ 為場變數，例如速度、溫度、濃度

積分方程式離散化，成為代數方程式

$$(\rho \mathbf{v} \phi A)_e - (\rho \mathbf{v} \phi A)_w = \left(\Gamma A \frac{d\phi}{dx}\right)_e - \left(\Gamma A \frac{d\phi}{dx}\right)_w + \bar{S} \Delta V$$

$$其中 (\phi)_e = \frac{\phi_P + \phi_E}{2} \ ; \ (\phi)_w = \frac{\phi_W + \phi_P}{2}$$

Note

第3章
熱量傳送

本章將探討熱量傳送的理論面與應用面，以下為各節概要：

3-1 節至 3-4 節：熱傳原理與機制；

3-5 節至 3-8 節：熱傳導現象；

3-9 節至 3-15 節：熱對流現象；

3-16 節至 3-21 節：微觀熱傳理論與應用；

3-22 節至 3-28 節：熱傳裝置。

3-1 熱力學概念

何謂熱量？如何轉移？

　　熱量的概念廣泛使用於熱力學中，代表系統中儲存的某種能量，且可用溫度作為指標。然而，熱量並非系統的總能量，因為系統總能量還牽涉速度與位置，所以熱量有時被指為系統的內能，但實際上並沒有明確的定義。另一方面，熱量傳遞或熱量輸送卻可被清楚地定義，此概念是指熱能從一個系統轉移至他處，因此熱的變化量可以明確地計算出。由於熱力學中僅探討系統在兩種狀態間的能量差異，卻沒有研究轉移過程所需時間，因而有別於輸送現象。在動態程序中，熱量輸送的快或慢將影響系統的行為，熱傳速率是最重要的指標。以下將先說明熱量問題必須遵守的物理定律，再闡述熱量轉移的特徵。

　　在日常生活中，我們都觀看過沸水逐漸冷卻，也察覺過冰水逐漸升溫的過程，這兩類程序都是透過水與周遭環境間的能量轉移而完成，而且也很容易理解能量轉移會停止於水與環境的溫度相等時。換言之，只要系統與環境擁有溫度差，必會發生能量傳遞，所以溫度差是熱量輸送的驅動力，驅動力消失後，熱傳將會停止。類比於電學，電位差是電荷移動的驅動力；類比於力學，高度差是物體下落的驅動力，但需注意，此處所謂的力並非力量，而是原因。

　　熱力學第一定律不僅涉及熱能轉移，而且也描述了整個系統的能量均衡。由前面的章節已知，此概念可採用下列方程式說明：

$$[\text{累積能量}] = [\text{流入能量}] - [\text{流出能量}] + [\text{產生能量}] \tag{3-1}$$

　　現假設系統是封閉的，周圍稱為環境，所以系統的總能量變化與環境的總能量變化之和應為 0，例如系統放熱時，環境必吸熱，反之亦然。若系統中只有內能 U、動能 E_k 與位能 E_p 需要考慮，則系統的能量變化可來自兩種途徑，其一是系統吸收環境的熱量 Q，另一是環境作功於系統 W，兩者皆可視為穿越邊界的能量。因此，封閉系統中的能量均衡可表示為：

$$\Delta U + \Delta E_k + \Delta E_p = Q + W \tag{3-2}$$

　　其中的 Q 即指熱傳現象。但當 W 定義為系統作功於環境時，封閉系統中的能量均衡將改寫為：

$$\Delta U + \Delta E_k + \Delta E_p = Q - W \tag{3-3}$$

對於開放系統，只需在上式中加入物流帶進與帶離系統的能量即可。

熱力學第一定律（能量均衡）

總能變化包括內能變化 ΔU、動能變化 ΔE_k、
位能變化 ΔE_p，皆以單位質量作為基準

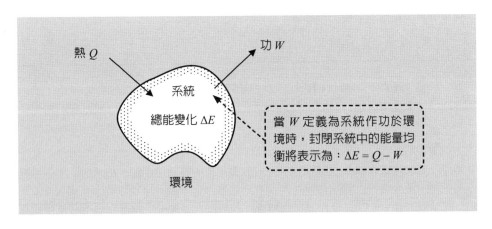

熱 Q

功 W

系統

總能變化 ΔE

環境

當 W 定義為系統作功於環
境時，封閉系統中的能量均
衡將表示為：$\Delta E = Q - W$

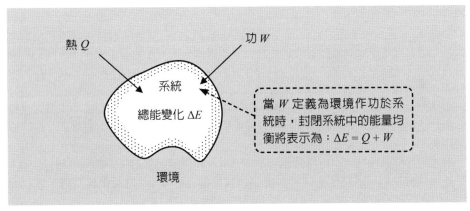

熱 Q

功 W

系統

總能變化 ΔE

環境

當 W 定義為環境作功於系
統時，封閉系統中的能量均
衡將表示為：$\Delta E = Q + W$

3-2 熱傳遞概念

能量如何均衡？

相對於熱力學，熱量輸送中更重視傳遞速率。熱傳速率被定義為單位時間轉移的熱量，所以 SI 制單位為 J/s（焦耳／秒），也可表示為 W（瓦特）。因此，系統的能量均衡概念可改用速率方程式來描述，亦即：

[累積能量速率] = [流入能量速率] − [流出能量速率] + [產生能量速率]

$$(3-4)$$

進行能量均衡時，可將巨觀系統視為控制體積，假設內部累積的能量為 E_{st}，流入與流出的能量速率分別為 $\dot{E}_{in}$ 和 $\dot{E}_{out}$，產生的能量速率為 $\dot{E}_g$，（3-4）式可表示為：

$$\frac{dE_{st}}{dt} = \dot{E}_{in} - \dot{E}_{out} + \dot{E}_g$$

$$(3-5)$$

其中 $\dot{E}_{in}$ 和 $\dot{E}_{out}$ 是穿越系統邊界的項目，故與穿越的表面積相關；E_{st} 和 $\dot{E}_g$ 則是系統整體效應，故與系統的體積相關。若此方程式與熱力學第一定律相比，可發現 $\dot{E}_{in}$ 和 $\dot{E}_{out}$ 可以類比 Q，其中的 Q 相關於熱傳導、熱對流與熱輻射，相關原理將在後面的章節說明。若系統非封閉，具有流體的出口與入口，則 $\dot{E}_{in}$ 和 $\dot{E}_{out}$ 還會包括運動流體所攜帶的內能、動能與位能。

至於 $\dot{E}_g$，不一定是指系統內產生的能量，若系統內有能量被消耗，則可用負值來表示。通常在化學反應器中會發生能量的生成或損失，但化學能並未計入原本的均衡方程式中，所以被視為額外產生或耗損的 $\dot{E}_g$。相似地，電磁能的變化也會形成 $\dot{E}_g$，例如一根有電流 I 通過的導線，若已知其電阻為 R，則電能將會轉成熱能 I^2R，這是 Joule 和 Lenz 皆發現過的電流熱效應，但電磁能也沒有計入均衡方程式中，所以也屬於額外產生的能量。化學反應和材料通電的例子皆可假想為環境對系統做功，最終變成能量。

前述的控制體積概念也可用於微觀系統，有一種微觀的案例是系統厚度趨近於 0，另外兩個維度則可維持巨觀尺寸，使總體積仍趨近於 0，此時系統將成為平面或曲面，因此相關於體積的能量速率皆趨近於 0，使均衡方程式成為：

$$\dot{E}_{in} - \dot{E}_{out} = 0$$

$$(3-6)$$

無論穩態或非穩態，（3-6）式皆適用，因為 $E_{st} = 0$。

巨觀控制體積內的能量均衡

$$\frac{dE_{st}}{dt} = \dot{E}_{in} - \dot{E}_{out} + \dot{E}_g$$

能量累積速率

到達穩定態時，$\dfrac{dE_{st}}{dt} = 0$，

亦即 $\dot{E}_{in} - \dot{E}_{out} + \dot{E}_g = 0$

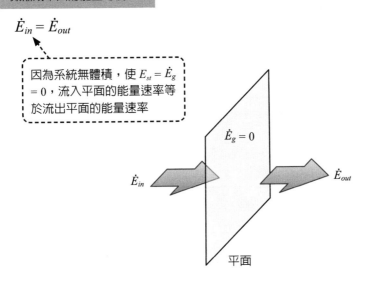

$\dot{E}_{in}$
流入能量速率

$\dot{E}_{out}$
流出能量速率

$\dot{E}_g$ 能量產生速率

控制體積

微縮成平面的能量均衡

$$\dot{E}_{in} = \dot{E}_{out}$$

因為系統無體積，使 $E_{st} = \dot{E}_g = 0$，流入平面的能量速率等於流出平面的能量速率

$\dot{E}_g = 0$

$\dot{E}_{in}$

$\dot{E}_{out}$

平面

3-3　傳導與對流

如何透過介質傳遞熱量？

熱量的傳遞與溫度相關，溫度又與分子的運動相關，所以可將熱傳現象連結到分子運動。此外，進入原子內，電子的狀態變化也會伴隨能量轉換，所以熱傳現象也可能相關於電子遷移。因此，我們可將熱傳現象分類成接觸型與非接觸型。對於前者，材料內的原子或分子會不斷碰撞，將熱量從比較活潑的粒子傳遞至較不活潑的粒子，材料內的電子波也可能向四方傳遞，因而導致熱傳，這些機制被稱爲傳導（conduction）。從巨觀的角度來看，若材料靜止不動，但內部具有溫度差，則高溫處的分子必定運動較激烈，透過分子的振動或轉動，影響鄰近低溫處的分子，使其吸收能量而升溫，形成可測的熱傳導現象，對於可導電材料，電子運動時也會協助熱量輸送，所以導體的熱傳現象比非導體材料更顯著，例如金屬湯匙放入熱湯中，比陶瓷湯匙更快吸熱。

在接觸型熱傳中，另有一種熱對流現象（convection），有別於熱傳導。因爲熱傳導中牽涉的粒子運動是隨機的，類似擴散現象，但當整體分子具有大致相同方向的運動時，熱傳的效果將被提升，其中增加的部分來自分子的移流（advection），整體的熱傳效果則稱爲熱對流。然而，能夠形成熱對流的對象主要是流體，雖然移動的固體也有相同效果，但此狀況不多見，以下先用氣體爲例，來說明對流現象。氣體出現對流包含三種情形，皆可歸因於某種力量或能量推動了氣體。第一種是藉由機械裝置來施加外力，常用的工具如風扇或泵，此類型的流體運動被稱爲強制對流（forced convection）。第二類則無施加外力的機械，純粹藉由系統吸收或釋放的顯熱來改變流體的密度，再透過重力場的作用而產生流動，此類型的流體運動被稱爲自然對流（natural convection），常見的例子是電器的散熱，在發熱部位附近的空氣受熱後，將降低密度，因而上浮，原本位於上方的冷空氣則會下降來填補空間，形成對流現象。除了吸熱、放熱之外，在反應系統中因爲生成物與反應物的密度差，也可能導致自然對流。第三類也無施加外力的機械，但系統中會出現潛熱的吸收或釋放，同時產生第二相成分，新相成分也會因重力場的作用而產生流動，形成包含相變化的熱對流。

雖然熱對流現象包含三種情形，但實際發生的案例常屬於混合型，例如在上述的電器散熱中，外加一部風扇可促進空氣流動，但散熱時導致的密度變化仍會發生，使空氣分子的運動既被機械力強制推動，也受重力影響，構成混合型熱對流。使用水壺煮沸水也是一例，受熱的水中將含有氣泡，同時水的密度會因爲受熱面位於底部而產生分布，因此也是混合型熱對流。

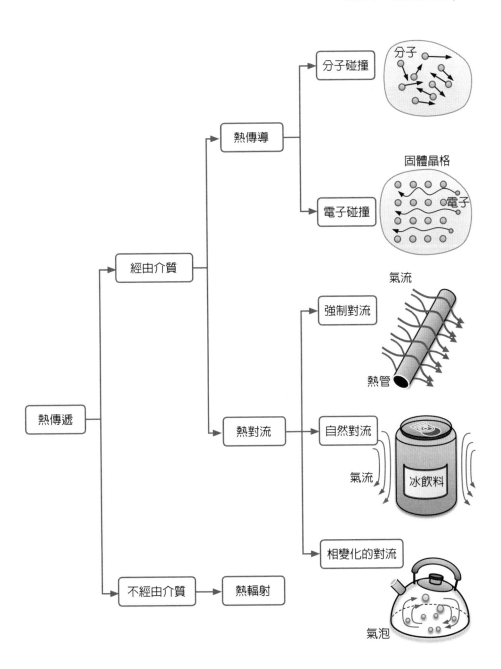

3-4 熱輻射

傳遞熱量一定需要介質嗎？

所有物體都會放射出電磁波，將能量傳遞至外界，此即熱輻射，而且在傳遞時不需要介質，故在眞空中也能轉移熱能。當電磁波照射到物體時，此物體可以吸收或反射電磁波，也可讓其穿透，通常這三種現象會同時進行，因此可定義到達物體的能量中，發生吸收、反射和穿透的比率分別爲 α、ρ 和 τ，三者滿足：

$$\alpha + \rho + \tau = 1 \tag{3-7}$$

若存在一種可以完全吸收輻射的無光澤物，其 $\alpha = 1$，且 $\rho = \tau = 0$，這種理想物質稱爲黑體（black body），但現實中不存在這種物體。實際的物體表面雖然可以不讓輻射穿透，但仍存在部分反射，因此 $\alpha + \rho = 1$ 且 $\tau = 0$，此類物體稱爲灰體（gray body），例如金屬。玻璃或塑膠等材料則可允許光穿透，所以 α、ρ 和 τ 皆不爲 0。對於氣體，其反射率很低，故 $\rho \approx 0$，且在某些特定波長的輻射下，吸收率較高。總體而言，被照射物的 α、ρ 和 τ 皆相關於輻射源的波長與本身的物性和表面狀態。

從輻射源的角度探討，其輻射能力可使用單位面積、單位時間放射的總能量來評估，此能力稱爲放射強度，SI 制單位爲 W/m^2。在相同溫度下，最理想的放射物是黑體，因爲其放射強度最大，Stefan 與 Boltzmann 曾提出黑體的放射強度 q'' 正比於自身絕對溫度之 4 次方，稱爲 Stefan-Boltzmann 定律，亦即：

$$q'' = \sigma T^4 \tag{3-8}$$

其中 σ 稱爲 Stefan-Boltzmann 常數，爲 5.67×10^{-8} $W/m^2 \cdot K^4$。此外，黑體輻射並非單波長，而是寬頻的電磁波，而且電磁波的波長分布只相關於黑體的溫度。當黑體溫度愈高時，輻射出的最強光具有愈短的波長，而且此光的強度愈高。若定義最高輻射強度之波長爲 λ_{max}，Wien 發現黑體輻射滿足下列關係：

$$\lambda_{max}T = 2890 \, \mu m \cdot K \tag{3-9}$$

後稱爲 Wien 位移定律，代表黑體溫度愈高，最大輻射強度之波長則愈短。由此定律可推知，釋放出紅光的熱鐵塊應該具有 1000 K 的溫度；放射出包含紫外光、可見光和紅外光的太陽，大約具有 5780 K；溫度較低的地球表面則會放射紅外光，其能量被大氣層中的水蒸氣和二氧化碳吸收，因而導致溫室效應。

由於眞實物體的放射強度不如黑體，故定義眞實物體放射強度相對黑體放射強度的比值爲放射率 ε（emissivity），使其放射強度表示爲：

$$q'' = \varepsilon \sigma T^4 \tag{3-10}$$

若一物體處於平衡時，被照射的熱速率應等於放射的熱速率，亦即物體的吸收率 α 將會正比於放射強度 q''，此稱爲 Kirchhoff 定律。若系統中存在兩個物體，其一爲眞

實物體 a，其吸收率爲 α，另一爲黑體 b，且已知吸收率爲 1，故從 Kirchhoff 定律可得：

$$\frac{\alpha}{q_a''} = \frac{1}{q_b''} \tag{3-11}$$

搭配放射率的定義，可進一步發現：

$$\varepsilon = \frac{q_a''}{q_b''} = \alpha \tag{3-12}$$

因此，物體達到熱平衡時，吸收率將等於放射率，此結論亦稱爲 Kirchhoff 定律。放射率主要取決於材料種類，光滑金屬的放射率非常低，但非金屬表面或水的放射率則可超過 0.9，這些材料的 ε 皆會隨溫度而增加。

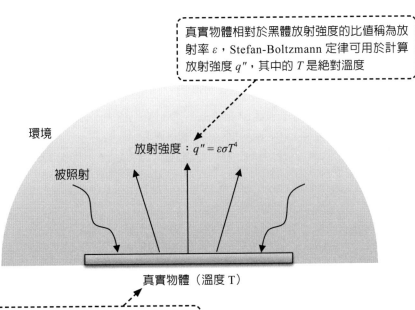

熱輻射

真實物體相對於黑體放射強度的比值稱為放射率 ε，Stefan-Boltzmann 定律可用於計算放射強度 q''，其中的 T 是絕對溫度

環境

放射強度：$q'' = \varepsilon \sigma T^4$

被照射

真實物體（溫度 T）

物體處於平衡時，被照射的熱速率應等於放射的熱速率，並使吸收率等於放射率，此結果稱為 Kirchhoff 定律

3-5 熱傳導原理 ── 傅立葉定律

造成熱傳導的原因是什麼？

前面的章節曾經解釋了熱傳導現象與分子運動或電子運動的關聯，但尚未提到熱傳導速率的估計方法。對此議題，Fourier 於 1822 年發表《熱的解析理論》時，指出兩相鄰分子間的熱流和它們之間的溫度差成正比，進而成為 Fourier 定律。對於巨觀系統，假設具有對稱性，溫度 T 只沿著單一方向分布，所以允許熱量只沿著此單一方向傳導，則其傳導速率 q' 可表示為：

$$q' = -kA\frac{dT}{dx} \tag{3-13}$$

其中的 A 為系統的截面積，x 為溫度分布的方向，k 被稱為熱傳導度（thermal conductivity），代表材料傳導熱量的能力。（3-13）式即為一維的 Fourier 定律，式中的負號是指熱量從高溫處向前傳至低溫處，因此溫度對位置的微分為負值，但為了表達出正值的熱傳速率，因而在式中添加負號。

然而，實際的巨觀系統很少擁有對稱性，所以熱能會沿著最大溫度變化率的方向傳遞，此方向可用梯度向量找出。因此，在三維系統中，熱傳導速率 q' 應正比於溫度梯度 ∇T，也正比於熱傳導度 k，但因為系統表面的各位置擁有不同的熱傳方向，熱傳面積較難估計，故可將探討的對象微縮成單點，將熱傳效應表達成單點的熱傳速率，定義為熱通量 q''（heat flux），亦即單位面積的熱傳速率：

$$q'' = -k\nabla T \tag{3-14}$$

在對稱系統中也可使用熱通量 q'' 來估計熱傳效應，此時 $q' = q''A$，而且熱傳速率 q' 和熱通量 q'' 都是向量，其方向平行於溫度梯度 ∇T。

熱傳導度 k 與物質的特性有關，經統計可發現，氣體之 k 很小，液體之 k 次之，固體金屬之 k 則很大。因為氣體中主要藉由分子碰撞來傳遞能量，其 k 約與溫度 T 的平方根成正比；液體的熱傳原理與氣體相同，但其 k 隨溫度 T 約成線性關係；固體的 k 則分布較大，金屬的 k 很高，但非金屬的 k 卻很低。另需注意，有一些固體屬於非等向性（anisotropic）材料，各方向的熱傳導能力不同，因此熱傳導度 k 必須表示成 3×3 的張量（tensor），此張量與溫度梯度向量相乘後，又將回復成向量，可用以表示熱傳速率。

等向性固體的熱傳導（各方向的熱傳導度相同）

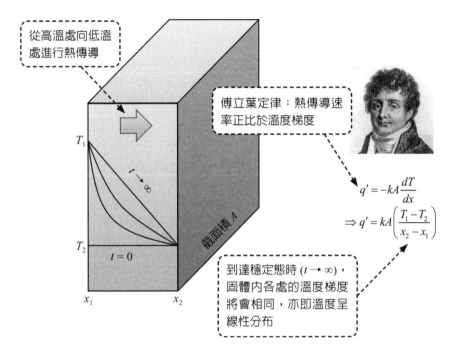

從高溫處向低溫處進行熱傳導

傅立葉定律：熱傳導速率正比於溫度梯度

$$q' = -kA\frac{dT}{dx}$$
$$\Rightarrow q' = kA\left(\frac{T_1 - T_2}{x_2 - x_1}\right)$$

到達穩定態時 $(t \to \infty)$，固體內各處的溫度梯度將會相同，亦即溫度呈線性分布

各類材料的熱傳導度

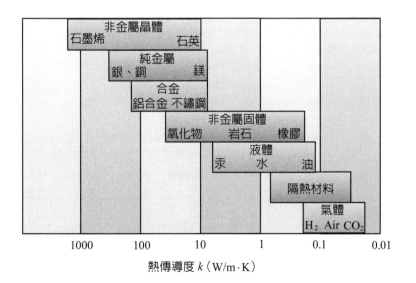

熱傳導度 k（W/m·K）

3-6 複合平板中的熱傳導

熱傳導與電流有何相似？

從能量均衡方程式可知，在穩定態下，一個巨觀系統的能量流入速率和產生速率之和，將會等於能量流出速率。現考慮一個面積足夠大的平板，其厚度為 L，且平板本身不是發熱源，則此平板一側的能量流入速率必將等於另一側的能量流出速率，甚至平板中的任何一個剖面的能量輸送速率都等於一側的能量流入速率。換言之，在穩定態下，平板內任何 x 位置的熱傳速率皆維持定值 q'_x。又根據 Fourier 定律可知：

$$q'_x = -kA\frac{dT}{dx} \tag{3-15}$$

其中的 A 為平板面積，x 為溫度分布的方向，k 為平板的熱傳導度。由（3-15）式可發現，溫度微分為定值，代表平板中的溫度呈線性分布。假設 $x = 0$ 處，$T = T_1$；$x = L$ 處，$T = T_2$，且 $T_1 > T_2$，從這兩個邊界條件可解出平板中的溫度分布：

$$T(x) = \left(\frac{T_2 - T_1}{L}\right)x + T_1 \tag{3-16}$$

接著可再推得維持定值的熱傳速率 q'_x：

$$q'_x = \frac{kA}{L}(T_1 - T_2) = \frac{\Delta T}{(L/kA)} \tag{3-17}$$

在前面的章節中已經介紹過熱傳現象的驅動力是溫度差 ΔT，所以（3-17）式分母中的 L/kA 可視為熱傳現象的阻力，而驅動力除以阻力即成為速率。此概念與電工學中的 Ohm 定律相當，電荷運動的驅動力是電壓 ΔV，在導線中承受的阻力是電阻 R，移動的速率為電流 I，所以電流等於電壓除以電阻。又已知電阻 R 相關於導線的長度 L 和截面積 A：

$$R = \frac{L}{\sigma A} \tag{3-18}$$

其中的 σ 為電導度，可發現（3-18）式與熱傳阻力 L/kA 的概念相同，只有表達傳導度的符號不同。

因此，電工學中討論數個電阻串聯時，總電阻即為所有電阻之和。對照到熱傳現象時，若存在數個不同材料堆疊成的複合平板，則其總熱阻亦為所有熱阻之和。現有三種材料 A、B、C 堆疊成複合平板，其熱阻分別為 R_A、R_B、R_C，且已知 A 材料露出的表面溫度為 T_1，C 材料露出的表面溫度為 T_2，$T_1 > T_2$，則在穩定態下，穿越複合平板的熱傳速率應為：

$$q'_x = \frac{T_1 - T_2}{R_A + R_B + R_C} = \frac{T_1 - T_2}{\dfrac{L_A}{k_A A} + \dfrac{L_B}{k_B A} + \dfrac{L_C}{k_C A}} \tag{3-19}$$

穩定態下單一大面積平板固體的熱傳導（僅沿著 x 方向）

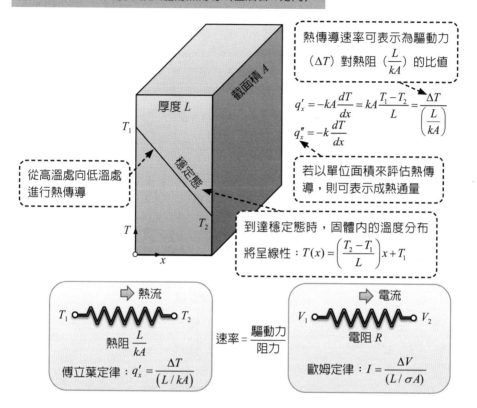

熱傳導速率可表示為驅動力（ΔT）對熱阻（$\frac{L}{kA}$）的比值

$$q_x' = -kA\frac{dT}{dx} = kA\frac{T_1 - T_2}{L} = \frac{\Delta T}{\left(\frac{L}{kA}\right)}$$

$$q_x'' = -k\frac{dT}{dx}$$

從高溫處向低溫處進行熱傳導

厚度 L

截面積 A

T_1

穩定態

T_2

T

x

若以單位面積來評估熱傳導，則可表示成熱通量

到達穩定態時，固體內的溫度分布將呈線性：$T(x) = \left(\frac{T_2 - T_1}{L}\right)x + T_1$

熱流 ➡

T_1 〜〜〜 T_2

熱阻 $\frac{L}{kA}$

傳立葉定律：$q_x' = \frac{\Delta T}{(L/kA)}$

速率 = $\frac{驅動力}{阻力}$

電流 ➡

V_1 〜〜〜 V_2

電阻 R

歐姆定律：$I = \frac{\Delta V}{(L/\sigma A)}$

穩定態下複合平板固體的熱傳導（僅沿著 x 方向）

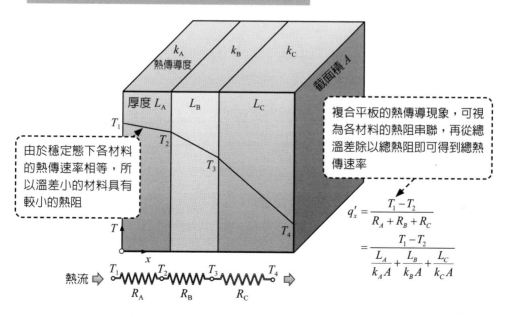

k_A k_B k_C

熱傳導度

截面積 A

厚度 L_A L_B L_C

T_1

T_2

T_3

T_4

T

x

由於穩定態下各材料的熱傳速率相等，所以溫差小的材料具有較小的熱阻

複合平板的熱傳導現象，可視為各材料的熱阻串聯，再從總溫差除以總熱阻即可得到總熱傳速率

$$q_x' = \frac{T_1 - T_2}{R_A + R_B + R_C}$$

$$= \frac{T_1 - T_2}{\frac{L_A}{k_A A} + \frac{L_B}{k_B A} + \frac{L_C}{k_C A}}$$

熱流 ➡　T_1 〜〜 T_2 〜〜 T_3 〜〜 T_4 ➡

R_A　R_B　R_C

範例 1

工業用的鍋爐爐壁是用厚0.15 m的防火磚所建造,其面積為2 m²,熱傳導度為0.15 W/m·K。若此鍋爐被操作在穩定態下,可測得爐壁內外表面的溫度分別是 1400 K 與 1200 K,試求穿過爐壁的熱傳速率。

解答

根據傅立葉定律:$q' = kA\dfrac{\Delta T}{\Delta x} = (0.15)(2)\left(\dfrac{1400-1200}{0.15}\right) = 400$ W。

範例 2

為測量一面 10 cm 厚牆壁之阻熱能力,在牆外覆蓋一層 1 cm 厚的塑膠膜。此塑膠膜的兩面都放置了熱電偶,達到穩定態後,可測得牆與塑膠膜之界面溫度為 25℃,塑膠膜外溫度為 30℃。若此塑膠膜的熱傳導度是 0.1 W/m-k,牆內溫度為 15℃,試求出穩定態之下穿過此牆之熱通量,以及此牆壁的熱傳導度。

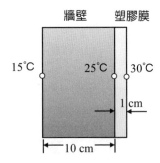

解答

達到穩定態後,穿越各材料的熱通量相等:

$$q'' = k\frac{\Delta T}{\Delta x} = (0.1)\left(\frac{30-25}{0.01}\right) = 50 \text{ W/m}^2$$

由已知的熱通量可計算出未知材料的熱傳導度:

$$k = \frac{(q'')}{\dfrac{\Delta T}{\Delta x}} = \frac{50}{\dfrac{(25-15)}{0.1}} = 0.5 \text{ W/m} \cdot \text{K}$$

範例 3

一般燃燒爐是由三層不同材質的磚壁構成,由內到外分別是耐火磚、隔熱磚和結構磚,其厚度分別為 20 cm、10 cm 與 20 cm,熱傳導度分別為 1.4、0.21 與 0.7 W/m-k。已知操作時,燃燒爐內壁溫度為 1200 K,外壁溫度為 330 K,試求隔熱磚的熱損失通量與兩面的溫差為何?

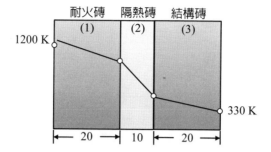

解答

根據傅立葉定律，穩定態下的熱通量為驅動力除以總熱阻：

$$q'' = \frac{\Delta T}{R_1 + R_2 + R_3} = \frac{1200 - 330}{\dfrac{0.2}{1.4} + \dfrac{0.1}{0.21} + \dfrac{0.2}{0.7}} = 962 \text{ W}$$

隔熱磚兩面的溫差即為熱傳驅動力，等於熱通量與其熱阻的乘積：

$$\Delta T_2 = R_2 q'' = (\frac{0.1}{0.21})(962) = 458\,^{\circ}\text{C}$$

範例 4

有一個鋁製的平底鍋用來烹調，當它被放置在一個 800 W 的電熱器上達到穩態時，可以吸收 90% 的熱量。已知鍋底的厚度為 0.3 cm，直徑為 20 cm，熱傳導度為 100 W/m-K，鍋底內側溫度為 110℃，試求鍋底外側的溫度。

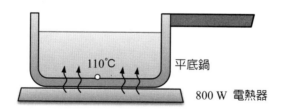

解答

假設 $T(0)$ 和 $T(L)$ 分別為鍋底外側（接觸電熱器）和鍋底內側的溫度，L 和 R 分別是鍋底厚度和半徑，則其熱傳速率 $q' = k\pi R^2 \dfrac{\Delta T}{L}$，從中可計算外側溫度：

$$T(0) = T(L) + \frac{q_0' L}{k\pi R^2} = 110 + \frac{(0.9)(800)(0.003)}{(100)(\pi)(0.2)^2} = 110.17\,^{\circ}\text{C}$$

3-7 管壁熱傳導

熱量穿越管壁不同於平板嗎？

　　另一種在工廠或日常生活中常見的熱傳系統為圓管，管內流動著某種流體，管外通常是空氣，且流體與空氣的溫度不同，所以管壁將有熱能穿越。為了研究這類問題，圓柱座標將被採用，因為使用直角座標時，管壁的柱面不易描述。換言之，使用直角座標雖可列出相同的熱傳導方程式，但求解所需邊界條件卻比平板系統複雜，因而改用圓柱座標。

　　假設圓管的長度足夠，到達穩定態後，熱能不沿著軸向（z 方向）傳遞，只朝著徑向（r 方向）輸送，因此只需考慮圓管的剖面。接著設定管壁剖面的圓環區為控制體積，因為圓管內壁（$r = r_1$）的溫度為 T_1，圓管外壁（$r = r_2$）的溫度為 T_2，而且 $T_1 > T_2$，所以熱能會從內往外傳遞。另因圓管本身不是發熱源，從能量均衡可知，在穩定態下可推得，內壁流入的能量速率必會等於外壁流出的能量速率，代表穿越管壁的能量速率在管壁中的任何位置必定維持定值 q_r'：

$$q_r' = -2\pi k L r_1 \frac{dT}{dr}\bigg|_{r=r_1} = -2\pi k L r_2 \frac{dT}{dr}\bigg|_{r=r_2} = -2\pi k L \left(r \frac{dT}{dr} \right) \tag{3-20}$$

其中的 L 是管的軸向長度。（3-20）式的通解為 $T(r) = c_1 \ln r + c_2$，其中 c_1 和 c_2 是待定常數，可藉由圓管內外壁的溫度求得。由此可知，在管壁內的溫度分布並非線性，而與對數函數相關，經求解後，穿越管壁的能量速率 q_r' 可表示為：

$$q_r' = 2\pi k L \frac{T_1 - T_2}{\ln(r_2 / r_1)} = \frac{T_1 - T_2}{R} \tag{3-21}$$

（3-21）式經過重新排列後，分子為管壁內外的溫度差，分母則為熱傳阻力 R：

$$R = \frac{\ln(r_2 / r_1)}{2\pi k L} \tag{3-22}$$

　　相似於平板系統，圓管的內外也常出現疊層，常見目的是用於隔熱，以避免管內的流體吸熱或放熱而改變溫度。若只增加管壁的厚度（$r_2 - r_1$），從（3-22）式可發現熱阻會提升，但圓管外壁的表面積也將增大，導致熱對流的效果增強，所以未必對隔熱有利。另一種更有效的方式則是包覆一層熱傳導度較低的材料於管外壁，從（3-22）式即可發現包覆層的熱阻反比於 k，選擇適當材料甚至可提供數十倍以上的熱阻，使隔熱效果更好。在穩定態下，有包覆 B 材料的 A 管，其熱阻分別為 R_A、R_B，且已知 A 管內壁（$r = r_1$）的溫度為 T_1，B 材料外表面（$r = r_3$）的溫度為 T_3，則其熱傳速率應為：

$$q_r' = \frac{T_1 - T_3}{R_A + R_B} = \frac{T_1 - T_3}{\dfrac{\ln(r_2 / r_1)}{2\pi k_A L} + \dfrac{\ln(r_3 / r_2)}{2\pi k_B L}} \tag{3-23}$$

經過分析還可知，A 和 B 的界面溫度 T_2 將比較接近 T_1，因為 $k_A > k_B$。

穩定態下穿越固體管壁的熱傳導（僅沿著 r 方向）

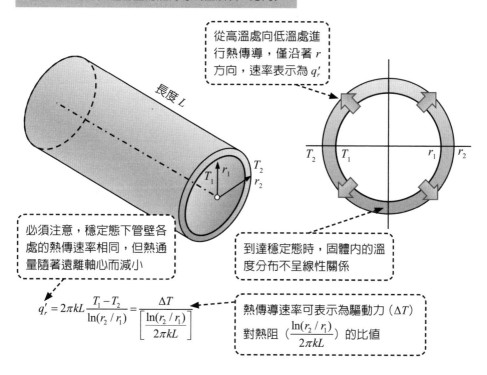

從高溫處向低溫處進行熱傳導，僅沿著 r 方向，速率表示為 q'_r

長度 L

T_1 r_1 T_2 r_2

T_2 T_1 r_1 r_2

必須注意，穩定態下管壁各處的熱傳速率相同，但熱通量隨著遠離軸心而減小

到達穩定態時，固體內的溫度分布不呈線性關係

$$q'_r = 2\pi kL \frac{T_1 - T_2}{\ln(r_2 / r_1)} = \frac{\Delta T}{\left[\dfrac{\ln(r_2 / r_1)}{2\pi kL}\right]}$$

熱傳導速率可表示為驅動力（ΔT）對熱阻（$\dfrac{\ln(r_2 / r_1)}{2\pi kL}$）的比值

穩定態下穿越覆膜管壁的熱傳導（僅沿著 r 方向）

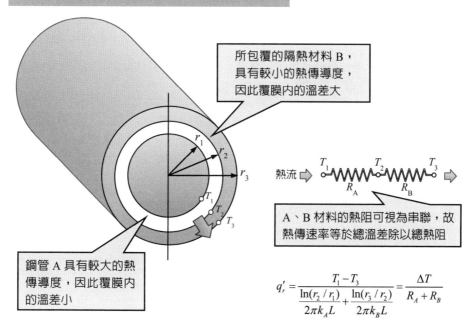

所包覆的隔熱材料 B，具有較小的熱傳導度，因此覆膜內的溫差大

r_1 r_2 r_3

T_1 T_2 T_3

熱流 ⇨ T_1 R_A T_2 R_B T_3 ⇨

A、B 材料的熱阻可視為串聯，故熱傳速率等於總溫差除以總熱阻

鋼管 A 具有較大的熱傳導度，因此覆膜內的溫差小

$$q'_r = \frac{T_1 - T_3}{\dfrac{\ln(r_2 / r_1)}{2\pi k_A L} + \dfrac{\ln(r_3 / r_2)}{2\pi k_B L}} = \frac{\Delta T}{R_A + R_B}$$

3-8 球殼熱傳導

球殼內的熱傳導不同於圓管嗎？

當實驗室中常用的球形燒瓶內發生了化學反應時，器壁兩側的溫度將出現差異，繼而導致熱能穿越器壁。球形可以提供均勻的吸熱或放熱特性，但研究這類問題必須採用球座標，因為使用直角座標不易描述球壁，使用球座標則可簡單地表達所需邊界條件。

另因球壁具有角度的對稱性，到達穩定態後，可假設熱能只沿著徑向（r 方向）輸送，因此我們只需考慮球殼的最大截面，並定此區域為控制體積。已知在球內壁（$r = r_1$）的溫度為 T_1，球外壁（$r = r_2$）的溫度為 T_2，且 $T_1 > T_2$，熱能會從內往外傳遞。當球壁不是發熱源時，從能量均衡可知，穩定態下的內壁流入能量速率，將會等於外壁流出能量速率，使穿越器壁的能量速率在壁中任何位置皆維持定值 q_r'：

$$q_r' = -4\pi k r_1^2 \frac{dT}{dr}\bigg|_{r=r_1} = -4\pi k r_2^2 \frac{dT}{dr}\bigg|_{r=r_2} = -4\pi k \left(r^2 \frac{dT}{dr} \right) \tag{3-24}$$

其中的 k 為器壁的熱傳導度。（3-24）式的通解為 $T(r) = \frac{c_1}{r} + c_2$，其中 c_1 和 c_2 是待定常數，可藉由 T_1 和 T_2 求得。如同圓管，在球壁內的溫度分布亦非線性。經求解後，可得到穿越球壁的能量速率 q_r'：

$$q_r' = 4\pi k \frac{T_1 - T_2}{(1/r_1) - (1/r_2)} = \frac{T_1 - T_2}{R} \tag{3-25}$$

上式經過重新排列後，分子成為球壁內外的溫度差，分母則為熱傳阻力 R：

$$R = \frac{1}{4\pi k}\left(\frac{1}{r_1} - \frac{1}{r_2} \right) \tag{3-26}$$

相似於圓管系統，若球壁外使用了包覆層，總熱阻將等於球壁熱阻與包覆層熱阻之和。

從圓管到圓球的案例可發現，當固體內的熱能逐漸穿越不相等的截面時，因為能量均衡關係，穩定態下的熱傳速率都能維持定值，但熱通量則非定值。假設熱傳僅沿著 x 方向，通過的截面積為函數 $A(x)$，則在固體內的溫度分布 $T(x)$ 基於 Fourier 定律，可表達成下列積分式：

$$T(x) = -\frac{q_x'}{k} \int_{x_1}^{x_2} \frac{dx}{A(x)} \tag{3-27}$$

穩定態下穿越固體球殼的熱傳導（僅沿著 r 方向）

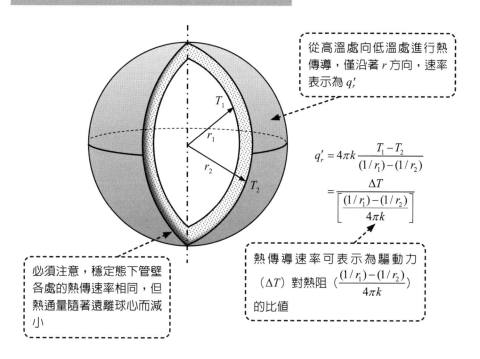

從高溫處向低溫處進行熱傳導，僅沿著 r 方向，速率表示為 q_r'

$$q_r' = 4\pi k \frac{T_1 - T_2}{(1/r_1) - (1/r_2)}$$
$$= \frac{\Delta T}{\left[\dfrac{(1/r_1) - (1/r_2)}{4\pi k}\right]}$$

必須注意，穩定態下管壁各處的熱傳速率相同，但熱通量隨著遠離球心而減小

熱傳導速率可表示為驅動力（ΔT）對熱阻（$\dfrac{(1/r_1) - (1/r_2)}{4\pi k}$）的比值

穩定態下穿越截面積不等固體的熱傳導（僅沿著 x 方向）

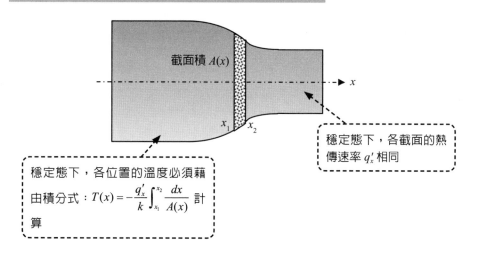

截面積 $A(x)$

穩定態下，各位置的溫度必須藉由積分式：$T(x) = -\dfrac{q_x'}{k} \displaystyle\int_{x_1}^{x_2} \frac{dx}{A(x)}$ 計算

穩定態下，各截面的熱傳速率 q_x' 相同

3-9　熱對流

為何被冷風吹可以降溫？

　　前面已介紹了熱對流的類型與成因，尚未說明熱對流速率的估計。實際上熱對流速率的研究早於熱傳導速率，牛頓早已提出一種冷卻定律，用以描述流體經過固體表面時的熱量傳遞，此速率可簡單地視爲正比於流體與固體間的溫差 ΔT，並正比於固體的表面積 A：

$$q' = hA\Delta T \tag{3-28}$$

其中的 h 稱爲對流熱傳係數（convective heat-transfer coefficient），SI 制單位爲 W/m²·k，會隨流體之性質和速度而變，也受到固體表面形狀的影響。由於 h 無法透過理論計算，故常以經驗關聯式預測。氣體自然對流的 h 約在 2～25 W/m²·k 之間，但強制對流的 h 約可提升到 25～250 W/m²·k 之間；液體自然對流的 h 約在 50～100 W/m²·k 之間，但強制對流約增加到 100～20000 W/m²·k 之間，可見液體的對流熱傳效果較佳。另若發生沸騰或凝結等相變化時，對流熱傳效果更能提升，例如水沸騰之 h 約在 1700～28000 W/m²·k 之間，蒸氣凝結之 h 約在 5700～28000 W/m²·k 之間。

　　雖然牛頓冷卻定律提供了概略性的熱對流估計方法，但在固體表面的局部位置可能具有特殊形狀，或不同的接觸流體角度，所以各處的 h 理應不同。基於此原因，表面的總熱傳速率 q' 應該是所有局部位置的熱通量 q'' 之總和：

$$q' = \int q''dA = \int (h\Delta T)dA \tag{3-29}$$

若已知固體的總表面積爲 S，可依此定義平均對流熱傳係數 $\bar{h}$：

$$\bar{h} = \frac{1}{S}\int hdA \tag{3-30}$$

所以整體的熱對流速率 q' 還可表示爲：

$$q' = \bar{h}A\Delta T = \frac{\Delta T}{(1/\bar{h}A)} \tag{3-31}$$

上式第二等號中的分母即爲熱對流程序的阻力。現有一片厚度爲 L、熱傳度爲 k 的平板，內外兩側皆有流體通過，流體溫度分別爲 T_1 與 T_4，平板兩側的溫度分別爲 T_2 與 T_3，且兩側的對流熱傳係數分別爲 h_i 與 h_o。由於系統中存在三段熱傳，其阻力分別爲 $\dfrac{1}{h_iA}$、$\dfrac{L}{kA}$、$\dfrac{1}{h_oA}$，所以穩定態的熱傳速率可表示爲：

$$q' = \frac{(T_1 - T_4)}{\dfrac{1}{h_iA} + \dfrac{L}{kA} + \dfrac{1}{h_oA}} = UA(T_1 - T_4) \tag{3-32}$$

式中出現的總熱傳係數 U（overall heat transfer coefficient）可用來結合對流與傳導。

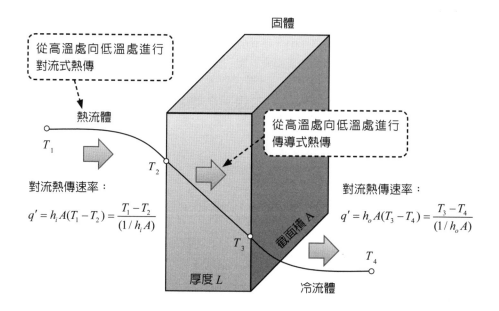

固體

從高溫處向低溫處進行
對流式熱傳

熱流體

T_1

對流熱傳速率：

$$q' = h_i A(T_1 - T_2) = \frac{T_1 - T_2}{(1/h_i A)}$$

T_2

從高溫處向低溫處進行
傳導式熱傳

T_3

截面積 A

厚度 L

冷流體

T_4

對流熱傳速率：

$$q' = h_o A(T_3 - T_4) = \frac{T_3 - T_4}{(1/h_o A)}$$

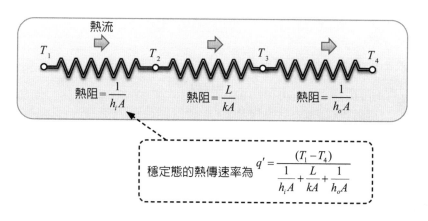

熱流

T_1　　　T_2　　　T_3　　　T_4

熱阻 $= \dfrac{1}{h_i A}$　　熱阻 $= \dfrac{L}{kA}$　　熱阻 $= \dfrac{1}{h_o A}$

穩定態的熱傳速率為　$q' = \dfrac{(T_1 - T_4)}{\dfrac{1}{h_i A} + \dfrac{L}{kA} + \dfrac{1}{h_o A}}$

範例 1

一長度爲 2 m 的鋼管 A 之內徑（ID）是 0.02 m，外徑（OD）是 0.04 m，熱傳導度是 20 W/m·k。爲了避免管內的熱量損失，而在鋼管 A 外包裹一層厚度爲 0.01 m 的隔熱材料 B，其熱傳導度是 0.1 W/m·k。若鋼管 A 之內壁溫度是 650 K，材料 B 之外壁溫度是 250 K，試求熱損失速率和 A、B 之界面溫度。

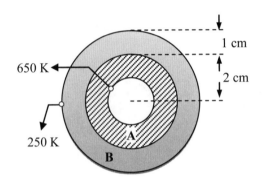

解答

根據傅立葉定律，圓管系統的熱傳速率爲：

$$q' = \frac{\Delta T}{R_A + R_B} = \frac{650 - 250}{\frac{\ln(0.02/0.01)}{2\pi(20)(2)} + \frac{\ln(0.03/0.02)}{2\pi(0.1)(2)}} = 1229 \text{ W} \text{，}$$

因爲 $q' = \dfrac{\Delta T}{R_B} = \dfrac{T - 250}{\dfrac{\ln(0.03/0.02)}{2\pi(0.1)(2)}} = 1229$，故可得界面溫度 $T = 646.6$ K。

範例 2

爲了減少一根外徑 0.11 m，長度 30 m 之蒸汽管的熱損失量，故在管外包覆一層 5 cm 厚的保溫材料，已知其熱傳導度爲 0.12 W/m·K，管外壁的溫度爲 100℃，保溫材料的外壁溫度爲 30℃，試求蒸氣管的熱損失速率。

解答

根據傅立葉定律，圓管系統的熱傳速率爲：

$$q' = \frac{\Delta T}{\frac{\ln(r_2/r_1)}{2\pi kL}} = \frac{100 - 30}{\frac{\ln(0.105/0.055)}{2\pi(0.12)(30)}} = 2449 \text{ W}$$

範例 3

飽和水蒸汽（80℃）在一內徑（ID）是 0.02 m，外徑（OD）是 0.04 m 的鋼管內流動，其對流熱傳係數是 6000 W/m²·K。在鋼管外部則流通著 20℃的空氣，其對流熱傳係數是 20 W/m²·K。若鋼管的長度是 10 m，熱傳導度是 20 W/m·k，試求熱損失速率。

解答

傅立葉定律可計算熱傳導速率，而熱對流速率則需從牛頓冷卻定律計算，達穩定態時，熱傳速率皆相等，可從總驅動力除以總熱阻得到：

$$q' = \frac{\Delta T}{R_1 + R_2 + R_3}$$

$$= \frac{80 - 20}{\dfrac{1}{2\pi(0.01)(10)(6000)} + \dfrac{\ln(0.02/0.01)}{2\pi(20)(10)} + \dfrac{1}{2\pi(0.02)(10)(20)}} = 1478 \text{ W}$$

範例 4

有一個外徑 30 cm，內徑 10 cm 的空心球，其外壁和內壁溫度分別是 30℃和 300℃。已知球殼的熱傳導度為 0.0465 W/m·K，試求由球面散失的熱通量，並估計球殼內距離球心 10 cm 處的溫度。

解答

根據傅立葉定律，球殼的熱傳速率為：

$$q' = \frac{\Delta T}{\dfrac{1}{4\pi k}\left(\dfrac{1}{r_1} - \dfrac{1}{r_2}\right)} = \frac{300 - 30}{\dfrac{1}{4\pi(0.0465)}\left(\dfrac{1}{0.05} - \dfrac{1}{0.15}\right)} = 11.83 \text{ W}$$

因此，球面散失的熱通量為：

$$q'' = \frac{q'}{4\pi r_2^2} = \frac{11.83}{4\pi(0.15)^2} = 41.85 \text{ W/m}^2$$

距離球心 10 cm 處的溫度為：

$$T(0.1 \text{ m}) = T(0.05 \text{ m}) + \frac{q'}{4\pi k}\left(\frac{1}{r_1} - \frac{1}{r}\right) = 30 + \frac{11.83}{4\pi(0.0465)}\left(\frac{1}{0.05} - \frac{1}{0.1}\right) = 232^\circ \text{C}$$

範例 5

有一扇 80 cm 寬、150 cm 高、8 mm 厚的玻璃窗，其熱傳導度為 0.78 W/m·K。已知窗外氣溫為 −10℃，總熱傳係數為 40 W/m²·K，窗內室溫為 20℃，總熱傳係數為 10 W/m²·K。到達穩定態時，玻璃窗內外表面的溫度分別為何？

解答

熱傳通量 $q'' = \dfrac{\Delta T}{\dfrac{1}{h_i} + \dfrac{L}{k} + \dfrac{1}{h_o}} = \dfrac{20 - (-10)}{\dfrac{1}{10} + \dfrac{0.008}{0.78} + \dfrac{1}{40}} = 221.8 \ \text{W/m}^2$

對於窗內，$q'' = h_i(T_i - T_1)$，故可得到玻璃窗內表面之溫度：

$T_1 = T_i - \dfrac{q''}{h_i} = 20 - \dfrac{221.8}{10} = -2.18℃$

對於窗外，$q'' = h_o(T_2 - T_o)$，故可得到玻璃窗外表面之溫度：

$T_2 = T_o + \dfrac{q''}{h_o} = -10 + \dfrac{221.8}{40} = -4.46℃$

範例 6

有一扇 80 cm 寬，150 cm 高的雙層玻璃窗，每層玻璃厚 5 mm，兩層玻璃間夾有 10 mm 的不流動空氣。已知玻璃的熱傳導度為 0.78 W/m·K，靜止空氣的熱傳導度為 0.025 W/m·K，窗外氣溫為 0℃，熱傳係數（含對流與輻射）為 40 W/m²·K，窗內室溫為 20℃，熱傳係數為 10 W/m²·K。到達穩定態時，玻璃窗內外表面的溫度分別為何？

解答

熱傳通量：

$q'' = \dfrac{\Delta T}{\dfrac{1}{h_i} + \dfrac{L_1}{k_{glass}} + \dfrac{L_2}{k_{air}} + \dfrac{L_3}{k_{glass}} + \dfrac{1}{h_o}} = \dfrac{20 - 0}{\dfrac{1}{10} + \dfrac{0.005}{0.78} + \dfrac{0.01}{0.025} + \dfrac{0.005}{0.78} + \dfrac{1}{40}} = 37.19 \ \text{W/m}^2$

對於窗內，$q'' = h_i(T_i - T_1)$，故可得到玻璃窗內表面之溫度：

$T_1 = T_i - \dfrac{q''}{h_i} = 20 - \dfrac{37.19}{10} = 16.28 ℃$

對於窗外，$q'' = h_o(T_2 - T_o)$，故可得到玻璃窗外表面之溫度：

$T_2 = T_o + \dfrac{q''}{h_o} = 0 + \dfrac{37.19}{40} = 0.93 ℃$

範例 7

有一直徑 3 mm，長 5 m 的電熱線包覆一層 2 mm 厚的塑膠皮膜，此皮膜的熱傳導度為 0.15 W/m·K。已知電熱線接上電源後，可產生 80 W 的熱量速率，且知電熱線之外的氣溫為 30℃，熱傳係數（含對流與輻射）為 12 W/m²·K。試求電熱線與塑膠膜的界面溫度。當皮膜的厚度增加到多少時，散熱能力開始變差？

解答

已知熱傳速率為 $q' = 80$ W，氣溫 $T_\infty = 30$℃，塑膠膜的內半徑 $r_1 = 0.0015$ m，外半徑為 $r_2 = 0.0035$ m。假設界面溫度為 T_1，則

$$q' = \frac{T_1 - T_\infty}{R_{plastic} + R_{conv}} = \frac{T_1 - T_\infty}{\dfrac{\ln(r_2/r_1)}{2\pi kL} + \dfrac{1}{2\pi r_2 Lh}}$$

由此可推得界面溫度 T_1：

$$T_1 = T_\infty + q'\left[\frac{\ln(r_2/r_1)}{2\pi kL} + \frac{1}{2\pi r_2 Lh}\right]$$

$$= 30 + 80\left[\frac{\ln(0.0035/0.0015)}{2\pi(0.15)(5)} + \frac{1}{2\pi(0.0035)(5)(12)}\right] = 105℃$$

當皮膜的厚度增加時，代表 r_2 增大，可發現總熱阻 $R_T = R_{plastic} + R_{conv}$ 先降低後增大，存在極小值，故計算：

$$\frac{dR_T}{dr_2} = \frac{1}{2\pi kLr_2} - \frac{1}{2\pi hLr_2^2} = 0$$

代表總熱阻到達極小值時，皮膜外半徑應為：

$$r_2 = \frac{k}{h} = \frac{0.15}{12} = 0.0125 \text{ m} = 12.5 \text{ mm}$$

所以最佳散熱的皮膜厚度為 11 mm。

3-10　熱邊界層

如何估計對流熱傳速率？

　　發生熱對流的時候，通常會有流體與固體接觸，因此在固體表面會形成流體邊界層，此現象在第三章中已經介紹過。另當流體與固體的溫度不同時，固體表面的流體還會發展出熱邊界層（thermal bounadry layer），是指垂直界面的方向上，從固體溫度 T_s 變化到流體中心溫度 T_∞ 的區域。假設邊界層的邊緣位於溫差的 99% 處，則可估計出熱邊界層的厚度 δ，但欲求出厚度 δ，需要先知道表面流速的分布。若流體屬於不可壓縮的牛頓流體，則可透過 Navier-Stokes 方程式和連續方程式求解速度與壓力的分布，再將此速度代入能量均衡方程式，以求出溫度分布，最後再推得熱邊界層厚度 δ。然而，真實的流體卻無法循此程序求得溫度分布，因為流體的物性會受到溫度影響，例如密度與黏度皆為溫度的函數，所以 Navier-Stokes 方程式中即已耦合了速度和溫度，無法提前求解，但運動方程式與能量方程式的聯立求解又太困難，所以往往無法從理論直接得到對流問題中的速度場與溫度場。

　　早期的工程師為了解決熱對流的問題，多採用因次分析的方法，將熱傳問題牽涉的無因次數列出，找尋之間的關聯性。已知在流體力學中會使用雷諾數 Re，但在熱傳問題中，還會使用到普朗特數（Prandtl number，簡稱 Pr）和紐塞爾數（Nusselt number，簡稱 Nu），兩者的定義分別為：

$$\mathrm{Pr} = \frac{c_p \mu}{k} \tag{3-33}$$

$$\mathrm{Nu} = \frac{hL}{k} \tag{3-34}$$

其中的 k、μ、c_p 分別為流體的熱傳導度、黏度和比熱，h 是熱傳係數，L 代表系統的特徵長度。Pr 是比較動量與熱量擴散的指標，一般氣體的 Pr 約在 0.5～1.0 之間，液體的 Pr 則在 2～10000 間。Nu 則代表無因次的溫度梯度，可用來代表固體表面的熱對流效果。透過無因次分析法，和實驗數據的輔助，強制對流的問題通常可以歸納成函數關係：

$$\mathrm{Nu} = f(\mathrm{Re}, \mathrm{Pr}) \tag{3-35}$$

此關係代表流體的動量傳遞效應與流體的物性可以推知熱對流的效應。

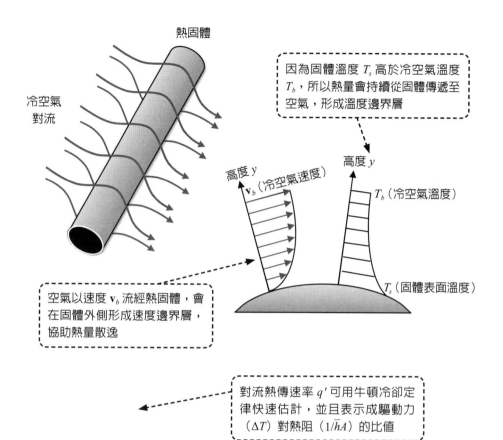

熱固體

冷空氣
對流

因為固體溫度 T_s 高於冷空氣溫度 T_b，所以熱量會持續從固體傳遞至空氣，形成溫度邊界層

高度 y

$\mathbf{v}_b$（冷空氣速度）

高度 y

T_b（冷空氣溫度）

T_s（固體表面溫度）

空氣以速度 $\mathbf{v}_b$ 流經熱固體，會在固體外側形成速度邊界層，協助熱量散逸

對流熱傳速率 q' 可用牛頓冷卻定律快速估計，並且表示成驅動力（ΔT）對熱阻（$1/\bar{h}A$）的比值

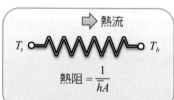

熱流

T_s T_b

熱阻 $= \dfrac{1}{hA}$

流體種類	對流熱傳係數 h（W/m²·K）
靜止空氣	10～55
流動空氣	2～25
流動水	250～17000
沸騰水	1700～28000
凝結蒸汽	5700～28000

3-11　強制對流

在管內流動的液體也會發生對流式熱傳嗎？

出現強制對流時，必須有動力機械持續提供能量給流體，例如泵可以促使液體在管線中流動，風扇則推動空氣從牆壁旁經過，前者可歸類為內流動，後者可歸類為外流動。內流動的特性是任何形狀的固體管線都會包圍出有限的空間，外流動的特點則是固體表面以外的流動空間趨近於無窮大，此差異將導致流體邊界層與熱邊界層出現不同的結果。在前一章曾提及，圓管內的液體會從入口端開始發展流體邊界層，邊界層厚度隨著進入管線的距離而增大，直至四周的邊界層在圓管的軸線相遇，終而成為完全發展流動。前一章也曾提及，若液體流經一根圓柱時，若速度足夠大，在圓柱表面的某處將會發生邊界層剝離的現象，進而導致渦流。因此，內流動和外流動的差異足以影響熱對流的效果。

在圓管內的流動，能量將被流體攜帶而輸送，故可定義流體在管截面中的平均溫度 $\bar{T}$，用以估計能量速率。經化簡後可得：

$$\bar{T} = \frac{2}{\bar{v}R^2} \int_0^R v(r)T(r)r dr \tag{3-36}$$

其中 $\bar{v}$ 是平均速度，R 是圓管的半徑。當流體進入完全發展區域後，速度不再隨位置而變，但管壁的溫度 $T_s(x)$ 可能會隨位置而增減，所以平均溫度仍會變化。當熱傳現象也達到完全發展的情形後，溫度分布曲線的形狀應不再隨 x 而變，所以具有下列關係：

$$\frac{\partial}{\partial x}\left[\frac{T_s(x) - T(r,x)}{T_s(x) - \bar{T}(x)}\right] = 0 \tag{3-37}$$

一般的操作中，有兩種條件最常被使用，第一種是管壁溫度 T_s 維持定值，例如表面出現相變化時，溫度不變，但表面的熱通量會隨 x 而變；第二種是外部具有功率固定的熱源，可提供固定的熱通量 q_s''，但管壁溫度 T_s 會隨 x 而變。

對圓管中一小段，當流體前進時，平均溫度從 $\bar{T}_{in}$ 改變成 $\bar{T}_{out}$，且質量流率固定為 $\dot{m}$，則對流的能量速率 q'_{conv} 可表示為：

$$q'_{conv} = \dot{m}c_p(\bar{T}_{out} - \bar{T}_{in}) \tag{3-38}$$

若已知這段長度為 L，管壁的溫度 T_s 為定值，則從管壁傳至流體的熱對流速率可用牛頓冷卻定律表示為：$q'_s = h(2\pi RL)(T_s - \bar{T})$。根據能量均衡關係，可知 $q'_s = q'_{conv}$，接著將得到：

$$\frac{d\bar{T}}{dx} = \frac{2\pi Rh}{\dot{m}c_p}(T_s - \bar{T}) \tag{3-39}$$

求解此微分方程式後，可得到平均溫度 $\bar{T}(x)$ 呈現指數變化：

$$\frac{T_s - \bar{T}(x)}{T_s - \bar{T}_{in}} = \exp\left(-\frac{2\pi Rh}{\dot{m}c_p}x\right) \tag{3-40}$$

管內強制對流

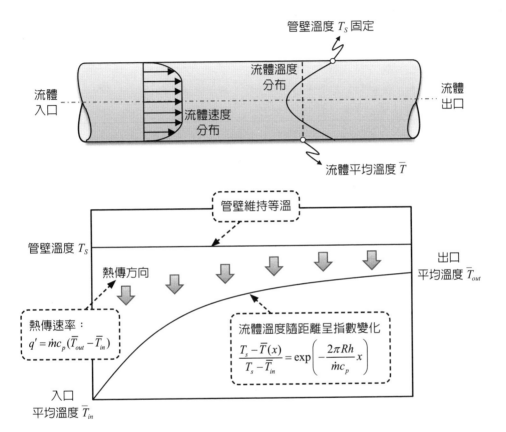

管壁溫度 T_S 固定

流體溫度
分布

流體
入口

流體
出口

流體速度
分布

流體平均溫度 $\overline{T}$

管壁維持等溫

管壁溫度 T_S

出口
平均溫度 $\overline{T}_{out}$

熱傳方向

熱傳速率：
$q' = \dot{m}c_p(\overline{T}_{out} - \overline{T}_{in})$

流體溫度隨距離呈指數變化
$$\frac{T_s - \overline{T}(x)}{T_s - \overline{T}_{in}} = \exp\left(-\frac{2\pi Rh}{\dot{m}c_p}x\right)$$

入口
平均溫度 $\overline{T}_{in}$

3-12 圓管內的熱對流

如何增強管內的對流式熱傳？

前一節提到的管內強制對流問題必須同時求解運動方程式和能量方程式，才能找出速度場與溫度場，但受限於兩個微分方程式的耦合性，採用數值方法才是比較有效的解決方案。

對於圓管內的流動，若熱邊界層已進入完全發展區域，則可採用近似法來求解微分方程式。當流速屬於層流且管壁的熱通量 q_s'' 維持定值時，可先推導出平均溫度 $\overline{T}(x)$ 與管壁溫度 $T_s(x)$ 的關係：

$$\overline{T}(x) = T_s(x) - \frac{11}{48}\left(\frac{\rho c_p \overline{v} R^2}{k}\right)\left(\frac{d\overline{T}(x)}{dx}\right) \tag{3-41}$$

根據（3-39）式：$\dfrac{d\overline{T}}{dx} = \dfrac{2\pi R h}{\dot{m} c_p}(T_s - \overline{T})$，重新整理（3-41）式之後，再選取圓管直徑 D 作為特徵長度，即可得到 Nu：

$$\mathrm{Nu} = \frac{hD}{k} = \frac{48}{11} \tag{3-42}$$

相似地，當流速屬於層流且管壁的溫度 T_s 維持定值時，也可推導出 Nu = 3.66。

然而，有一些裝置的管線不長，流體進入後無法到達完全發展狀態，此時不能使用（3-42）式，但 Sieder 和 Tate 已尋找出固定 T_s 下，同時適用入口區與完全發展區的關聯式：

$$\mathrm{Nu} = \frac{hD}{k} = 1.86\left(\mathrm{Re}\,\mathrm{Pr}\,\frac{D}{L}\right)^{\frac{1}{3}}\left(\frac{\mu_b}{\mu_w}\right)^{0.14} \tag{3-43}$$

其中的 μ_b 和 μ_w 分別是流體在中心區與管壁區的黏度。

另對於 $0.7 \leq \mathrm{Pr} \leq 160$ 的流體在 $L/D \geq 10$ 的圓管中，達到完全發展流動時，若流速夠快而使 Re > 10000，其 Nu 關聯式已由 Dittus 和 Boelter 透過實驗得到：

$$\mathrm{Nu} = \frac{hD}{k} = 0.023(\mathrm{Re})^{\frac{4}{5}}(\mathrm{Pr})^n \tag{3-44}$$

其中的 n 值，隨管壁溫度 T_s 而變，當流體被加熱時（$T_s > \overline{T}$），$n = 0.4$，當流體被冷卻時（$T_s < \overline{T}$），$n = 0.3$。

為了加強管內熱對流的效果，還可改變管壁或管中的設計，例如在管壁製作突起的縱向鰭片或肋條，或在管中安裝螺旋的扭帶與彈簧，以引導流體旋進，繼而產生二次流動（secondary flow），同時也增大固液接觸的熱傳面積，使 h 獲得提升。但需注意，上述出現的 h 皆為全管的平均值，各處的 h 不同。

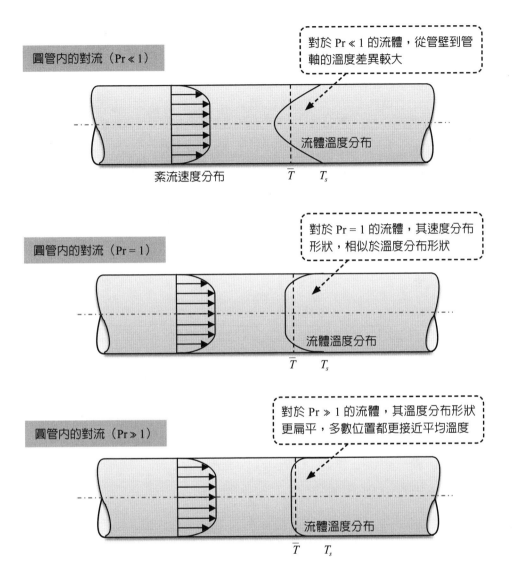

圓管內的對流（Pr ≪ 1）

對於 Pr ≪ 1 的流體，從管壁到管軸的溫度差異較大

流體溫度分布

紊流速度分布　　　$\bar{T}$　　T_s

圓管內的對流（Pr = 1）

對於 Pr = 1 的流體，其速度分布形狀，相似於溫度分布形狀

流體溫度分布

$\bar{T}$　　T_s

圓管內的對流（Pr ≫ 1）

對於 Pr ≫ 1 的流體，其溫度分布形狀更扁平，多數位置都更接近平均溫度

流體溫度分布

$\bar{T}$　　T_s

3-13 固體外的強制對流

不同形狀的固體在散熱時有何差別？

以一般的熱交換器爲例，有兩種流體可透過管壁進行熱交換，其中一種在管內流動，另一種在管外流動，所以欲了解熱交換的效果，除了探討管內流動，也必須認識管外流動。由於運動方程式和能量方程式之間互相耦合，通常難以解出，若要避免採用數值方法，藉由無因次分析和實驗操作找到經驗關聯式是一個較簡單的策略。

例如一片平板外有水或空氣經過時，不但會形成速度邊界層也會形成熱邊界層，前者透過剪應力而消耗流體的動量，後者透過固液溫差而增加或吸收流體的熱量，此效應可簡單地使用牛頓冷卻定律來描述。但需注意，沿著流體前進的方向，各處的熱傳係數 h 不同，所以必須使用平均值來估計，而且當平板的表面溫度 $T_s(x)$ 也隨位置而變化時，流體的物性需以邊界層內的平均溫度 T_f 爲基準，溫度 T_f 的定義爲：

$$T_f = \frac{1}{2}(T_s + T_\infty) \tag{3-45}$$

其中 T_∞ 代表流體中心的溫度。

假設平板與流體初步接觸的位置爲 $x = 0$，流體沿著 x 方向前進，由此可定義局部的雷諾數 Re_x 和局部的紐塞爾數 Nu_x，其特徵長度皆爲 x。對於 $\text{Pr} \geq 0.6$ 的流體，透過近似法可推得層流下的 Nu_x：

$$\text{Nu}_x = \frac{h_x x}{k} = 0.332\,\text{Re}_x^{1/2}\,\text{Pr}^{1/3} \tag{3-46}$$

其中 h_x 是局部的熱傳係數。經計算，從 $x = 0$ 至 $x = L$ 的平均熱傳係數 $h = 2h_L$，所以平均的紐塞爾數 Nu_L 將成爲：

$$\overline{\text{Nu}_L} = \frac{2h_L x}{k} = 0.664\,\text{Re}_L^{1/2}\,\text{Pr}^{1/3} \tag{3-47}$$

對於紊流狀態，也可推得類似的局部關聯式：$\text{Nu}_x = 0.296\,\text{Re}_x^{4/5}\text{Pr}^{1/3}$。從這些結果可以發現，一般描述流經固體外側的熱對流關聯式具有 $\text{Nu} = C\,\text{Re}^m\text{Pr}^{1/3}$ 的型式，其中 C 和 m 是常數，可從實驗求出。但對於圓柱形或球形固體，熱傳關聯式具有 $\text{Nu} = n + C\,\text{Re}^m\text{Pr}^{1/3}$ 的型式，等號右側的 n 值亦爲常數，是指流體靜止時，從固體表面純粹依靠傳導而輸送熱量的效應，對於圓柱體，$n = 0.3$；對於球體，$n = 2.0$。

平板外的對流熱傳

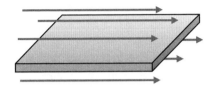

藉由經驗關聯式可算出 Nu，再從中得到熱傳係數 h，最後使用牛頓冷卻定律可算出熱傳速率

熱傳速率：$q' = hA(T_s - T_b)$

層流：$\mathrm{Nu}_x = \dfrac{h_x x}{k} = 0.332\,\mathrm{Re}_x^{1/2}\,\mathrm{Pr}^{1/3}$

紊流：$\mathrm{Nu}_x = 0.296\,\mathrm{Re}_x^{4/5}\,\mathrm{Pr}^{1/3}$

球外的對流熱傳

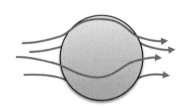

$\mathrm{Nu} = 2 + 0.6\,\mathrm{Re}^{1/2}\,\mathrm{Pr}^{1/3}$

若球外的流體維持靜止，則其 Nu = 2，可經由理論證明

圓管外的對流熱傳

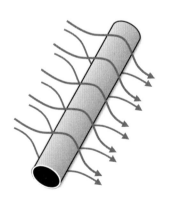

$\mathrm{Nu} = 0.3 + 0.6\,\mathrm{Re}^{4/5}\,\mathrm{Pr}^{1/3}$

非平板固體的 Nu 經驗關聯式通常具有 $\mathrm{Nu} = n + C\,\mathrm{Re}^m\mathrm{Pr}^{1/3}$ 的型式

3-14　自然對流

煮水時為何壺內的水會流動？

　　另一種不等溫的流體與固體接觸時，常發生的對流現象並非來自於機械作用，而是重力和浮力，其原因是流體的密度會隨溫度顯著地變化，而且被加熱流體原本位於下方，未被加熱的流體位於上方，加熱後形成密度梯度，使下方流體傾向上移，最終導致整體性的流動，此現象稱為自然對流。然而，自然對流形成的速度通常遠小於強制對流，所以熱傳速率也比較小，但認識此現象對於理解日常生活或環境氣候非常重要。

　　求解自然對流問題的運動方程式和能量方程式通常會遭遇困難，因為流體物性隨溫度的變化不能忽略不計，所以仍需透過無因次分析和實驗操作找到經驗關聯式，以快速預測自然對流的熱傳效應。因為流體經歷溫度變化時，會出現膨脹收縮，要額外考慮膨脹係數 β，以及固體與流體的溫差 $\Delta T = T_s - T_\infty$，因而產生新的無因次數，稱為葛拉秀夫數（Grashof number，簡稱 Gr），定義為：

$$\mathrm{Gr}_L = \frac{L^3 \rho^2 g \beta \Delta T}{\mu^2} \tag{3-48}$$

其中的 L 是固體的特徵長度。在此系統中，也可以計算 Re_L，當系統由強制對流主導時，自然對流效應可以忽略，可發現 $\mathrm{Re}_L^2 / \mathrm{Gr}_L \gg 1$，使 $\mathrm{Nu}_L = f(\mathrm{Re}_L, \mathrm{Pr})$；當系統只存在自然對流時，可發現 $\mathrm{Re}_L^2 / \mathrm{Gr}_L \to 0$；當系統存在兩種對流時，可發現 $\mathrm{Re}_L^2 / \mathrm{Gr}_L \approx 1$，使 $\mathrm{Nu}_L = f(\mathrm{Gr}_L, \mathrm{Pr})$。

　　最簡單的自然對流系統是垂直的平板，歸納前人提出的關聯式可發現，平均紐塞爾數大致具有 $\overline{\mathrm{Nu}}_L = c(\mathrm{Gr}_L \cdot \mathrm{Pr})^n$ 的型式，其中的 c 和 n 皆為常數，層流時 n 通常為 1/4，紊流時 n 通常為 1/3。另需注意，流體的性質必須以平均溫度 $T_f = (T_\infty + T_s)/2$ 為基準。但為了擴大適用範圍，也有研究者提出 $\overline{\mathrm{Nu}}_L = a + c(\mathrm{Gr}_L \mathrm{Pr})^n$ 的型式。

冷空氣在熱物體旁的自然對流

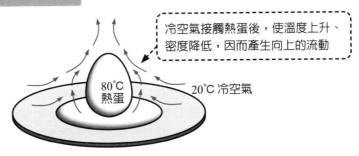

冷空氣接觸熱蛋後,使溫度上升、密度降低,因而產生向上的流動

受熱水壺內的自然對流

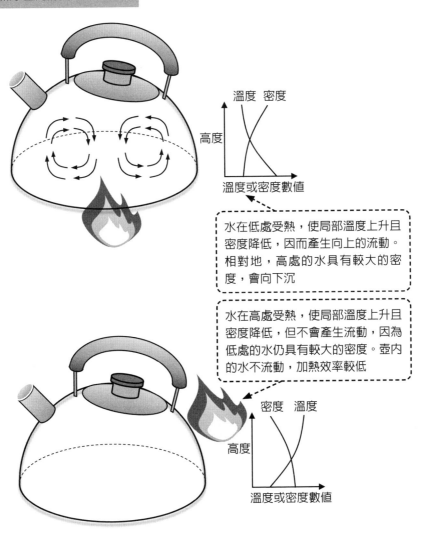

水在低處受熱,使局部溫度上升且密度降低,因而產生向上的流動。相對地,高處的水具有較大的密度,會向下沉

水在高處受熱,使局部溫度上升且密度降低,但不會產生流動,因為低處的水仍具有較大的密度。壺內的水不流動,加熱效率較低

3-15　相變化的熱傳

壺中沸騰的水會經歷哪些變化？

　　流體與固體接觸時，也可能發生相變化而導致對流，這時會有潛熱釋放或吸收。對流體而言，液體遇到熱固體，可能吸熱而在表面沸騰成蒸氣；氣體遇到冷固體，則可能放熱而在表面凝結成液滴，這時流體的溫度不會變化，但具有非常大的熱傳速率。除了潛熱 ΔH 之外，兩相之間的界面張力 σ 和兩相之間的密度差 $\Delta\rho$ 也會影響熱傳速率。再加上流體的密度 ρ、黏度 μ、熱傳導度 k、比熱 c_p，以及固體的特徵長度 L，包含熱傳係數 h 和流固溫差 ΔT 後，共計 10 個參數，經過因次分析，可發現有 5 個無因次數牽涉其中，形成下列關聯式：

$$Nu = f(K, Ja, Pr, Bo) \tag{3-49}$$

其中有三個無因次數首次出現，定義如下：

$$K = \frac{\rho\sigma L}{\mu^2} \tag{3-50}$$

$$Ja = \frac{c_p\Delta T}{\Delta H} \tag{3-51}$$

$$Bo = \frac{g\Delta\rho L^2}{\sigma} \tag{3-52}$$

　　液體發生沸騰時，液體的溫度處於沸點 T_b，但熱固體表面的溫度 T_s 更高，從 Nu 估計出的熱傳係數 h 可協助推算熱通量 q_s''：

$$q_s'' = h(T_s - T_b) \tag{3-53}$$

加熱時，氣泡會出現在熱面上，成長到夠大後將脫離熱面穿過液層而排出，但氣泡成長與脫離的機制非常複雜。目前被研究得比較清楚的現象是池沸騰（pool boiling），Nukiyama 已發現表面熱通量 q_s'' 對過量溫度（$T_s - T_b$）的曲線關係。當 $T_s - T_b < 5°C$ 時，熱通量 q_s'' 並不大，池中出現自然對流；但 $T_s - T_b > 5°C$ 後，q_s'' 呈現明顯上升，氣泡在表面成核並成長，溫差提高到 $10°C$ 以上之後，氣泡大量脫離。大約在溫差提高到 $30°C$ 時，表面熱通量 q_s'' 到達臨界狀態，因為表面幾乎被氣泡覆蓋，亦即液體被隔離，使 q_s'' 達到最大值，之後再增溫反而會降低 q_s''，因為有更厚的氣膜覆蓋住表面，導熱能力遠小於接觸液體。溫差再加大到 $120°C$ 以上，將形成膜沸騰現象。

　　飽和蒸汽與溫度較低的固體接觸，就會發生凝結。蒸氣在管路表面凝結時，液體受重力沿表面流下而形成液膜，此液膜是熱傳的主要阻力，此種方式稱為薄膜凝結（film condensation）。蒸氣在粗糙表面凝結時，首先會形成小液滴，之後液滴將凝聚長大，此種方式稱為滴狀凝結（drop condensation）。此類凝結的熱阻力較小，故 h 較大，約為薄膜凝結的 5～10 倍，一般凝結器的設計都是假設為薄膜凝結。

池沸騰

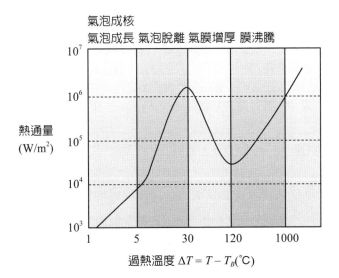

平板凝結

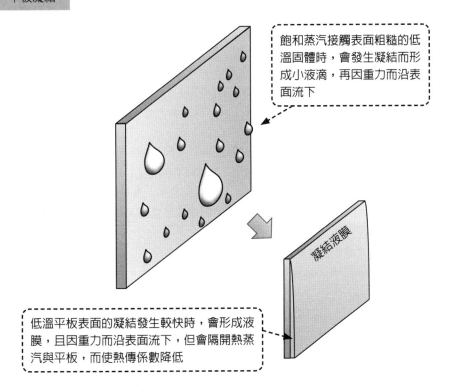

飽和蒸汽接觸表面粗糙的低溫固體時,會發生凝結而形成小液滴,再因重力而沿表面流下

低溫平板表面的凝結發生較快時,會形成液膜,且因重力而沿表面流下,但會隔開熱蒸汽與平板,而使熱傳係數降低

3-16 微觀能量均衡

如何建立微觀系統內的能量關係？

前述章節討論到熱對流現象時，理論上可從連續方程式（質量均衡）、運動方程式（動量均衡）、熱傳方程式（能量均衡）來聯立求解速度場與溫度場，再依此估計熱傳速率，但在執行此程序之前，必須先從微觀系統建立完整的能量均衡關係。考慮一個長方體的控制體積，其長寬高分別為 Δx、Δy、Δz，在此區域的能量變化速率可表示為：

$$[\text{能量累積速率}] = [\text{能量進入速率}] - [\text{能量離開速率}] + [\text{能量產生速率}]$$
(3-54)

定義此系統的單位體積總能量為 E，所以系統內的能量累積速率可表示為：$\Delta x \Delta y \Delta z \frac{\partial E}{\partial t}$。此外，能量產生速率包含系統內的生熱速率與外力作功速率，這些外力還可分成整體力與表面力，前者包括重力或電磁力等，後者則包括壓力或應力導致的作用力。整體力的功率另可表示為外力與速度的內積，所以重力功率將成為 $\rho \Delta x \Delta y \Delta z \left(\mathbf{v}_x g_x + \mathbf{v}_y g_y + \mathbf{v}_z g_z \right)$。但表面力的功率比較複雜，其型式相關於應力和速度內積後的散度，所以壓力導致的功率必須分成三方向來討論，在 x 方向上，作用面積為 $\Delta y \Delta z$，前後兩側導致的推力則為 $\Delta y \Delta z \left(p|_x - p|_{x+\Delta x} \right)$，故此推力內積速度後可得到功率：$\Delta y \Delta z \left(p\mathbf{v}_x|_x - p\mathbf{v}_x|_{x+\Delta x} \right)$。接著再類推出 y 方向與 z 方向的效應後，三者相加才能得到壓力導致的總功率。另一方面，應力屬於張量，可分為正向元素與側向元素，以剪應力 τ_{xy} 為例，是指 y 方向的動量往 x 方向傳送，且作用面積為 $\Delta y \Delta z$，所以此剪應力在前後兩側導致的功率可表示為 $\Delta y \Delta z (\tau_{xy} \mathbf{v}_y|_x - \tau_{xy} \mathbf{v}_y|_{x+\Delta x})$。因此，應力中的其他 8 個元素皆依此類推，共計 9 個分項相加後，即可得到應力導致的總功率。

（3-54）式中的能量進入與離開速率可一併計算，但必須依照出入的原因分成兩類，第一類是熱傳導現象，第二類是熱對流現象。假設熱傳導的通量為 q''，屬於向量，則通過 x 方向的熱傳導速率可表示為：$\Delta y \Delta z (q''|_x - q''|_{x+\Delta x})$，依此類推也可得到 y 方向與 z 方向的熱傳導速率後，三者相加才是總傳導速率。對於沿著 x 方向的熱對流，可視為局部能量隨 x 方向變化率，局部進出的總能量恰為 $\Delta x \Delta y \Delta z (E|_x - E|_{x+\Delta x})$，所以沿著 x 方向的能量速率將成為 $\Delta y \Delta z (\mathbf{v}_x E|_x - \mathbf{v}_x E|_{x+\Delta x})$。相同地，另外兩個方向的對流效應也要加進來，才是總對流熱傳速率。

由於系統的單位體積總能量 E 可分成內能、動能與位能，若先選取參考溫度 T_{ref}，則單位體積之內能 U 可表示為 $c_v \left(T - T_{ref} \right)$；單位體積之動能則為 $\frac{1}{2} \rho \mathbf{v}^2$。若先不考慮位能，則 $E = \rho c_v (T - T_{ref}) + \frac{1}{2} \rho \mathbf{v}^2$。

運動流體之微觀能量均衡

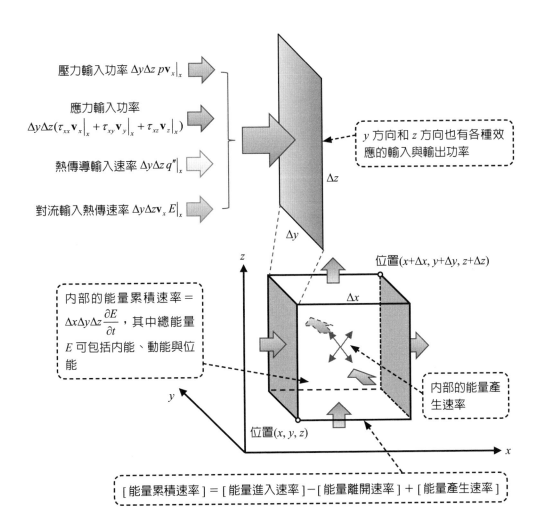

壓力輸入功率 $\Delta y \Delta z\, p \mathbf{v}_x|_x$

應力輸入功率
$\Delta y \Delta z (\tau_{xx} \mathbf{v}_x|_x + \tau_{xy} \mathbf{v}_y|_x + \tau_{xz} \mathbf{v}_z|_x)$

熱傳導輸入速率 $\Delta y \Delta z\, q''|_x$

對流輸入熱傳速率 $\Delta y \Delta z \mathbf{v}_x E|_x$

y 方向和 z 方向也有各種效應的輸入與輸出功率

Δz

Δy

z

位置$(x+\Delta x,\, y+\Delta y,\, z+\Delta z)$

Δx

內部的能量累積速率 $=$
$\Delta x \Delta y \Delta z \dfrac{\partial E}{\partial t}$，其中總能量
E 可包括內能、動能與位能

內部的能量產生速率

y

位置$(x,\, y,\, z)$

x

[能量累積速率] $=$ [能量進入速率] $-$ [能量離開速率] $+$ [能量產生速率]

3-17　能量均衡方程式

系統的溫度變化可使用方程式描述嗎？

接著將前一節得到的所有能量速率組合，並且假設控制體積極其微小，使三個邊長都趨近於 0，則能量均衡關係將轉變成下列微分方程式：

$$
\frac{\partial}{\partial t}\left(\rho U + \frac{1}{2}\rho \mathbf{v}^2\right)
$$

$$
= -\left[\frac{\partial}{\partial x}\mathbf{v}_x\left(\rho U + \frac{1}{2}\rho \mathbf{v}^2\right) + \frac{\partial}{\partial y}v_y\left(\rho U + \frac{1}{2}\rho \mathbf{v}^2\right) + \frac{\partial}{\partial z}\mathbf{v}_z\left(\rho U + \frac{1}{2}\rho \mathbf{v}^2\right)\right]
$$

$$
-\left(\frac{\partial q_x''}{\partial x} + \frac{\partial q_y''}{\partial y} + \frac{\partial q_z''}{\partial z}\right) + \rho\left(\mathbf{v}_x g_x + \mathbf{v}_y g_y + \mathbf{v}_z g_z\right) - \left[\frac{\partial}{\partial x}\left(p\mathbf{v}_x\right) + \frac{\partial}{\partial y}\left(p\mathbf{v}_y\right) + \frac{\partial}{\partial z}\left(p\mathbf{v}_z\right)\right]
$$

$$
-\left[\frac{\partial}{\partial x}\left(\tau_{xx}\mathbf{v}_x + \tau_{xy}\mathbf{v}_y + \tau_{xz}\mathbf{v}_z\right) + \frac{\partial}{\partial y}\left(\tau_{yx}\mathbf{v}_x + \tau_{yy}\mathbf{v}_y + \tau_{yz}\mathbf{v}_z\right) + \frac{\partial}{\partial z}\left(\tau_{zx}\mathbf{v}_x + \tau_{zy}\mathbf{v}_y + \tau_{zz}\mathbf{v}_z\right)\right]
$$

$$
\tag{3-55}
$$

為了簡化表達，可採用向量張量型式來描述：

$$
\frac{\partial}{\partial t}\rho\left(U + \frac{1}{2}\mathbf{v}^2\right) = -\left[\nabla \cdot \rho\mathbf{v}\left(U + \frac{1}{2}\mathbf{v}^2\right)\right] - \left(\nabla \cdot q''\right) + \rho\left(\mathbf{v} \cdot g\right) - \left[\nabla \cdot p\mathbf{v}\right] - \left[\nabla \cdot \left(\tau \cdot \mathbf{v}\right)\right]
$$

$$
\tag{3-56}
$$

至此已得到能量方程式。但再假設熱傳導現象滿足 Fourier 定律，亦即 $q'' = -k\nabla T$，並假設流體符合牛頓黏度定律，亦即應力 τ 可轉化為速度 $\mathbf{v}$ 與黏度 μ 的表示式，且內能 $U = c_v\left(T - T_{ref}\right)$，則上式可再簡化成兩種等價的微分方程式：

$$
\rho c_v \frac{DT}{Dt} = k\nabla^2 T - T\left(\frac{\partial p}{\partial T}\right)_\rho\left(\nabla \cdot \mathbf{v}\right) + \mu\Phi
$$

$$
\tag{3-57}
$$

$$
\rho c_p \frac{DT}{Dt} = k\nabla^2 T - \left(\frac{\partial \ln \rho}{\partial \ln T}\right)_p \frac{Dp}{Dt} + \mu\Phi
$$

$$
\tag{3-58}
$$

其中的 Φ 代表黏滯致熱的效應，當速度梯度很小時可忽略此項目。

上述能量方程式還可針對特定案例而化簡，例如應用於理想氣體時，因為 $p = \dfrac{\rho RT}{M}$，M 為分子量，並且忽略黏滯致熱效應，繼而得到：

$$
\rho c_v \frac{DT}{Dt} = k\nabla^2 T - p\left(\nabla \cdot \mathbf{v}\right)
$$

$$
\tag{3-59}
$$

對於定壓下的流體，其 $\dfrac{Dp}{Dt} = 0$，或不可壓縮流體，其 $\left(\dfrac{\partial \ln \rho}{\partial \ln T}\right)_p = 0$，兩種情形皆可得到：

$$\rho c_p \frac{DT}{Dt} = k\nabla^2 T \tag{3-60}$$

若系統為靜止的固體，則 $\mathbf{v} = 0$，不需使用實質微分，故可化簡為：

$$\rho c_p \frac{\partial T}{\partial t} = k\nabla^2 T \tag{3-61}$$

上述幾種簡化型的微分方程式對於計算溫度場比較有用。

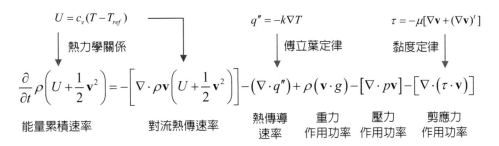

$$\rho c_v \frac{DT}{Dt} = k\nabla^2 T - T\left(\frac{\partial p}{\partial T}\right)_\rho (\nabla \cdot \mathbf{v}) + \mu\Phi$$

黏滯致熱
效應

 忽略 $\mu\Phi$

$$\rho c_v \frac{DT}{Dt} = k\nabla^2 T - T\left(\frac{\partial p}{\partial T}\right)_\rho (\nabla \cdot \mathbf{v})$$

靜止固體
$\mathbf{v} = 0$

$$\boxed{\rho c_p \frac{\partial T}{\partial t} = k\nabla^2 T}$$

定壓流體：$\left(\dfrac{\partial p}{\partial T}\right)_\rho = 0$ 或

不可壓縮流體：$\nabla \cdot \mathbf{v} = 0$

$$\boxed{\rho c_p \frac{DT}{Dt} = k\nabla^2 T}$$

 理想氣體
$p = \dfrac{\rho RT}{M}$

$$\boxed{\rho c_v \frac{DT}{Dt} = k\nabla^2 T - p(\nabla \cdot \mathbf{v})}$$

3-18　發熱固體與散熱固體

固體內部產生的熱量如何影響熱傳？

　　固體傳導熱能時，若本身會發熱，且已知單位體積的生熱速率為 $\dot{q}$，則其能量均衡方程式應成為：

$$\rho c_p \frac{\partial T}{\partial t} = k \nabla^2 T + \dot{q} \tag{3-62}$$

求解（3-62）式時，還需搭配適當的邊界條件，例如在固體表面上，溫度或熱通量為定值，而且界面上的溫度與能量通量必須連續。另對流體與固體的界面，還可假設滿足牛頓冷卻定律。

　　在前面的章節已經討論過足夠大的平板在穩定態下的熱傳導現象，可得知內部溫度呈線性分布。但當平板會發熱時，其能量方程式將成為：

$$k \frac{d^2 T}{dx^2} + \dot{q} = 0 \tag{3-63}$$

故可預測平板內的溫度將呈拋物線分布。對於足夠長的柱狀發熱固體，其能量方程式應表示為：

$$\frac{k}{r} \frac{d}{dr}\left(r \frac{dT}{dr}\right) + \dot{q} = 0 \tag{3-64}$$

已知軸心的溫度有限，所解得的溫度亦為 r 的二次函數，呈拋物線分布。

　　另有一種固體散熱的研究也可採用此概念，並假設 $\dot{q} < 0$。常見的散射設計是在器具的表面加裝散熱片，若此散熱片的總長度為 L，截面積為 A，截面的周長為 P，散熱機制主要依靠熱對流，且已知熱傳係數為 h，環境溫度為 T_∞，則其單位長度散熱量可表示為 $hP(T - T_\infty)$，對應單位體積發熱量 $\dot{q}$ 的概念，可描述成：

$$\dot{q} = -\frac{hP}{A}(T - T_\infty) \tag{3-65}$$

因此，能量方程式將成為：

$$k \frac{d^2 T}{dx^2} - \frac{hP}{A}(T - T_\infty) = 0 \tag{3-66}$$

求解後可發現溫度將呈指數函數分布。此問題需要兩個邊界條件，在散熱片與器具相接的一端（$x = 0$），通常假設溫度為定值 T_0，但在散熱片的末端（$x = L$），則有多種情形，例如假設散熱片夠長，使末端溫度等於環境溫度 T_∞，則可解得穩定態下的溫度分布為：

$$T = T_\infty + (T_0 - T_\infty)\exp\left(-\sqrt{\frac{hP}{kA}}x\right) \tag{3-67}$$

散熱速率為：

$$q' = \sqrt{hPkA}(T_0 - T_\infty) \tag{3-68}$$

發熱平板內的熱傳導（只沿著 x 方向）

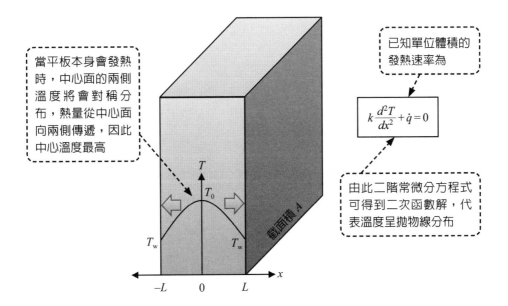

當平板本身會發熱時，中心面的兩側溫度將會對稱分布，熱量從中心面向兩側傳遞，因此中心溫度最高

已知單位體積的發熱速率為

$$k\frac{d^2T}{dx^2}+\dot{q}=0$$

由此二階常微分方程式可得到二次函數解，代表溫度呈拋物線分布

散熱平板內的熱傳導（只沿著 x 方向）

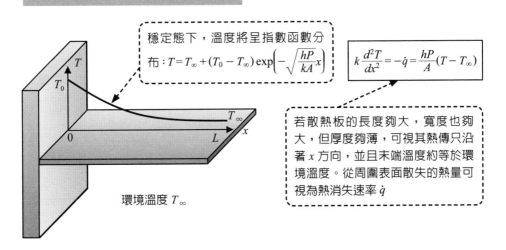

穩定態下，溫度將呈指數函數分布：$T=T_\infty+(T_0-T_\infty)\exp\left(-\sqrt{\frac{hP}{kA}}x\right)$

$$k\frac{d^2T}{dx^2}=-\dot{q}=\frac{hP}{A}(T-T_\infty)$$

若散熱板的長度夠大，寬度也夠大，但厚度夠薄，可視其熱傳只沿著 x 方向，並且末端溫度約等於環境溫度。從周圍表面散失的熱量可視為熱消失速率 $\dot{q}$

範例 1

有一個發熱的固體球，半徑爲 R，熱傳導度爲 k。已知其單位體積之發熱量 $\dot{q}$ 維持定值，球體表面溫度爲 T_R，試求穩定態時，距離球心處 $\dfrac{R}{2}$ 的溫度。

解答

由於球座標的傅立葉定律爲：$q'_r = -4\pi r^2 k \dfrac{dT}{dr}$，故其能量方程式可化簡爲：

$\dfrac{k}{r^2} \dfrac{d}{dr}\left(r^2 \dfrac{dT}{dr} \right) + \dot{q} = 0$。

求解此方程式可得到球內溫度分布：$T(r) = -\dfrac{\dot{q}}{6k} r^2 + \dfrac{c_1}{r} + c_2$，其中的 c_1 和 c_2 是待定常數。由於 $T(0)$ 爲有限值，且 $T(R) = T_R$，因此可得：$T(r) = \dfrac{\dot{q}R^2}{6k}\left[1 - \left(\dfrac{r}{R} \right)^2 \right]$。

距離球心處 $\dfrac{R}{2}$ 處，其溫度 $T(\dfrac{R}{2}) = \dfrac{\dot{q}R^2}{8k}$

範例 2

有一個 2000 W 的電熱器，內部所含電阻之熱傳導度爲 15 W/m·K，直徑爲 4 mm，長度爲 0.5 m，被用來煮水。若穩定操作時，外壁溫度爲 105℃，試求此電阻線之軸心溫度。

解答

圓柱座標的傅立葉定律爲：$q'_r = -2\pi r L k \dfrac{dT}{dr}$，故其能量方程式可化簡爲：

$\dfrac{k}{r} \dfrac{d}{dr}\left(r \dfrac{dT}{dr} \right) + \dot{q} = 0$。求解此方程式可得：$T(r) = -\dfrac{\dot{q}}{4k} r^2 + c_1 \ln r + c_2$，其中的 c_1 和 c_2 是待定常數。

已知 $T(0)$ 爲有限值，$T(R) = T_R$，因此可得：$T(r) = \dfrac{\dot{q}R^2}{4k}\left[1 - \left(\dfrac{r}{R} \right)^2 \right] + T_R$。由此可知，

軸心溫度 $T(0) = \dfrac{\dot{q}R^2}{4k} + T_R = \dfrac{P}{4\pi k L} + T_R = \dfrac{2000}{4\pi(15)(0.5)} + 105 = 126℃$。

範例 3

有一個直徑爲 4 mm 的電阻線，其熱傳導度爲 15 W/m-K，可均勻產生 50 W/cm³ 的熱量。若此電阻線的外部包覆一層 5 mm 厚的陶瓷材料，其熱傳導度爲 1.2 W/m-K，當穩定操作時，此材料之外壁溫度爲 45℃，試求電阻線之軸心溫度。

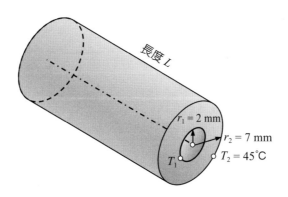

解答

承前範例，已知電阻內的溫度分布爲：$T(r) = \dfrac{\dot{q}R^2}{4k}\left[1 - \left(\dfrac{r}{R}\right)^2\right] + T_R$，$T_R = T_1$，而且生熱速率將會等於電阻線（A）傳入陶瓷材料（B）的熱傳速率，亦即：

$$q' = 2\pi k_B L \frac{T_1 - T_2}{\ln(r_2/r_1)} = -2\pi r_1 L k_A \left.\frac{dT}{dr}\right|_{r=r_1} = \pi r_1^2 L\dot{q}\text{。}$$

已知外壁溫度 $T_2 = 45℃$，因此包覆的陶瓷材料內表面之溫度爲：

$T_1 = T_2 + \dfrac{r_1^2 \dot{q}\ln(r_2/r_1)}{2k_B} = 45 + \dfrac{(0.002)^2(50\times10^6)}{2(1.2)}\ln\left(\dfrac{0.007}{0.002}\right) = 149.4℃$。由此可再算出軸心溫度：$T(0) = \dfrac{\dot{q}r_1^2}{4k_A} + T_1 = \dfrac{(50\times10^6)(0.002)^2}{4(15)} + 149.4 = 152.7℃$

3-19　非穩定態的熱傳

如何估計達到穩定態之前的熱傳速率？

若固體本身不會發熱，且能維持靜止不動，則固體內部將依靠熱傳導現象來輸送能量，此時的能量均衡方程式可簡化為：

$$\frac{\partial T}{\partial t} = \alpha \nabla^2 T \tag{3-69}$$

其中的 $\alpha = \dfrac{k}{\rho c_p}$，稱為熱擴散係數，SI 制單位為 m^2/s。（3-69）式常用來研究熱固體冷卻或冷固體從環境吸熱的動態問題。現有一片面積夠大且厚度為 $2L$ 的平板，已知其起始溫度為 T_i，環境的溫度為 T_∞，所以平板表面（$x = L$）的內側只發生熱傳導，外側則滿足牛頓冷卻定律，由於熱傳速率是連續的，故可得到邊界條件：

$$-k \frac{\partial T}{\partial x}\Big|_{x=L} = h(T_L - T_\infty) \tag{3-70}$$

其中的 T_L 為表面溫度。另因平板具有對稱性，兩側表面至中間的熱傳遞方向恰好相反，所以中間的溫度具有極大值或極小值，亦即：

$$\frac{\partial T}{\partial x}\Big|_{x=0} = 0 \tag{3-71}$$

至此，能量方程式搭配一個起始條件與兩個邊界條件，已可求解。Fourier 在他所發表的《熱分析理論》中提出了求出正確解的方法，使用到 Fourier 級數。將能量方程式無因次化，必須先定義無因次長度 $\tilde{x} = \dfrac{x}{L}$，無因次時間 $\tilde{t} = \dfrac{\alpha t}{L^2}$，以及無因次溫度 $\tilde{T} = \dfrac{T - T_\infty}{T_i - T_\infty}$，因此可得：

$$\frac{\partial \tilde{T}}{\partial \tilde{t}} = \frac{\partial^2 \tilde{T}}{\partial \tilde{x}^2} \tag{3-72}$$

起始條件成為 $\tilde{T}(\tilde{x}, 0) = 1$，邊界條件成為 $\dfrac{\partial \tilde{T}}{\partial \tilde{x}}\Big|_{\tilde{x}=0} = 0$ 和 $\dfrac{\partial \tilde{T}}{\partial \tilde{x}}\Big|_{\tilde{x}=1} = -\mathrm{Bi}\,\tilde{T}(1, \tilde{t})$，其中包含的 Bi 稱為比爾特數（Biot number），定義為 $\mathrm{Bi} = \dfrac{hL}{k}$。因此，可預期能量方程式之正確解應表示為：$\tilde{T} = f(\tilde{x}, \tilde{t}, \mathrm{Bi})$。在前面的章節曾介紹過平板的熱傳導阻力為 $\dfrac{L}{kA}$，熱對流的阻力為 $\dfrac{1}{hA}$，所以 Bi 恰為傳導阻力與對流阻力之比值。當 $\mathrm{Bi} \gg 1$ 時，傳導較困難，在平板內的溫差大，平板表面的溫度 T_L 比較接近環境的溫度 T_∞；但當 $\mathrm{Bi} \ll 1$ 時，傳導容易，在平板內的溫差非常小，近乎等溫，而平板表面的溫度 T_L 與環境溫度 T_∞ 的差距大。在 $\mathrm{Bi} \ll 1$ 的情形中，固體溫度不分位置，幾乎只隨時間而變，但因固體還有其他種類的形狀，前述的 L 必須修正為特徵長度，定義為固體體積對表面積的比值。

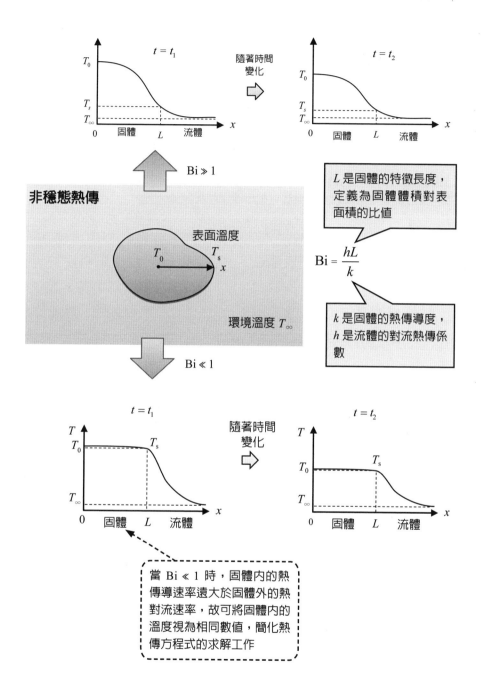

3-20　非穩態熱傳之近似分析

何種散熱物體的內部溫度可視為一致？

對於半徑為 r 的球體，體積為 $\frac{4}{3}\pi r^3$，表面積為 $4\pi r^2$，所以計算 Bi 所需的特徵長度 $L = \frac{r}{3}$。當 Bi $\ll 1$ 時，球體內的溫度幾乎只隨時間而變，故可重新列出能量均衡關係。

以散熱的球體為例，環境為某種流體，已知其溫度為 T_∞，熱傳係數為 h，而球體的密度為 ρ，比熱為 c_p，所以透過總集法可列出能量均衡關係：

$$\rho c_p (\frac{4}{3}\pi r^3) \frac{dT}{dt} = -h(4\pi r^2)(T - T_\infty) \tag{3-73}$$

由於球體的起始溫度為 T_i，從上式可解得：

$$\frac{T - T_\infty}{T_i - T_\infty} = \exp\left[-\left(\frac{3h}{\rho c_p r}\right)t\right] \tag{3-74}$$

（3-74）式可以預測球體冷卻後的溫度，並能進一步算出放熱量 Q：

$$Q = \int_0^t q' dt = \rho c_p (T_i - T_\infty)\left[1 - \exp\left(-\frac{3ht}{\rho c_p r}\right)\right] \tag{3-75}$$

另一種可以快速分析的問題發生在體積非常大的固體，此時熱傳現象幾乎只發生在固體表面的附近，故可採用近似法，將此固體想像成無窮大，成為半無限（semi-infinite）的空間。這類問題的能量方程式和之前相同，起始溫度亦為 T_i，但在 $t = 0$ 時，表面溫度突然變化成 T_s，促使熱傳發生，之後只有表面附近出現溫度變化，在固體的深處卻無，所以另有一個邊界條件為 $T(\infty, t) = T_i$。透過 Laplace 轉換或 Fourier 轉換，可以解得此案例的溫度分布：

$$\frac{T - T_s}{T_i - T_s} = \text{erf}\left(\frac{x}{2\sqrt{\alpha t}}\right) \tag{3-76}$$

其中的 erf 函數稱為高斯誤差函數，與常態分布曲線的積分相關，其定義為：

$$\text{erf}(x) = \frac{2}{\sqrt{\pi}} \int_0^x e^{-y^2} dy \tag{3-77}$$

接著還可求出表面的熱通量 q_s''：

$$q_s''(t) = \frac{k(T_s - T_i)}{\sqrt{\pi \alpha t}} \tag{3-78}$$

這類分析可以應用於地表以下的熱傳現象，因為此時可假設地球趨近於無窮大。

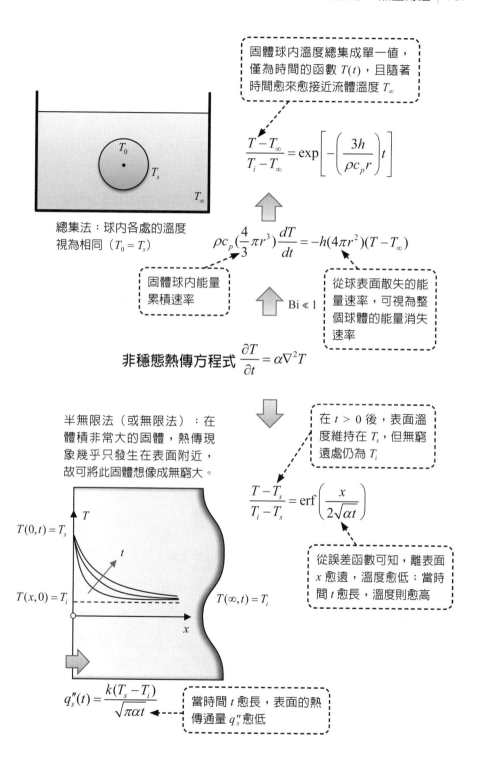

固體球內溫度總集成單一值，僅為時間的函數 $T(t)$，且隨著時間愈來愈接近流體溫度 T_∞

$$\frac{T - T_\infty}{T_i - T_\infty} = \exp\left[-\left(\frac{3h}{\rho c_p r}\right)t\right]$$

T_0
T_s
T_∞

總集法：球內各處的溫度視為相同（$T_0 = T_s$）

$$\rho c_p(\frac{4}{3}\pi r^3)\frac{dT}{dt} = -h(4\pi r^2)(T - T_\infty)$$

固體球內能量累積速率

$\text{Bi} \ll 1$

從球表面散失的能量速率，可視為整個球體的能量消失速率

非穩態熱傳方程式 $\dfrac{\partial T}{\partial t} = \alpha\nabla^2 T$

半無限法（或無限法）：在體積非常大的固體，熱傳現象幾乎只發生在表面附近，故可將此固體想像成無窮大。

在 $t > 0$ 後，表面溫度維持在 T_s，但無窮遠處仍為 T_i

$$\frac{T - T_s}{T_i - T_s} = \text{erf}\left(\frac{x}{2\sqrt{\alpha t}}\right)$$

T
$T(0,t) = T_s$
t
$T(x,0) = T_i$
$T(\infty,t) = T_i$
x

從誤差函數可知，離表面 x 愈遠，溫度愈低；當時間 t 愈長，溫度則愈高

$$q''_s(t) = \frac{k(T_s - T_i)}{\sqrt{\pi\alpha t}}$$

當時間 t 愈長，表面的熱傳通量 q''_s 愈低

範例 1

測量氣流溫度的熱電偶具有一個球體接點，此球的熱傳導度爲 20 W/m-K，比熱爲 400 J/kg-K，密度爲 8500 kg/m³。若熱電偶接點起始溫度是 25℃，被用來測量 200℃的氣流，已知對流熱傳係數是 400 W/m²·K，若欲在 5 s 內使測量溫度之誤差小於 0.5 %，則其接點半徑應爲何？

解答

已知接點起始溫度是 25℃，感測後逐漸升溫，到達誤差 0.5 % 的溫度是 199℃。假設球體內的溫度均勻，所以使用總集法可得到溫度變化：$\dfrac{T - T_\infty}{T_0 - T_\infty} = \exp\left(-\dfrac{hA}{\rho c_p V} t\right)$，亦

即 $\dfrac{199 - 200}{25 - 200} = \exp\left(-\dfrac{(400)(5)}{(8500)(400)(r/3)}\right)$，因此接點半徑：$r = 3.41 \times 10^{-4}$ m。

當 Bi < 0.1 時，球體內溫度均勻的假設才能成立，故對此半徑，可計算出 Bi：

$\text{Bi} = \dfrac{hr}{3k} = \dfrac{(400)(3.41 \times 10^{-4})}{3(20)} = 2.28 \times 10^{-3}$，代表假設成立。

範例 2

直徑 10 mm 的金屬球，從烤箱中取出的溫度爲 75℃，其熱傳導度爲 400 W/m-K，密度爲 9000 kg/m³，比熱爲 380 J/kg·K。取出後，球體放置在 1 atm、10℃、10 m/s 的空氣中冷卻。試問至少需要多少時間才能使金屬球的溫度冷卻到 35℃？

[附註] 空氣在 1 atm、10℃的密度爲 1.246 kg/m³，黏度爲 1.78×10^{-5} Pa·s，熱傳導度爲 0.0249 W/m·K，Pr = 0.713

解答

先計算 $\text{Re} = \dfrac{(1.246)(0.01)(10)}{1.78 \times 10^{-5}} = 7000$，從 3-13 節可知：

$Nu = \dfrac{hD}{k} = 2 + 0.6 \, \text{Re}^{0.5} \, \text{Pr}^{1/3} = \dfrac{h(0.01)}{0.0249} = 2 + 0.6(7000)^{0.5}(0.713)^{1/3}$，可得：

$h = 117$ W/m²·K。

由於 $\text{Bi} = \dfrac{hr}{3k} = \dfrac{(117)(0.005)}{3(400)} = 4.86 \times 10^{-4} < 0.1$，可使用總集法，因此球的溫度將隨時

間變化：$\dfrac{T - T_\infty}{T_0 - T_\infty} = \exp\left(-\dfrac{hA}{\rho c_p V} t\right)$，亦即 $\dfrac{35 - 10}{75 - 10} = \exp\left(-\dfrac{117}{(9000)(380)(0.005/3)} t\right)$，可得 t

= 46.6 s。

範例 3

一個熱電偶被用來測量氣流的溫度，熱電偶末端接點是用一個直徑 1 mm 的圓球來感測，此接點是由密度 8500 kg/m³，熱傳導度 35 W/m·K，比熱 320 J/kg·K 的材料所製。已知氣體的對流熱傳係數為 210 W/m²·K，試求多少時間內，熱電偶可以測到氣流溫度精準值之 99%。

解答

接點之特徵長度為 $L = \dfrac{V}{A_s} = \dfrac{\frac{1}{6}\pi D^3}{\pi D^2} = \dfrac{D}{6} = 1.67 \times 10^{-4}$ m，

所以 $\mathrm{Bi} = \dfrac{hL}{k} = \dfrac{(210)(1.67 \times 10^{-4})}{35} = 0.001 < 0.1$，可使用總集法。

因此溫度變化為：$\dfrac{T(t) - T_\infty}{T(0) - T_\infty} = \exp\left(-\dfrac{hA_s}{\rho c_p V} t\right) = \exp\left(-\dfrac{h}{\rho c_p L} t\right)$，

亦即 $\dfrac{T(t) - T_\infty}{T(0) - T_\infty} = 0.01 = \exp\left(-\dfrac{210}{(8500)(320)(1.67 \times 10^{-4})} t\right)$，可解得 $t = 10$ s。

3-21 熱傳現象與流體力學的耦合

流體的運動是否受到溫度變化的影響？

　　靜止固體的熱傳導問題較易分析，但流體的熱對流則同時牽涉質量、動量與能量均衡，必須聯立求解連續方程式、運動方程式與能量方程式，而且變數之間互相耦合，例如速度受到密度和黏度影響，溫度受到速度影響，而密度和黏度又受到溫度影響，通常只能採用近似法分析。

　　在自然對流中，流動來自於流體特性的變化和浮力的作用。流體接觸不同溫度的固體後，密度將產生變化，爲了簡單描述密度與溫度之間的關係，可採用 Boussinesq 近似法。首先使用泰勒展開式：

$$\rho = \rho\big|_{\bar{T}} + \frac{d\rho}{dT}\bigg|_{\bar{T}} \left(T - \bar{T}\right) + ... \tag{3-79}$$

其中的 $\bar{T}$ 是平均溫度。接著再定義體積膨脹係數 β：

$$\beta = \frac{1}{V}\left(\frac{\partial V}{\partial T}\right)_p = \frac{1}{(1/\rho)}\left(\frac{\partial (1/\rho)}{\partial T}\right)_p = -\frac{1}{\rho}\left(\frac{\partial \rho}{\partial T}\right)_p \tag{3-80}$$

已知在 $T = \bar{T}$ 時，$\rho = \bar{\rho}$ 且 $\beta = \bar{\beta}$，所以可得到 $\dfrac{d\rho}{dT}\bigg|_{\bar{T}} = -\bar{\rho}\bar{\beta}$。藉由膨脹係數，可得到

近似的線性關係：$\rho = \bar{\rho} - \bar{\rho}\bar{\beta}(T - \bar{T})$。藉此可修正運動方程式而成爲 Boussinesq 方程式：

$$\rho\frac{D\mathbf{v}}{Dt} = -\nabla \cdot \tau - \nabla p + \bar{\rho}g - \bar{\rho}\bar{\beta}(T - \bar{T}) \tag{3-81}$$

此式適用於強制對流和自然對流。強制對流主導時，密度變化項 $-\bar{\rho}\bar{\beta}(T - \bar{T})$ 可忽略，故將回復成以往的運動方程式 $\rho\dfrac{D\mathbf{v}}{Dt} = -\nabla \cdot \tau - \nabla p + \bar{\rho}g$。但自然對流主導時，

$(-\nabla p + \bar{\rho}g)$ 可忽略，得到 $\rho\dfrac{D\mathbf{v}}{Dt} = -\nabla \cdot \tau - \bar{\rho}\bar{\beta}(T - \bar{T})$。

　　考慮兩片面積夠大的直立平板之間填充了流體，右側平板放置在 $y = B$，其溫度爲 T_1，左側平板放置在 $y = -B$，其溫度爲 T_2，且已知 $T_2 > T_1$。基於對稱性的假設，介於兩平板間的流體將只具有隨著 y 方向變化的溫度分布 $T(y)$。在穩定態下，可觀察到自然對流，且流速只沿著 z 方向，但速度 $\mathbf{v}_z = \mathbf{v}_z(y)$。若在流速不快的情形下，黏滯致熱的效應可忽略，致使 $k\dfrac{d^2T}{dy^2} = 0$，從中可解出：

$$T(y) = \bar{T} - \frac{T_2 - T_1}{2}(\frac{y}{B}) \tag{3-82}$$

將此結果代入 Boussinesq 方程式，並根據平板表面無滑動（$\mathbf{v}_z = 0$）的條件，可得

到速度分布：

$$\mathbf{v}_z = \frac{\overline{\rho}g\overline{\beta}B^2}{12}(T_2 - T_1)\left[\left(\frac{y}{B}\right)^3 - \left(\frac{y}{B}\right)\right] \qquad (3\text{-}83)$$

此式說明速度將呈現三次函數的分布，而且高溫平板附近將向上流動，低溫平板附近將向下流動。

等溫系統的流體力學

動量均衡：

$$\rho\frac{D\mathbf{v}}{Dt} = -\nabla\cdot\tau - \nabla p + \rho g$$

強制對流主導時，
可忽略 $\overline{\rho}\overline{\beta}(T-\overline{T})$

$$\mathbf{v}_z = \mathbf{v}_{max}\left[1-\left(\frac{y}{B}\right)^2\right]$$

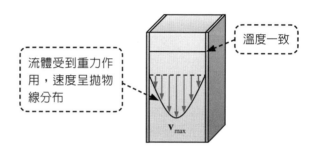

流體受到重力作用，速度呈拋物線分布

溫度一致

$\mathbf{v}_{max}$

不等溫系統的流體力學與熱量輸送耦合

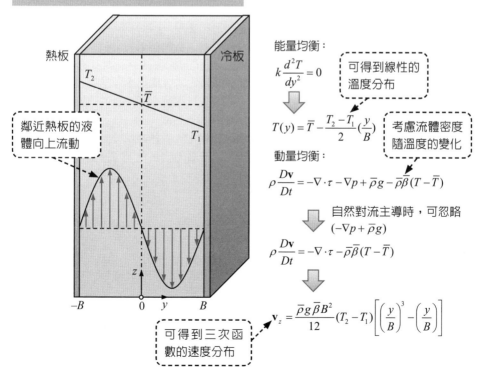

鄰近熱板的液體向上流動

熱板　　冷板

T_2　　$\overline{T}$　　T_1

$-B$　　0　　y　　B

可得到三次函數的速度分布

能量均衡：

$$k\frac{d^2T}{dy^2} = 0$$

可得到線性的溫度分布

$$T(y) = \overline{T} - \frac{T_2 - T_1}{2}(\frac{y}{B})$$

考慮流體密度隨溫度的變化

動量均衡：

$$\rho\frac{D\mathbf{v}}{Dt} = -\nabla\cdot\tau - \nabla p + \overline{\rho}g - \overline{\rho}\overline{\beta}(T-\overline{T})$$

自然對流主導時，可忽略 $(-\nabla p + \overline{\rho}g)$

$$\rho\frac{D\mathbf{v}}{Dt} = -\nabla\cdot\tau - \overline{\rho}\overline{\beta}(T-\overline{T})$$

$$\mathbf{v}_z = \frac{\overline{\rho}g\overline{\beta}B^2}{12}(T_2 - T_1)\left[\left(\frac{y}{B}\right)^3 - \left(\frac{y}{B}\right)\right]$$

3-22　熱傳裝置

哪些加熱或冷卻裝置常被用於化工程序？

在化工程序中，常會出現溫度差異的物體或裝置，因而產生熱能自高溫區傳向低溫區的程序，若能加以控制，則可達到分離純化或節約能源的目標。經過特別設計而控制熱量輸送的裝置可稱爲熱交換器（heat exchanger），常應用於蒸發、乾燥、結晶或蒸餾中，而且會依不同的操作而命名。例如在反應器中希望將反應環境加熱到特定溫度，稱爲加熱器，若期望原料在輸入反應器之前先加熱到特定溫度，則稱爲預熱器；在鍋爐中，流體可能會被加熱到超過常壓的沸點，此時可稱爲過熱器；進行蒸發程序時，主要目標是去除原料中的溶劑，因而需要加熱至沸騰，此時稱爲蒸發器（evaporator）；進行分餾程序時，分餾塔的底部會收集到冷凝液，但可再加熱成氣體而使之回流，此裝置稱爲再沸器（reboiler）。

另一方面，熱交換也可冷卻目標物，例如反應器所得產物具有較高溫度，但希望冷卻到特定溫度後再收集；又例如進行結晶時，需要藉由冷卻以析出固體，這些程序用到的降溫裝置皆稱爲冷卻器（cooler）；另在一些分離程序中，需要將流體急速冷卻至常溫以下，這類使用冷媒的裝置稱爲急冷器（chiller）；進行分餾程序時，分餾塔的頂部會收集到蒸氣，但爲了使之回流而需要冷凝，此裝置稱爲冷凝器（condenser）。

無論加熱或冷卻，進行熱交換時，必定會有兩種不同溫度的物體，若兩種物體能直接接觸，應可進行良好的熱交換，但多數案例無法採用，因而設計器壁隔開兩物，使熱能從高溫物釋放至器壁，再從器壁傳遞至低溫物。當加熱是熱交換的主要目標時，常會使用水蒸氣作爲放熱物，因爲採用燃燒或通電的成本較高，因此工廠中常會設置鍋爐以製造水蒸氣；當冷卻是熱交換的主要目標時，常會使用水作爲吸熱物，吸熱後的水還可以降溫循環使用。有一些情形也會採用空氣進行冷卻，通常高溫物會配置散熱片增加散熱面積，因爲空氣的熱傳係數不高。

總結以上熱交換程序，其中有一些不會牽涉相變化，吸熱物或放熱物僅出現溫度變化，另有一些則會發生相變化，例如放熱物冷凝或吸熱物氣化。

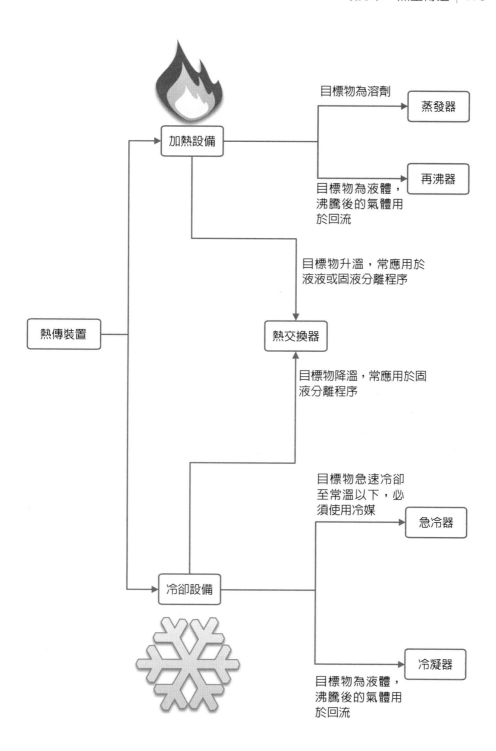

3-23 套管式熱交換器

熱交換器如何運作？

熱交換器可依結構分類，有一大類使用管線輸送流體，另一大類則使用隔板，但其原理相似，因為管壁或隔板皆扮演熱交換的媒介。管式熱交換器又可分成套管式、殼管式與鰭管式，其中以套管式的結構最簡單，殼管式與鰭管式的結構則有許多變化。

套管式熱交換器包含兩根同軸的管線，細管稱為內管，粗管稱為外管，一種流體在內管中流動，另一種則在兩管之間的環形區域流動，熱能將會穿越內管的管壁，但也可能從外管的管壁散失到環境，為了確保熱交換的效能，外管壁常會包覆隔熱材料。操作時，依流體移動方向又可分為順流式（cocurrent）與逆流式（counter current），前者是指兩流體同方向移動，後者則朝反方向移動。由理論計算可知，順流式的熱傳效能不如逆流式，但仍具有應用性，因為某些食品或醫藥類溶液對溫度較敏感，不宜置於高溫環境，因而需要採用順流式操作，但不具溫度敏感性流體可採取逆流式操作。

假設逆流式套管熱交換器已進入穩定態，且無流體發生相變化，也沒有熱能散失，則熱流體自入口至出口所釋放的總熱能，將會等於冷流體從入口到出口所吸收的總熱能，若已知冷熱流體的比熱 c_p 和質量流率 $\dot{m}$，則總放熱或總吸熱速率可表示為：

$$q' = \dot{m}_h c_{ph}(T_{h1} - T_{h2}) = \dot{m}_c c_{pc}(T_{c1} - T_{c2}) \tag{3-84}$$

其中下標 h 與 c 分別代表熱流體與冷流體，下標 1 與 2 分別代表左端與右端。但若取熱交換器中的一小段進行熱量均衡，則可得：

$$dq' = -\dot{m}_h c_{ph} dT_h = \dot{m}_c c_{pc} dT_c = U(T_h - T_c)dA \tag{3-85}$$

其中 dA 是這一小段的熱傳面積，U 是熱傳係數。整理後可得：

$$\ln\left(\frac{T_{h2} - T_{c2}}{T_{h1} - T_{c1}}\right) = -UA\left(\frac{1}{m_h c_{ph}} + \frac{1}{m_c c_{pc}}\right) \tag{3-86}$$

定義對數平均溫度差 ΔT_{lm}（logrithmic mean temperature difference，簡稱 LMTD）：

$$\Delta T_{lm} = \frac{(\Delta T_2 - \Delta T_1)}{\ln(\Delta T_2 / \Delta T_1)} \tag{3-87}$$

其中 ΔT_1 和 ΔT_2 分別是左端和右端的兩流體溫差。接著即可使用 ΔT_{lm} 計算總熱傳速率：$q' = UA\Delta T_{lm}$，此過程稱為 LMTD 法。

順流式套管熱交換器

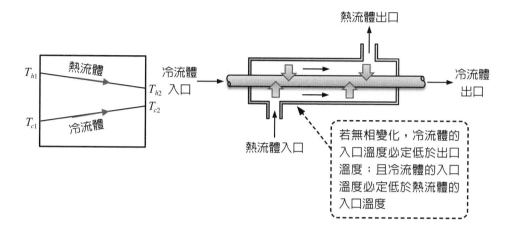

若無相變化，冷流體的
入口溫度必定低於出口
溫度；且冷流體的入口
溫度必定低於熱流體的
入口溫度

逆流式套管熱交換器

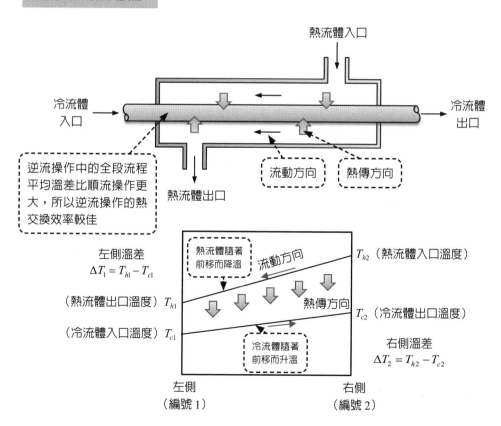

流動方向　熱傳方向

逆流操作中的全段流程
平均溫差比順流操作更
大，所以逆流操作的熱
交換效率較佳

左側溫差
$\Delta T_1 = T_{h1} - T_{c1}$

熱流體隨著
前移而降溫

流動方向

T_{h2}（熱流體入口溫度）

（熱流體出口溫度）T_{h1}

熱傳方向

T_{c2}（冷流體出口溫度）

（冷流體入口溫度）T_{c1}

冷流體隨著
前移而升溫

右側溫差
$\Delta T_2 = T_{h2} - T_{c2}$

左側
（編號 1）

右側
（編號 2）

3-24 相變化的熱交換器

熱交換器中的流體發生相變化時，是否還能傳遞熱量？

有一些套管式熱交換器的熱流體採用溫度恰為沸點 T_S 的水蒸氣，放熱後冷凝成水而離開，但溫度仍維持在 T_S。對其中一小段進行熱量均衡可得：

$$dq' = \dot{m}_c c_{pc} dT_c = U(T_S - T_c)dA \tag{3-88}$$

求解此微分方程式後，可發現冷流體之溫度呈指數變化：

$$\ln \frac{T_S - T_e}{T_S - T_i} = -\frac{UA}{\dot{m}_c c_{pc}} \tag{3-89}$$

其中的 T_i 和 T_e 分別為冷流體的入口與出口溫度。因此，整體的熱傳速率為：

$$q' = UA \frac{T_e - T_i}{\ln\left(\dfrac{T_S - T_e}{T_S - T_i}\right)} \tag{3-90}$$

或表示為 $q' = UA\Delta T_{lm}$。又因為熱流體屬於飽和蒸氣，透過相變化而釋放熱能，所以熱傳速率還可表示為 $q' = \dot{m}_h \lambda$，其中的 λ 為冷凝的潛熱。

相似地，當熱交換器中的冷流體屬於飽和液體時，將吸收熱流體的能量而發生氣化，氣化時維持定溫 T_S，故熱傳速率仍然表示為：

$$q' = UA \frac{T_e - T_i}{\ln\left(\dfrac{T_e - T_S}{T_i - T_S}\right)} \tag{3-91}$$

其中的 T_i 和 T_e 分別為熱流體的入口與出口溫度。若已知蒸發的潛熱為 λ，則熱傳速率還可表示為 $q' = \dot{m}_c \lambda$。

然而，也有一些熱交換器在操作時，除了發生相變化，也未維持定溫，因此計算熱傳速率時，不僅要考慮潛熱，也要加入顯熱。

冷凝式熱交換器

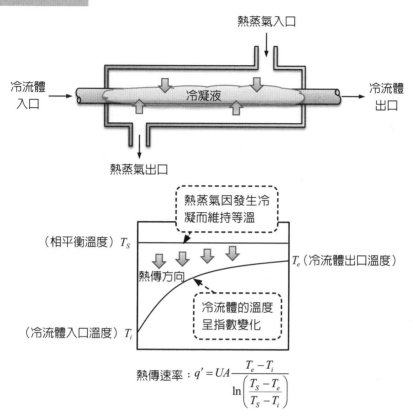

熱蒸氣入口

冷流體
入口

冷凝液

冷流體
出口

熱蒸氣出口

熱蒸氣因發生冷
凝而維持等溫

（相平衡溫度）T_S

T_e（冷流體出口溫度）

熱傳方向

冷流體的溫度
呈指數變化

（冷流體入口溫度）T_i

熱傳速率：$q' = UA \dfrac{T_e - T_i}{\ln\left(\dfrac{T_S - T_e}{T_S - T_i}\right)}$

沸騰式熱交換器

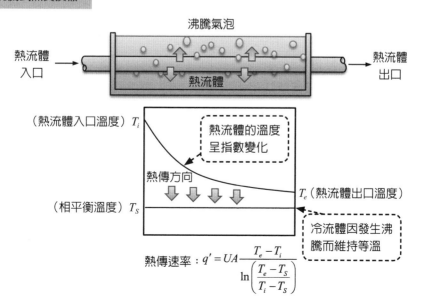

沸騰氣泡

熱流體
入口

熱流體

熱流體
出口

（熱流體入口溫度）T_i

熱流體的溫度
呈指數變化

熱傳方向

T_e（熱流體出口溫度）

（相平衡溫度）T_S

冷流體因發生沸
騰而維持等溫

熱傳速率：$q' = UA \dfrac{T_e - T_i}{\ln\left(\dfrac{T_e - T_S}{T_i - T_S}\right)}$

3-25　殼管式熱交換器

工廠中常用的熱交換器為何？

　　雖然套管式熱交換器的結構簡單，但裝置所需空間大，能提供的熱交換速率不高，因而在化工廠中更常使用殼管式熱交換器。此類熱交換器是由外殼與管束所組成，管束中包含多支平行排列的管線，管內和管外的流體不接觸，管外流體將以外殼為邊界自入口移動到出口，熱量則透過管壁傳遞，因此區分為管側流體與殼側流體。

　　殼管式熱交換器中的管側和殼側，還可依照流體流動的路程，而分為不同的殼程與管程，當管側流體通過管束一倍長度時稱為單管程，通過管束多倍長度時，稱為多管程；當殼側流體通過管束一倍長度時稱為單殼程，通過管束多倍長度時，稱為多殼程。在熱交換器內加入平行於管束的隔板（baffle）可以實現多管程與多殼程，例如可設計出 2 殼程－4 管程式熱交換器，簡稱為 2-4 熱交換器。另也可在殼側裝置垂直於管束的隔板，以加長殼側流體的路徑，使熱傳係數 U 增大。

　　對於最簡單的 1-1 殼管式熱交換器，可採用 LMTD 法計算整體的熱交換速率，但對於非 1-1 殼管式熱交換器，則必須修正 LMTD 法。定義 T_{hi} 和 T_{ho} 分別為熱流體入口和出口溫度，T_{ci} 和 T_{co} 分別為冷流體入口和出口溫度，則其對數平均溫度差 ΔT_{lm} 為：

$$\Delta T_{lm} = \frac{(T_{hi} - T_{co}) - (T_{ho} - T_{ci})}{\ln[(T_{hi} - T_{co})/(T_{ho} - T_{ci})]} \tag{3-92}$$

之後再利用已知圖表查出校正因子 F，即可算出代表殼管式熱交換器的實質平均溫度差 ΔT_m：

$$\Delta T_m = F \Delta T_{lm} \tag{3-93}$$

校正因子 F 不超過 1，所以殼管式熱交換器所需要的熱傳面積大於套管式熱交換器，但因管束結構可以節省空間，所以殼管式熱交換器的占地面積仍然較小。找出校正因子 F 之後，整體的熱傳速率可表示為：

$$q' = UA\Delta T_m \tag{3-94}$$

殼管式熱交換器

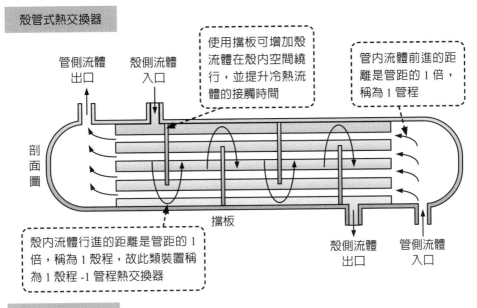

管側流體出口

殼側流體入口

使用擋板可增加殼流體在殼內空間繞行，並提升冷熱流體的接觸時間

管內流體前進的距離是管距的 1 倍，稱為 1 管程

剖面圖

擋板

殼內流體行進的距離是管距的 1 倍，稱為 1 殼程，故此類裝置稱為 1 殼程 -1 管程熱交換器

殼側流體出口

管側流體入口

熱交換速率

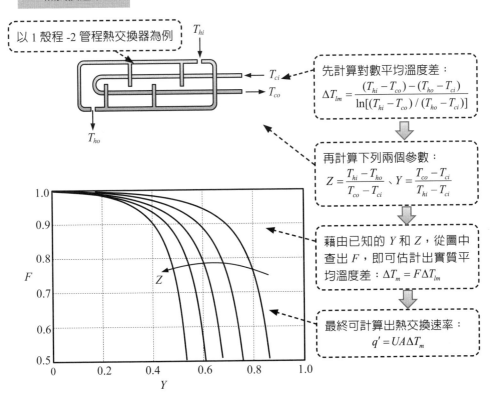

以 1 殼程 -2 管程熱交換器為例

T_{hi}

T_{ci}

T_{co}

T_{ho}

先計算對數平均溫度差：
$$\Delta T_{lm} = \frac{(T_{hi} - T_{co}) - (T_{ho} - T_{ci})}{\ln[(T_{hi} - T_{co}) / (T_{ho} - T_{ci})]}$$

再計算下列兩個參數：
$$Z = \frac{T_{hi} - T_{ho}}{T_{co} - T_{ci}} \,、\, Y = \frac{T_{co} - T_{ci}}{T_{hi} - T_{ci}}$$

藉由已知的 Y 和 Z，從圖中查出 F，即可估計出實質平均溫度差：$\Delta T_m = F \Delta T_{lm}$

最終可計算出熱交換速率：
$$q' = UA\Delta T_m$$

3-26 熱交換器效能

如何評估熱交換器的效能？

若套管式熱交換器的長度到達無限，則從熱流體釋放給冷流體的熱傳速率，可達到極大值 q'_{max}。當兩種流體的熱容量 C 不相等時，較小者將會擁有較大的出入口溫差，而且在管長無限的情形下，此溫差將達到 $T_{hi} - T_{ci}$。定義 C_{min} 為最小熱容量，當冷流體的熱容量 C_c 較小時，$C_{min} = C_c$，所以最大熱傳速率 q'_{max} 將成為：

$$q'_{max} = C_{min}(T_{hi} - T_{ci}) \tag{3-95}$$

雖然無限管長不可能實現，但可定義一般熱交換器相對理想熱交換器的效能（effectiveness）：

$$\varepsilon = \frac{q'}{q'_{max}} \tag{3-96}$$

由此式可知，實際發生的熱傳速率將成為：$q' = \varepsilon C_{min}\left(T_{hi} - T_{ci}\right)$。另已知 $q' = UA\Delta T_{lm}$，所以 $\varepsilon C_{min}\left(T_{hi} - T_{ci}\right) = UA\Delta T_{lm}$，從中可再定義傳送單元數（number of transfer units，簡稱 NTU）：

$$NTU = \frac{UA}{C_{min}} \tag{3-97}$$

因此，熱交換器的效能將取決於 NTU 和兩流體之熱容量比值 C_r，定義為 $C_r = C_{min}/C_{max}$。

對於順流式套管熱交換器，假設最小熱容量 $C_{min} = C_h$，則熱容量比值 C_r 為：

$$C_r = \frac{C_{min}}{C_{max}} = \frac{T_{co} - T_{ci}}{T_{hi} - T_{ho}} \tag{3-98}$$

另經計算後，可得其效能：

$$\varepsilon = \frac{T_{hi} - T_{ho}}{T_{hi} - T_{ci}} = \frac{UA\Delta T_{lm}}{C_{min}(T_{hi} - T_{ci})} \tag{3-99}$$

由於對數平均溫度差 $\Delta T_{lm} = \dfrac{(T_{hi} - T_{co}) - (T_{ho} - T_{ci})}{\ln[(T_{hi} - T_{co})/(T_{ho} - T_{ci})]}$，且再引入 NTU 和 C_r，可消去所有溫度項，使效能成為：

$$\varepsilon = \frac{1 - \exp(-NTU(1 + C_r))}{1 + C_r} \tag{3-100}$$

當最小熱容量 $C_{min} = C_c$ 時，效能的推導結果相同，代表同一類的熱交換器之效能取決於 NTU 和 C_r，因而簡化了熱交換器的設計工作。

另對鍋爐和冷凝器而言，因溫度不變，可視其 $C_r = 0$，使效能 $\varepsilon = 1 - e^{-NTU}$；對 n-m 殼管式熱交換而言，假設整體的 NTU 均分在 n 個殼區，必須以 NTU/n 來計算效能。

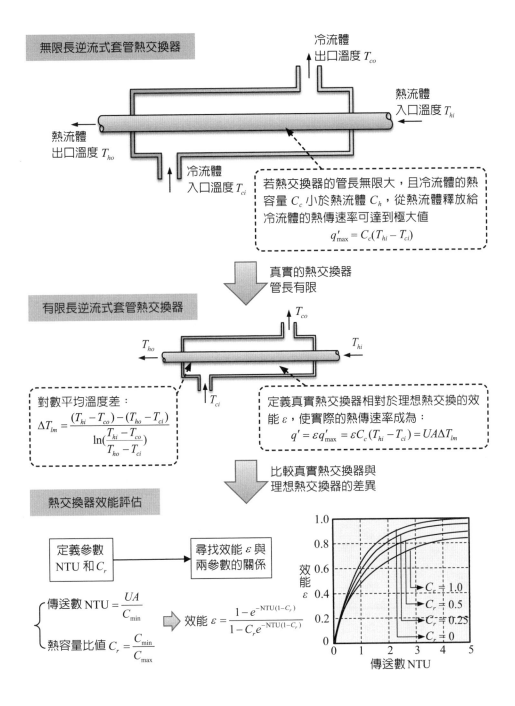

無限長逆流式套管熱交換器

冷流體
出口溫度 T_{co}

熱流體
入口溫度 T_{hi}

熱流體
出口溫度 T_{ho}

冷流體
入口溫度 T_{ci}

若熱交換器的管長無限大,且冷流體的熱容量 C_c 小於熱流體 C_h,從熱流體釋放給冷流體的熱傳速率可達到極大值
$$q'_{max} = C_c(T_{hi} - T_{ci})$$

真實的熱交換器
管長有限

有限長逆流式套管熱交換器

T_{co}

T_{ho}

T_{hi}

T_{ci}

對數平均溫度差:
$$\Delta T_{lm} = \frac{(T_{hi} - T_{co}) - (T_{ho} - T_{ci})}{\ln(\frac{T_{hi} - T_{co}}{T_{ho} - T_{ci}})}$$

定義真實熱交換器相對於理想熱交換的效能 ε,使實際的熱傳速率成為:
$$q' = \varepsilon q'_{max} = \varepsilon C_c (T_{hi} - T_{ci}) = UA\Delta T_{lm}$$

比較真實熱交換器與
理想熱交換器的差異

熱交換器效能評估

定義參數
NTU 和 C_r

尋找效能 ε 與
兩參數的關係

傳送數 NTU $= \dfrac{UA}{C_{min}}$

熱容量比值 $C_r = \dfrac{C_{min}}{C_{max}}$

效能 $\varepsilon = \dfrac{1 - e^{-NTU(1-C_r)}}{1 - C_r e^{-NTU(1-C_r)}}$

$C_r = 1.0$
$C_r = 0.5$
$C_r = 0.25$
$C_r = 0$

效能 ε

傳送數 NTU

範例 1

在一個逆流式熱交換器中，120℃熱油（入口端）被 20℃冷水（入口端）冷卻。已知水流速率爲 3.00 kg/h，油流速率爲 4.18 kg/h，熱交換器的總熱傳係數 U 爲 2.0 W/m²-K，油和水的比熱分別爲 2400 與 4180 J/kg-K，且水流的出口溫度是 40℃，試求：
(a) 熱油的出口端溫度。
(b) 此熱交換器的熱傳面積。
(c) 若此熱交換器改以順流方式操作，且熱傳面積不變，則順流操作下的總熱傳係數爲何？

解答

已知 $m_c = 3.0$ kg/h、$c_{pc} = 4180$ J/kg·K、$m_h = 4.18$ kg/h、$c_{ph} = 2400$ J/kg·K。因爲油的放熱速率等於水的吸熱速率，亦即 $m_h c_{ph}(T_{h1} - T_{h2}) = m_c c_{pc}(T_{c2} - T_{c1})$，所以：$(4.18)(2400)(120 - T_{h2}) = (3)(4180)(40 - 20)$，可得油的出口溫度 $T_{h2} = 95$ ℃。

接著可計算對數溫度平均差 $\Delta T_{lm} = \dfrac{(120 - 40) - (95 - 20)}{\ln(120 - 40) - \ln(95 - 20)} = 77.47 \text{K}$。由此可計算熱傳速率：$q' = (\dfrac{4.18}{3600})(2400)(120 - 95) = UA\Delta T_{lm} = (2)A(77.47)$，所以熱傳面積 $A = 0.45$ m²。

若此熱交換器改以順流方式，根據相同的能量均衡計算，油的出口溫度仍爲 95℃，但因流動方向改變，所以 $\Delta T_{lm} = \dfrac{(120 - 20) - (95 - 40)}{\ln(120 - 20) - \ln(95 - 40)} = 75.27 \text{K}$，不同於逆流操作。由此可計算熱傳速率：

$q' = (\dfrac{4.18}{3600})(2400)(120 - 95) = UA\Delta T_{lm} = U(0.45)(75.27)$，所以 $U = 2.06$ W/m²·K。

範例 2

在一個 1-2 殼管式熱交換器中，120℃熱油（入口端）被 20℃冷水（入口端）冷卻。已知水流速率為 3.00 kg/h，油流速率為 4.18 kg/h，熱交換器的總熱傳係數 U 為 2.0 W/m^2-K，油和水的比熱分別為 2400 與 4180 J/kg-K，且油流的出口溫度是 70℃，試問：

(a) 水流的出口端溫度為何？

(b) 此熱交換器的平均溫度差為何？

(c) 此熱交換器的熱傳面積為何？

解答

已知 m_c = 3.0 kg/h、c_{pc} = 4180 J/kg·K、m_h = 4.18 kg/h、c_{ph} = 2400 J/kg·K。因為油的放熱速率等於水的吸熱速率，亦即 $m_h c_{ph}(T_{h1} - T_{h2}) = m_c c_{pc}(T_{c2} - T_{c1})$，所以：$(4.18)(2400)(120-70) = (3)(4180)(T_{c2} - 20)$，可得水的出口溫度 T_{c2} = 60℃，以及

$$\Delta T_{lm} = \frac{(120-60)-(70-20)}{\ln(120-60)-\ln(70-20)} = 54.85 \text{ K}。$$

為求校正因子 F，必須先計算參數 $Z = \dfrac{120-70}{60-20} = 1.25$；$Y = \dfrac{60-20}{120-20} = 0.4$，因此可查圖求得 F = 0.85，代表實質平均溫度差為：$\Delta T_m = (0.85)(54.85) = 46.62$ K。由此可列出熱傳速率：

$$q' = (\frac{4.18}{3600})(2400)(120-70) = UA\Delta T_m = (2)A(46.62)，所以熱傳面積 A = 1.49 \text{ m}^2。$$

3-27 蒸發

如何提升溶液的成分濃度？

在化工程序中，熱交換器常應用於蒸發裝置中。進行蒸發時，以去除溶液中的溶劑作為目標，所用方法是加熱溶液至沸騰，產生蒸發現象，之後蒸氣會從沸騰的溶液中脫離，留下濃縮的溶液。大部分的蒸發案例是指水溶液去除水，而留下想要的產物，例如糖水或鹽水的濃縮，少部分才是想要被蒸發的水，例如從海水生產飲用水，另一種蒸發的應用，則是將溶液濃縮後，再冷卻以析出晶體。

蒸發器的操作主要依靠內部的熱交換器，因為熱交換器的管內會通入熱蒸氣，當原料溶液輸入蒸發器，並接觸到熱交換器的管壁時，即可吸收熱蒸氣釋放的能量，直至被加熱到沸騰，蒸發的溶劑會從裝置上方排出，濃縮的溶液則從下方離開。

設計蒸發器時，首先必須考慮要被去除的水量。當蒸發的水量較少時，通常採用單效蒸發器（single effect evaporator），亦即只使用單一蒸發器；但蒸發的水量很多時，排出的蒸氣擁有足夠能量，可再送至第二個蒸發器，使其熱量轉移到其他溶劑，這類設計稱為多效蒸發器（multiple effect evaporator）。除了蒸發量會影響裝置設計，蒸汽成本和設備成本的評估也是關鍵因素，因為蒸汽成本小於蒸發器的設備成本時，適合採用單效蒸發器，反之則應採用多效蒸發器，以提升蒸汽的利用率。另可使用蒸汽效益（steam economy）來評估蒸汽利用率，對於三效蒸發器，輸入 1 kg 的蒸汽，約可蒸發出 3 kg 的水，所以此系統擁有的蒸汽效益是 3 kg 水 /1 kg 蒸汽。

此外，蒸發器內也可以不含管式熱交換器，例如採用浸燃式（submerged combustion）裝置，將燃燒氣體導入溶液中，以進行熱傳；或採用夾套式（jacket）裝置，在蒸發器的器壁之外再包覆一層外殼，外殼與器壁之間通入熱溶液，使能量穿過器壁被原料吸收，此型式類似原料浸泡在另一熱液中，但蒸發器的體積太大時，此類設計的效果不彰。含有管式熱交換器的蒸發器內，可以利用泵來強制原料溶液流動，也可藉由自然對流的效應來循環溶液。

單效蒸發器

單效蒸發器的蒸汽效益為 1 kg 水 /1 kg 蒸汽,當蒸汽成本小於蒸發器的設備成本時,可以採用,反之則應採用蒸汽效益更高的多效蒸發器

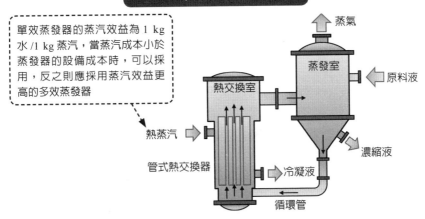

多效蒸發程序

多效程序可分為前饋式、回饋式、平行輸入式與混流式

前饋式操作

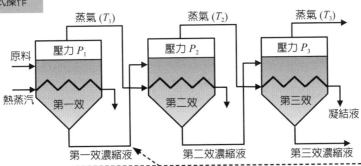

原料位於最高溫處,故不適合容易受熱分解的產品。由於溶液的沸點逐漸降低 ($T_1 > T_2 > T_3$),所以 $P_1 > P_2 > P_3$,可推動溶液向前

回饋式操作

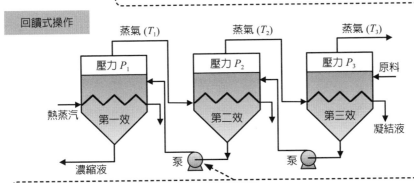

原料位於最低溫處,故可用於熱敏感性溶液,但每兩效之間需使用泵傳送,因為 $P_1 > P_2 > P_3$

3-28 蒸發器

如何設計蒸發器？

蒸發器中通常含有熱交換器，而熱傳速率的估計方法，在之前的章節皆已描述過。由於熱交換器的熱傳面積 A 和總熱傳係數 U 並非全部已知，所以設計蒸發器時，應著重於原料與產品間的質能均衡，以便尋找出合適的 A 或 U。

已知蒸發器的原料流量爲 F，其中溶質的重量百分率濃度是 x_F，且溫度是 T_F，單位質量的焓是 h_F。另假設排出的濃縮液產品流量是 L，其濃度是 x_L，溫度是 T_L，焓是 h_L。排出的蒸氣流量是 V，溫度是 T_V，焓是 H_V。熱交換器內使用飽和蒸汽，流量是 S，溫度是 T_S，焓是 H_S，放熱後成爲凝結液，所以溫度仍是 T_S，但焓成爲 h_S。在蒸發器內，溫度與壓力分別是 T_1 和 P_1，且 $T_1 = T_L = T_V$。

經由溶液和溶質的質量均衡，可發現下列關係：

$$F = L + V \tag{3-101}$$
$$Fx_F = Lx_L \tag{3-102}$$

若濃縮後的目標濃度 x_L 已被設定，則可從中計算出 L 和 V。接著再執行能量均衡，並假設蒸發器沒有其他熱量損失，使進入系統的能量將等於離開系統的能量：

$$Fh_F + SH_S = Lh_L + VH_V + Sh_S \tag{3-103}$$

上式中的各項焓皆爲狀態函數，可假設只相關於溫度和壓力，故可從熱力學數據表中查詢而得。因此能量均衡關係中僅有 S 未知，應可從（3-103）式算出。由於飽和蒸汽釋放出的潛熱爲 $\lambda = H_S - h_S$，假設全部都被原料吸收，所以熱傳速率 q' 可表示爲：

$$q' = S(H_S - h_S) = S\lambda \tag{3-104}$$

原料與飽和蒸汽之間的熱交換關係可表示爲：

$$q' = S\lambda = UA(T_S - T_1) \tag{3-105}$$

從中可計算出 UA。此外，若熱交換器的熱傳係數 U 可以推估，則能進一步算出總熱傳面積 A，其結果將相關於蒸發器的尺寸。

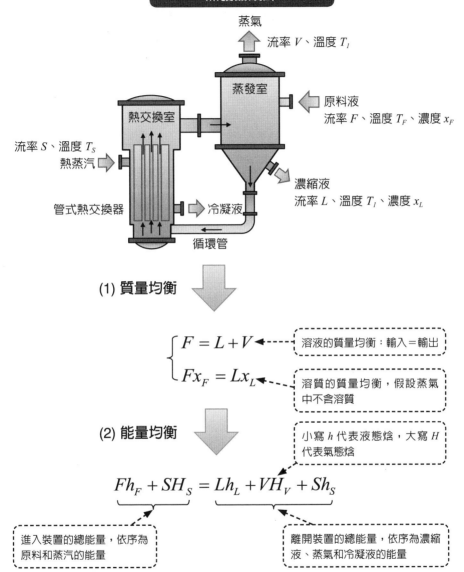

蒸發器設計

蒸氣
流率 V、溫度 T_1

蒸發室

原料液
流率 F、溫度 T_F、濃度 x_F

熱交換室

流率 S、溫度 T_S
熱蒸汽

濃縮液
流率 L、溫度 T_1、濃度 x_L

管式熱交換器

冷凝液

循環管

(1) 質量均衡

$$\begin{cases} F = L + V \\ Fx_F = Lx_L \end{cases}$$

溶液的質量均衡：輸入＝輸出

溶質的質量均衡，假設蒸氣中不含溶質

(2) 能量均衡

小寫 h 代表液態焓，大寫 H 代表氣態焓

$$Fh_F + SH_S = Lh_L + VH_V + Sh_S$$

進入裝置的總能量，依序為原料和蒸汽的能量

離開裝置的總能量，依序為濃縮液、蒸氣和冷凝液的能量

(3) 熱量傳遞

$$q' = S(H_S - h_S) = S\lambda = UA(T_S - T_1)$$

熱蒸汽的放熱速率，也是蒸氣冷凝的潛熱與流量的乘積，可用氣態焓對液態焓的差額 λ 來估計

管式熱交換器的熱傳速率，是熱傳係數 U、熱傳面積 A 與內外溫差（$T_S - T_1$）的乘積。藉此等式，可以計算出所需熱傳面積，設計蒸發器的尺寸

範例 1

311 K 的鹽水溶液，濃度為 2.0 wt%，比熱為 4.10 J/g-K，以流率 4535 kg/h 送入單效蒸發器中，最後被濃縮成 3.0 wt%。此蒸發器的熱傳面積為 69.7 m²，操作在 1 atm 下。若蒸發所用的是 383 K 的飽和蒸汽，且假設溶液沸騰的溫度與純水相同，試計算所使用蒸汽的流率與所得產品的流率，以及總熱傳係數 U。

解答

從質量守衡可知：

$F = L + V = 4535$ kg/h

$Fx_F = Lx_L \Rightarrow 4535(0.02) = L(0.03)$

故可解得濃縮液的流率 $L = 3023$ kg/h 和蒸氣流率 $V = 1512$ kg/h。

選取 1 atm 下的沸點 $T_1 = 373$ K 作為參考溫度，則濃縮液的焓 $h_L = 0$。另已知入料比熱為 4.10 J/g-K，所以原料之焓為：

$h_F = c_p(T_F - T_1) = 4.10(311 - 373) = -254.2$ kJ/kg。

且從蒸汽表可查得 373 K 下，蒸發的氣體焓 $H_V = 2257$ kJ/kg，以及熱交換所用 383 K 飽和蒸汽之潛熱 $\lambda = 2230$ kJ/kg。使能量守衡方程式成為：

$Fh_F + S\lambda = Lh_L + VH_V \Rightarrow 4535(-254.2) + S(2230) = 3023(0) + 1512(2257)$，因而得到所用蒸汽之流率 $S = 2047$ kg/h。

接著可計算熱傳速率：$q = S\lambda = UA(T_S - T_1)$，亦即：

$\left(\dfrac{2047 \text{ kg/h}}{3600 \text{ s/h}}\right)(2230 \text{ kJ/kg} \times 1000 \text{ J/kJ}) = U(69.7 \text{ m}^2)(383\text{K} - 373\text{K})$，故可得到總熱傳係數 $U = 1819$ W/m²-K。

範例 2

一個單效蒸發器被用來濃縮某種膠體溶液，目標是從 5 wt% 增加到 50 wt%。已知入料溶液之比熱爲 4.06 J/g-K，溫度爲 15.6℃。加熱時使用 101.32 kPa 的飽和蒸汽，溶液經過蒸發後，可排出 4536 kg/h的純水，蒸發器內的壓力爲 15.3 kPa，其熱傳係數 U 爲 1988 W/m²-K。若忽略溶液的沸點上升效應，試計算所消耗蒸汽之流率與蒸發器之熱傳面積。

解答

從質量守衡可知：

$$F = L + V = L + 4536$$

$$Fx_F = Lx_L \Rightarrow F(0.05) = (F - 4536)(0.5)$$

故可得到 $F = 5040$ kg/h，且 $L = 504$ kg/h。

由於蒸發器內的壓力爲 15.3 kPa，此條件下的沸點爲 $T_1 = 327.5$ K。若 $T_1 = 327.5$ K 被選爲參考溫度，則濃縮液的焓 $h_L = 0$。另已知入料比熱爲 4.06 J/g-K，所以原料之焓爲：$h_F = c_p(T_F - T_1) = 4.06(288.8 - 327.5) = -157.1$ kJ/kg。

另可從蒸汽表查得 327.5 K 下，蒸發的氣體焓 $H_V = 2372$ kJ/kg，以及熱交換所用 373 K 飽和蒸汽之潛熱 $\lambda = 2257$ kJ/kg。使能量守衡方程式成爲：

$$Fh_F + S\lambda = Lh_L + VH_V \Rightarrow 5040(-157.1) + S(2257) = 504(0) + 4536(2372)$$

故所用蒸汽之流率 $S = 5118$ kg/h。

接著可計算熱傳速率 $q' = S\lambda = UA(T_S - T_1)$，亦即：

$$\left(\frac{5118 \text{ kg/h}}{3600 \text{ s/h}}\right)(2257 \text{ kJ/kg} \times 1000 \text{ J/kJ}) = (1988 \text{ W/m}^2 \cdot \text{K})(A)(373\text{K} - 327.5\text{K})$$

可解出蒸發器之熱傳面積 $A = 35.5$ m²。

Note

第4章
質量傳送

本章將探討質量傳送的理論面與應用面，以下為各節概要：

4-1 節至 4-3 節：質傳原理與機制；

4-4 節至 4-12 節：微觀質傳理論與應用；

4-13 節至 4-18 節：界面質傳現象；

4-19 節至 4-21 節：巨觀質傳理論與應用；

4-22 節：擴散係數。

4-1 質量傳遞概論

物質如何輸送？

能量傳遞與質量傳遞的性質非常相似，以前的科學家常將兩者類比，採用相同的構想來描述。質量是物質數量的一種指標，所以質量傳遞實際上要表達物質的遷移，若觀察物質微縮到分子等級，分子的集體運動行為即代表質傳現象。然而，每一個分子都有不同的移動速度，而且分子之間又會互相影響，所以我們只能粗略地將分子的運動分成兩類，第一類是假設物質整體維持不動時，亦即質心位置不變時，內部分子相對於質心的運動；第二類則是將物質視為質量集中在質心的物體，進行整體性的運動，此時可用質心代表物體的位置。第一類運動牽涉分子之間的碰撞，因此運動路徑雜亂無章，但仍具有統計性的趨勢；第二類運動則較易觀察，可用巨觀層次的工具測量。

考慮一個容器，中央處存在一個隔板，隔板的兩側都含有氣相的 A 分子和 B 分子，但左側區域內的 A 較多，右側區域內的 B 較多。換言之，對於 A 成分，左側的濃度較高，右側的濃度較低，對於 B 則相反。現將隔板抽離，使兩側區域相連，允許兩種氣體分子在整個容器內移動。雖然 A 和 B 都有可能集體往右移，或集體往左移，但根據熱力學第二定律，最有可能發生的結果是左側的 A 傾向往右側移動，右側的 B 傾向往左側移動，兩種分子都發生從高濃度側往低濃度側之遷移，偏離此結果的機率非常低，此現象稱為擴散（diffusion）。我們可以從生活中輕易地察覺擴散現象，例如廚房的香味逐漸散布到全家。對於液態系統，也會出現擴散現象，例如滴入的紅墨汁逐漸染紅整杯水，擴散甚至對於非勻相系統也適用。

第二類的運動實際上已在前面的章節描述過，若探討的對象是流體，則此類現象即為移流（advection），一般通稱為對流。前面章節敘述的對流，是指流體攜帶的動量與能量出現遷移，但本處的對流式質傳，則是指流體分子集團的遷移，以質量作為指標，有時也以成分的莫耳數作為指標。

因此，質傳現象應為上述兩類運動的向量和。因為現象中以質量作為指標，故需執行質量均衡，以求得質量變化方程式。然而，在流體力學的章節中，已經得到了連續方程式，可用以代表系統的質量均衡，但仍與此處要探討的目標不同。因為連續方程式適用於整個流體，亦即視流體為單一成分，或不區分流體內所含成分。質傳現象所欲探討的，則是混合物中的個別成分，例如前述案例中的 A 分子具有自身的質量均衡方程式，而 B 分子亦有自身的質量均衡式。

擴散

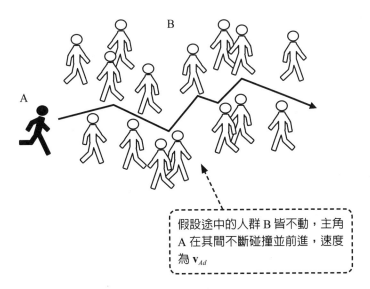

假設途中的人群 B 皆不動，主角 A 在其間不斷碰撞並前進，速度為 $\mathbf{v}_{Ad}$

擴散與移流

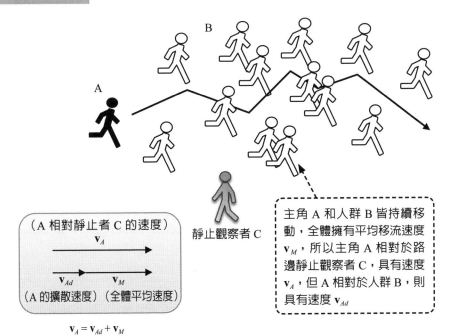

靜止觀察者 C

（A 相對靜止者 C 的速度）
$\mathbf{v}_A$

$\mathbf{v}_{Ad}$　　$\mathbf{v}_M$
（A 的擴散速度）（全體平均速度）

$$\mathbf{v}_A = \mathbf{v}_{Ad} + \mathbf{v}_M$$

主角 A 和人群 B 皆持續移動，全體擁有平均移流速度 $\mathbf{v}_M$，所以主角 A 相對於路邊靜止觀察者 C，具有速度 $\mathbf{v}_A$，但 A 相對於人群 B，則具有速度 $\mathbf{v}_{Ad}$

4-2 擴散

如何估計擴散速率？

質量傳遞主要探討混合物的輸送現象，故先以 A 和 B 組成的二成分系統為對象。為了表達 A 在系統中的含量，可以使用密度 ρ_A 或莫耳濃度 c_A 作為指標，若已知 A 成分的分子量 M_A，則 ρ_A 與 c_A 具有下列關係：

$$\rho_A = M_A c_A \tag{4-1}$$

對 B 成分亦同，其 $\rho_B = M_B c_B$。若對整體混合物，總密度和總濃度則可表示為：

$$\rho = \rho_A + \rho_B = M_A c_A + M_B c_B \tag{4-2}$$

$$c = c_A + c_B \tag{4-3}$$

除了使用總量表達，也可採用比率來說明 A 和 B 的含量，故可定義 A 成分的質量分率 w_A 與莫耳分率 x_A：

$$w_A = \frac{\rho_A}{\rho} \tag{4-4}$$

$$x_A = \frac{c_A}{c} \tag{4-5}$$

在二成分系統中，必須滿足 $w_A + w_B = 1$ 和 $x_A + x_B = 1$。另對於混合氣體系統，還可依據道爾吞分壓定律，將莫耳分率表示為：

$$x_A = \frac{p_A}{p} \tag{4-6}$$

其中 p_A 是 A 氣體的分壓，p 是總壓。

在此二成分系統中發生的擴散現象，Fick 推測擴散的速率正比於兩處的密度差，反比於兩處的距離，因而提出 Fick 擴散定律。假設上述二成分混合物位於一根封閉的細管內，只發生軸向擴散，管內單點的擴散速率可改寫為擴散通量 J_A，使 Fick 定律成為：

$$J_A = -D_{AB} \frac{d\rho_A}{dz} = -\rho D_{AB} \frac{dw_A}{dz} \tag{4-7}$$

其中 z 代表擴散的方向，D_{AB} 稱為 A 在 B 中的擴散係數（diffusivity），SI 制單位為 m^2/s。若改用濃度來表示擴散現象，擴散通量定為 J_A^*，Fick 定律則改寫為：

$$J_A^* = -D_{AB} \frac{dc_A}{dz} = -c D_{AB} \frac{dx_A}{dz} \tag{4-8}$$

由於擴散通量屬於向量，可沿著任何方向，所以在三維空間中的 Fick 定律應表示為：
$J_A = -D_{AB} \nabla \rho_A$ 或 $J_A^* = -D_{AB} \nabla c_A$。

二成分系統

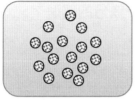

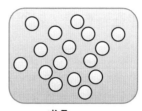

A 成分

- 分子量 M_A
- 莫耳濃度 c_A
- 重量濃度（密度）ρ_A

B 成分

- 分子量 M_B
- 莫耳濃度 c_B
- 重量濃度（密度）ρ_B

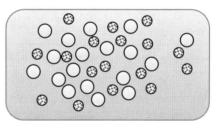

A 成分 + B 成分

- 總莫耳濃度 $c = c_A + c_B$
- 總重量濃度 $\rho = \rho_A + \rho_B = M_A c_A + M_B c_B$

- A 的莫耳分率 $x_A = \dfrac{c_A}{c}$；B 的莫耳分率 $x_B = \dfrac{c_B}{c}$

- A 的重量分率 $w_A = \dfrac{\rho_A}{\rho}$；B 的重量分率 $w_B = \dfrac{\rho_B}{\rho}$

A 在 B 中的擴散（沿著 z 方向）

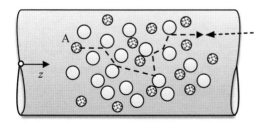

假設混合物在細管內只發生軸向擴散，故在管中單點的擴散速率可表示為質量擴散通量 $J_A = -D_{AB}\dfrac{d\rho_A}{dz}$，此即 Fick 定律。也可使用莫耳擴散通量：$J_A^* = -D_{AB}\dfrac{dc_A}{dz}$

4-3 對流

整個系統也在移動時，如何描述單一成分的輸送？

在本章第一節中，曾提及擴散現象是特定成分相對於系統質心的運動，但特定成分對於系統外的靜止觀察者，其運動不只是擴散。以管線中移動的流體為例，流動時也代表正在進行質傳，由於其質量流率可表示成密度、截面積與平均速度的乘積，故流體的質傳通量 n 可表示成密度 ρ 與平均速度 $\mathbf{v}$ 的乘積，亦即 $n = \rho\mathbf{v}$。

再考慮 A 和 B 組成的二成分系統，對於系統外的靜止觀察者，A 成分的質傳通量，應表示為 $n_A = \rho_A\mathbf{v}_A$，之中的 $\mathbf{v}_A$ 代表系統中所有 A 的平均速度。同理可得，$n_B = \rho_B\mathbf{v}_B$。而且總質傳通量 n 可表示成兩成分之和：

$$n = n_A + n_B = \rho_A\mathbf{v}_A + \rho_B\mathbf{v}_B = \rho\mathbf{v} \tag{4-9}$$

（4-9）式中的 $\mathbf{v}$ 即為系統的質心速度。因為 A 成分的擴散現象，是 A 相對於質心的運動，所以擴散通量應為：

$$J_A = \rho_A(\mathbf{v}_A - \mathbf{v}) = n_A - \rho_A\mathbf{v} \tag{4-10}$$

重新排列此式，可得到 A 成分相對靜止觀察者之質傳通量：

$$n_A = J_A + \rho_A\mathbf{v} = J_A + \frac{\rho_A}{\rho}(n_A + n_B) \tag{4-11}$$

將 Fick 定律引入，並改用質量分率 w_A 描述，則可得：

$$n_A = -\rho D_{AB}\nabla w_A + w_A(n_A + n_B) \tag{4-12}$$

對於二成分系統中的 B 成分，其擴散通量應為 $J_B = \rho_B(\mathbf{v}_B - \mathbf{v}) = n_B - \rho_B\mathbf{v}$，所以 $n_B = J_B + w_B(n_A + n_B)$。由此可發現 $J_A + J_B = 0$，又因為 $w_A + w_B = 1$，所以代入 A 和 B 的 Fick 定律後可得到：

$$D_{AB} = D_{BA} \tag{4-13}$$

因此之後在兩成分系統中，擴散係數將不附加下標，僅以 D 表示。

上述的質量基準皆可轉換成莫耳數基準，總莫耳通量改以 N 表示，平均速度以 $\mathbf{v}^*$ 表示，而且 $N = c\mathbf{v}^*$，A 和 B 的莫耳通量則分別為 $N_A = c_A\mathbf{v}_A$ 和 $N_B = c_B\mathbf{v}_B$。此外，A 和 B 的莫耳通量還可表示為：

$$N_A = -cD\nabla x_A + x_A(N_A + N_B) \tag{4-14}$$
$$N_B = -cD\nabla x_B + x_B(N_A + N_B) \tag{4-15}$$

相同地，$J_A^* + J_B^* = 0$。從（4-12）式和（4-14）式可發現，A 的通量中除去擴散項 J_A 或 J_A^* 後，所剩部分即為移流項 $\rho_A\mathbf{v}$ 或 $x_A\mathbf{v}^*$，或稱為對流項。

二成分系統中的移動速度

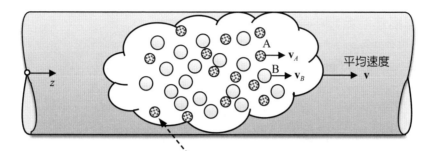

A 成分的運動可分為 A 相對於系統質心的運動和
系統整體的運動，前者為擴散效應，後者為對流
效應。B 成分亦同

二成分系統中的質傳通量

以質量為基準的**質傳通量**
$$\begin{cases} \text{A 成分}：n_A = \rho_A \mathbf{v}_A \\ \text{B 成分}：n_B = \rho_B \mathbf{v}_B \end{cases}$$
系統總通量：$n = n_A + n_B = \rho_A \mathbf{v}_A + \rho_B \mathbf{v}_B = \rho \mathbf{v}$

以質量為基準的**擴散通量**
$$\begin{cases} \text{A 成分}：J_A = \rho_A(\mathbf{v}_A - \mathbf{v}) = n_A - \rho_A \mathbf{v} \\ \text{B 成分}：J_B = \rho_B(\mathbf{v}_B - \mathbf{v}) = n_B - \rho_B \mathbf{v} \end{cases}$$

以質量為基準的**質傳通量**
$$\begin{cases} \text{A 成分}：n_A = J_A + \rho_A \mathbf{v} = J_A + w_A(n_A + n_B) \\ \text{B 成分}：n_B = J_B + \rho_B \mathbf{v} = J_B + w_B(n_A + n_B) \end{cases}$$

其中 $w_A = \dfrac{\rho_A}{\rho}$、$w_B = \dfrac{\rho_B}{\rho}$

以莫耳數為基準的**質傳通量**
$$\begin{cases} \text{A 成分}：N_A = c_A \mathbf{v}_A \\ \text{B 成分}：N_B = c_B \mathbf{v}_B \end{cases}$$
系統總通量：$N = N_A + N_B = c_A \mathbf{v}_A + c_B \mathbf{v}_B = c\mathbf{v}$

以莫耳數為基準的**擴散通量**
$$\begin{cases} \text{A 成分}：J_A^* = c_A(\mathbf{v}_A - \mathbf{v}^*) = N_A - c_A \mathbf{v}^* \\ \text{B 成分}：J_B^* = c_B(\mathbf{v}_B - \mathbf{v}^*) = N_B - c_B \mathbf{v}^* \end{cases}$$

以莫耳數為基準的**質傳通量**
$$\begin{cases} \text{A 成分}：N_A = J_A^* + c_A \mathbf{v}^* = J_A^* + x_A(N_A + N_B) \\ \text{B 成分}：N_B = J_B^* + c_B \mathbf{v}^* = J_B^* + x_B(N_A + N_B) \end{cases}$$

其中 $x_A = \dfrac{c_A}{c}$、$x_B = \dfrac{c_B}{c}$

4-4　微觀質量均衡

如何描述混合物中某成分的質量均衡？

執行質量均衡時，可以基於總量，也可以基於瞬間的速率。以後者爲例，在混合物系統中的 A 成分均衡可表示爲：

$$\begin{bmatrix} \text{A成分質量} \\ \text{累積速率} \end{bmatrix} = \begin{bmatrix} \text{A成分質量} \\ \text{進入速率} \end{bmatrix} - \begin{bmatrix} \text{A成分質量} \\ \text{離開速率} \end{bmatrix} + \begin{bmatrix} \text{化學反應} \\ \text{產生A速率} \end{bmatrix} \tag{4-16}$$

等式右側第三項表示系統中存在化學反應，且 A 爲生成物，但 A 屬於反應物時，此速率爲負値。

現考慮一個長寬高爲 Δx、Δy、Δz 的控制體積，區域內 A 成分的密度爲 ρ_A，所以 A 在區域內的質量累積速率可表示爲 $\Delta x \Delta y \Delta z \dfrac{\partial \rho_A}{\partial t}$。接著估計 A 穿越邊界進入與離開控制體積的速率，由於質傳通量 n_A 屬於向量，沿著 x 方向的分量爲 n_{Ax}，出入的面積爲 $\Delta y \Delta z$，所以沿此方向的淨質傳速率爲 $\Delta y \Delta z (n_{Ax}|_x - n_{Ax}|_{x+\Delta x})$；相似地，沿著 y 方向和 z 方向的淨質傳速率分別爲 $\Delta z \Delta x(n_{Ay}|_y - n_{Ay}|_{y+\Delta y})$ 和 $\Delta x \Delta y(n_{Az}|_z - n_{Az}|_{z+\Delta z})$。另已知單位體積生成 A 的化學反應速率爲 r_A，故在控制體積內的 A 產生速率可表示爲（$\Delta x \Delta y \Delta z$）$r_A$。

組合上述項目後，再假設控制體積無限小，則可得到以下方程式：

$$\frac{\partial \rho_A}{\partial t} = -\left(\frac{\partial n_{Ax}}{\partial x} + \frac{\partial n_{Ay}}{\partial y} + \frac{\partial n_{Az}}{\partial z} \right) + r_A \tag{4-17}$$

爲能應用在其他座標系中，質量均衡方程式可轉化成向量表示式：

$$\frac{\partial \rho_A}{\partial t} = -\nabla \cdot n_A + r_A \tag{4-18}$$

若改用莫耳數作爲基準，且單位體積生成 A 的莫耳反應速率爲 R_A，則可得到以下質量均衡方程式：

$$\frac{\partial c_A}{\partial t} = -\nabla \cdot N_A + R_A \tag{4-19}$$

根據前一節所述，A 的質傳通量 $N_A = -D\nabla c_A + c_A \mathbf{v}$，使（4-19）式再轉換爲：

$$\frac{\partial c_A}{\partial t} = \nabla \cdot (D\nabla c_A) - \nabla \cdot (c_A \mathbf{v}) + R_A \tag{4-20}$$

若 A 是反應物，進行一級反應，且速率常數爲 k，則 $R_A = -kc_A$。

微觀系統內的 A 成分質量均衡

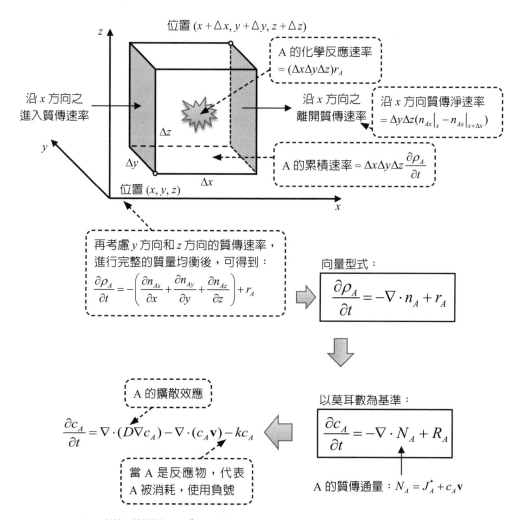

位置 $(x + \Delta x, y + \Delta y, z + \Delta z)$

A 的化學反應速率
$= (\Delta x \Delta y \Delta z) r_A$

沿 x 方向之
進入質傳速率

沿 x 方向之
離開質傳速率

沿 x 方向質傳淨速率
$= \Delta y \Delta z (n_{Ax}|_x - n_{Ax}|_{x+\Delta x})$

A 的累積速率 $= \Delta x \Delta y \Delta z \dfrac{\partial \rho_A}{\partial t}$

位置 (x, y, z)

再考慮 y 方向和 z 方向的質傳速率，
進行完整的質量均衡後，可得到：
$$\frac{\partial \rho_A}{\partial t} = -\left(\frac{\partial n_{Ax}}{\partial x} + \frac{\partial n_{Ay}}{\partial y} + \frac{\partial n_{Az}}{\partial z} \right) + r_A$$

向量型式：
$$\boxed{\frac{\partial \rho_A}{\partial t} = -\nabla \cdot n_A + r_A}$$

A 的擴散效應

$$\frac{\partial c_A}{\partial t} = \nabla \cdot (D \nabla c_A) - \nabla \cdot (c_A \mathbf{v}) - k c_A$$

當 A 是反應物，代表
A 被消耗，使用負號

以莫耳數為基準：
$$\boxed{\frac{\partial c_A}{\partial t} = -\nabla \cdot N_A + R_A}$$

A 的質傳通量：$N_A = J_A^* + c_A \mathbf{v}$

Fick 定律（擴散）：$J_A^* = -D \nabla c_A$
一級化學反應：$R_A = -k c_A$

4-5 等莫耳相對擴散系統

在密閉容器內的分子如何擴散？

最單純的質量輸送系統是一個封閉裝置中，存在兩個填充了氣體的容器，左側為純 A，右側為純 B，兩容器以細管相連，兩者不會發生化學反應。當細管上的閥被開啓後，A 會往右側移動，B 會往左側移動，在細管中組成二成分系統。由於整個封閉裝置沒有移動，所以此系統可視為沒有對流現象，平均速度 $\mathbf{v} = 0$，亦即系統內只存在擴散現象。由前面的章節已知，$J_A^* + J_B^* = 0$，代表 A 和 B 的擴散通量恰好方向相反且大小相等。已知 $R_A = 0$，A 成分的質量均衡方程式將成為：

$$\frac{\partial c_A}{\partial t} = D\nabla \cdot \nabla c_A = D\nabla^2 c_A \tag{4-21}$$

此式稱為 Fick 第二定律。在穩定態下，還可化簡為 $\nabla^2 c_A = 0$，使 A 的濃度滿足 Laplace 方程式，給予適當的邊界條件後可得到解析解。在此案例中，假設細管的為圓柱型，基於對稱性，A 的擴散不會有角度之差，且因為管壁上不允許 A 穿越，所以徑向的通量 $N_{Ar} = 0$，使擴散現象只沿著軸向發生，亦即 A 的濃度只沿著 z 方向而變，滿足 $\frac{d^2 c_A}{dz^2} = 0$，求解後可得知 c_A 呈線性分布。另從 B 成分的質量均衡方程式也可證明 c_B 亦呈線性分布，且在任意位置上 $c_A + c_B$ 為定值，此結果說明 A 往右的擴散量等於 B 往左的擴散量，所以常被稱為等莫耳相對擴散。

若欲求出明確的濃度分布，則需要邊界條件。第一種常見的邊界條件為濃度固定，或莫耳分率固定，例如在 $z = 0$ 處可表示為：

$$x_A(0, t) = x_{A0} \tag{4-22}$$

第二種則是邊界擁有固定的物質來源，例如在 $z = 0$ 處可表示為：

$$J_A^*(0, t) = J_{A0}^* = -cD\frac{\partial x_A}{\partial z}\bigg|_{z=0} \tag{4-23}$$

有些邊界則屬於不可穿透的表面，例如在 $z = 0$ 處可表示為：

$$-cD\frac{\partial x_A}{\partial z}\bigg|_{z=0} = 0 \tag{4-24}$$

有一些邊界屬於兩相之間的界面，所以界面的另一側是另一個系統，但兩系統在界面上必須滿足 A 成分的濃度連續且質傳速率連續，但為了簡化理論模型，常會假設 A 成分位於界面兩側的濃度擁有固定比值，此即用於氣液界面的亨利定律，用於氣固界面的溶解度概念，或用於液液界面的分配係數概念。

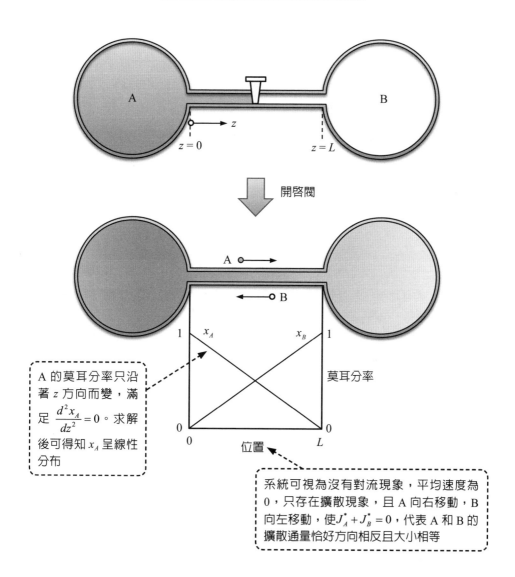

二成分系統的等莫耳相對擴散

開啟閥

A 的莫耳分率只沿著 z 方向而變,滿足 $\dfrac{d^2 x_A}{dz^2} = 0$。求解後可得知 x_A 呈線性分布

莫耳分率

位置

系統可視為沒有對流現象,平均速度為 0,只存在擴散現象,且 A 向右移動,B 向左移動,使 $J_A^* + J_B^* = 0$,代表 A 和 B 的擴散通量恰好方向相反且大小相等

4-6　不等莫耳質傳系統

同時發生擴散與對流時，如何估計質傳速率？

除了等莫耳相對擴散之外，也有一些質傳系統屬於不等莫耳傳遞。以化學工廠中常見的觸媒反應爲例，化學反應發生固體觸媒的表面上，反應物 A 從流體相的本體區（bulk）往固體相接近，此過程即爲質傳，到達表面後吸附其上，接著 A 進行反應轉化爲產物 B，所生成的 B 再脫附離開表面，往流體相的本體區移動。到達穩定態後，在固體表面附近，將同時出現 A 和 B 的質傳，而且方向相反。

假設上述的化學反應爲：A → B，而且反應速率遠快於兩成分的質傳速率，則可發現在平面式觸媒表面上，到達表面的 A 會轉化成等量的 B 而離開，亦即：

$$N_A\big|_{z=0} = -N_B\big|_{z=0} \tag{4-25}$$

其中 $z = 0$ 代表觸媒表面。由於 A 成分的質量均衡方程式爲 $\dfrac{\partial c_A}{\partial t} = -\nabla \cdot N_A + R_A$，在穩定態下，$\dfrac{\partial c_A}{\partial t} = 0$，且在流體相中無勻相化學反應發生，故 $R_A = 0$。因此可得 $\nabla \cdot N_A = 0$，亦即 N_A 爲定值，在觸媒表面的質傳通量與流體相中，各位置的通量皆相等，此結果對 B 亦同。換言之，在各位置皆可發現 $N_A = -N_B$，代表系統沒有整體的運動，只存在兩成分的擴散，所以此案例與等莫耳相對擴散完全相同。

但當化學反應爲：nA → B，且 $n \neq 1$，則到達表面的 A 不會轉化成等量的 B，兩者的通量關係是：

$$N_A\big|_{z=0} = -nN_B\big|_{z=0} \tag{4-26}$$

因爲在穩定態下，仍可得到 $\nabla \cdot N_A = 0$，亦即 N_A 爲定值。此結果對 B 亦成立，使 N_B 爲定值，因此各位置的兩成分質傳通量關係，等同於固體表面的關係，亦即 $N_A = -nN_B$。另又已知 $N_A = -cD\nabla x_A + x_A(N_A + N_B)$，使用（4-26）式替換 N_B 之後，可得到：

$$N_A = -\frac{cD}{1-(1-\dfrac{1}{n})x_A}\frac{dx_A}{dz} \tag{4-27}$$

將此式代入 $\nabla \cdot N_A = 0$ 中，再搭配適當的邊界條件，即可解出 x_A 的分布，但此例屬於不等莫耳質傳，對兩成分而言，既發生擴散現象，也發生對流現象。

另需注意，上述案例中的觸媒化學反應被歸類爲非勻相化學反應，反應位置不屬於求解區域的內部，而只發生在邊界上，所以在理論模型中只出現在邊界條件，而沒有出現在均衡方程式中，必須假設 $R_A = 0$。

二成分系統的不等莫耳質傳

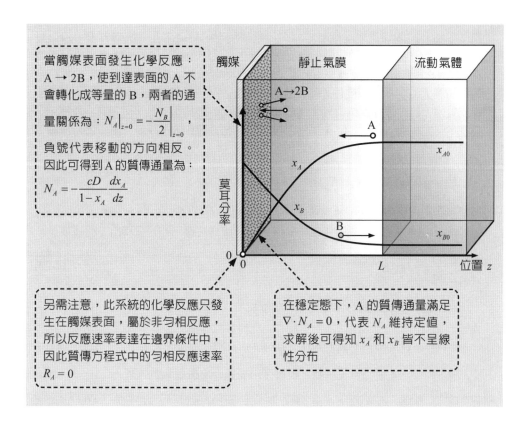

當觸媒表面發生化學反應：A → 2B，使到達表面的 A 不會轉化成等量的 B，兩者的通量關係為：$N_A|_{z=0} = -\dfrac{N_B}{2}\Big|_{z=0}$，負號代表移動的方向相反。因此可得到 A 的質傳通量為：
$$N_A = -\frac{cD}{1-x_A}\frac{dx_A}{dz}$$

另需注意，此系統的化學反應只發生在觸媒表面，屬於非勻相反應，所以反應速率表達在邊界條件中，因此質傳方程式中的勻相反應速率 $R_A = 0$

在穩定態下，A 的質傳通量滿足 $\nabla \cdot N_A = 0$，代表 N_A 維持定值，求解後可得知 x_A 和 x_B 皆不呈線性分布

4-7　伴隨化學反應的質傳系統

溶液中發生化學反應時，如何估計質傳速率？

　　前一節提及的觸媒化學反應屬於非勻相化學反應，只發生在系統邊界上，故假設 $R_A = 0$。但有一些反應屬於勻相化學反應，發生在系統內部，例如液體 B 會吸收氣體 A，A 溶解之後將會逐漸反應成 B，單位體積的反應速率為 R_A（負值）。若此系統是一個面積夠大的容器，深度為 L，且定義液面為 $z = 0$，容器底部為 $z = L$，A 會往液體深處質傳，也會逐漸反應消耗。又已知 A 在液面的補給很充足，可視其含量固定，所以在 $z = 0$ 處，$c_A = c_{A0}$，但 A 的溶解度微小，使系統內的 $x_A \ll 1$。另也已知液體 B 不會揮發，所以 $N_B = 0$，使 A 的總質傳通量成為：

$$N_A = -D\nabla c_A + x_A(N_A + N_B) \approx -D\frac{dc_A}{dz} \tag{4-28}$$

此系統具有勻相化學反應，速率為 R_A，且可假設 A 反應成 B 是基元反應（elementary reaction），速率常數為 k，所以速率 $R_A = -kc_A$，使穩定態下的質量均衡方程式成為：

$$D\frac{d^2c_A}{dz^2} - kc_A = 0 \tag{4-29}$$

此式屬於二階齊次線性微分方程式，具有解析解。假設 $m = \sqrt{\dfrac{k}{D}}$，則其通解為：

$$c_A(z) = a\exp(mz) + b\exp(-mz) = A\cosh(mz) + B\sinh(mz) \tag{4-30}$$

其中的 a、b、A、B 皆為待定常數，後續採用雙曲三角函數表示答案。

　　已知在 $z = 0$ 處，$c_A = c_{A0}$；且在 $z = L$ 處，A 無法穿透容器，故 $\left.\dfrac{dc_A}{dz}\right|_{z=L} = 0$。這兩個邊界條件可協助求出下列定解：

$$c_A(z) = c_{A0}\left[\cosh(mz) - \tanh(mL)\sinh(mz)\right] \tag{4-31}$$

此式顯示了 A 在溶液中的分布情形，在液面的濃度最高，往液體深處則逐漸降低，至容器底部時，濃度到達 $c_A(L) = \dfrac{c_{A0}}{\cosh(mL)}$，另在液面，也可求出 A 溶進 B 中的通量為 $N_A(0) = Dc_{A0}m\tanh(mL)$。

　　此案例在現實中非常罕見，因為 A 氣體溶進液體 B 中發生的反應，通常會產生第三成分 C，而 B 只扮演溶劑的角色，如此將構成三成分系統。然而，Fick 定律只適用於二成分系統，使現實案例不能使用上述模型，但當溶進 B 中的 A 很少時，所生成的 C 也很少，因而可以忽略 A 和 C 之間的交互作用，計算 A 的質傳時，近似為 A 和 B 的二成分系統，計算 C 的質傳時，近似為 C 和 B 的二成分系統，繼續合理地採用 Fick 定律。若 A 和 C 之間的作用不可忽略時，則必須使用 Stefan-Maxwell 模型，在後續章節將會介紹。

發生勻相化學反應的質傳系統

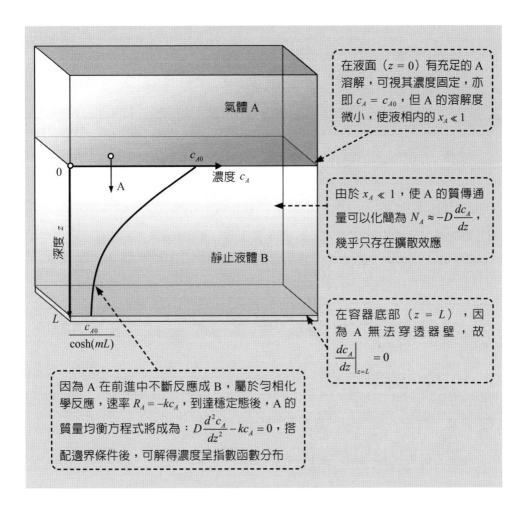

氣體 A

c_{A0}

0

A

濃度 c_A

深度 z

靜止液體 B

L

$\dfrac{c_{A0}}{\cosh(mL)}$

在液面（$z = 0$）有充足的 A 溶解，可視其濃度固定，亦即 $c_A = c_{A0}$，但 A 的溶解度微小，使液相內的 $x_A \ll 1$

由於 $x_A \ll 1$，使 A 的質傳通量可以化簡為 $N_A \approx -D\dfrac{dc_A}{dz}$，幾乎只存在擴散效應

在容器底部（$z = L$），因為 A 無法穿透器壁，故 $\left.\dfrac{dc_A}{dz}\right|_{z=L} = 0$

因為 A 在前進中不斷反應成 B，屬於勻相化學反應，速率 $R_A = -kc_A$，到達穩定態後，A 的質量均衡方程式將成為：$D\dfrac{d^2 c_A}{dz^2} - kc_A = 0$，搭配邊界條件後，可解得濃度呈指數函數分布

4-8 一成分靜止的質傳系統

若存在一種靜止不動的成分，應如何估計質傳速率？

另有一種不等莫耳質傳現象也發生在氣液或氣固界面上，但主要的效應來自液體的揮發或固體的昇華，而不是氣體的溶解。考慮一根細長的試管，底部裝有一種會揮發的液體 A，液面上方存在空氣。現將空氣視為一種理想氣體，以 B 成分代表，且假設 B 不會溶解至液體 A 中。

從前面的章節已知，在穩定態下，A 和 B 的質傳通量皆為定值，但因為 B 不會溶解至 A 中，所以在液面 $z = 0$ 處，$N_B = 0$，在其他各處亦呈現 $N_B = 0$。因此，從液面揮發出來的 A 會持續穿過不會運動的 B。由於 $N_A = -cD\nabla x_A + x_A(N_A + N_B) = -cD\nabla x_A + x_A N_A$，經整理後可得：

$$N_A = -\frac{cD}{1-x_A}\frac{dx_A}{dz} \tag{4-32}$$

另因系統內不會發生化學反應，$R_A = 0$，使 A 的質量均衡方程式成為：

$$\nabla \cdot N_A = -\frac{d}{dz}\left(\frac{cD}{1-x_A}\frac{dx_A}{dz}\right) = 0 \tag{4-33}$$

由此式可解得 $\ln(1-x_A) = Cx + D$，其中的 C 和 D 是待定常數。假設試管內的兩個邊界的 A 濃度皆已知，分別為 $z = 0$ 處，$x_A = x_{A0}$；$z = L$ 處，$x_A = x_{AL}$。故可得到濃度的分布：

$$\frac{1-x_A}{1-x_{A0}} = \left(\frac{1-x_{AL}}{1-x_{A0}}\right)^{\frac{z}{L}} \tag{4-34}$$

由（4-32）式和（4-34）式可再計算 A 的蒸發通量：

$$N_A = \frac{cD}{L}\ln\left(\frac{1-x_{AL}}{1-x_{A0}}\right) = \frac{cD}{L}\ln\left(\frac{x_{BL}}{x_{B0}}\right) \tag{4-35}$$

定義 B 成分的對數平均濃度差 $x_{BM} = \dfrac{x_{BL} - x_{B0}}{\ln x_{BL} - \ln x_{B0}}$，則可將 N_A 轉換成：

$$N_A = \frac{cD}{x_{BM}}\left(\frac{x_{BL} - x_{B0}}{L}\right) = \frac{cD}{x_{BM}}\left(\frac{x_{A0} - x_{AL}}{L}\right) \tag{4-36}$$

此結果與等莫耳相對擴散相比，可發現不等莫耳質傳現象中只多出修正項 x_{BM}，其餘皆相同。氣固界面的揮發現象常發生於球形固體，例如揮發中的萘丸，假設空氣不會溶入萘丸，萘揮發後會穿過不會動的空氣，也可使用上述模型。

一成分靜止不動的質傳系統

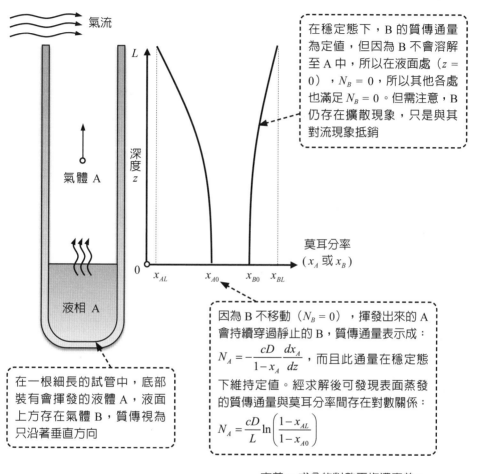

氣流

L

深度 z

氣體 A

液相 A

莫耳分率 (x_A 或 x_B)

0 x_{AL} x_{A0} x_{B0} x_{BL}

在穩定態下，B 的質傳通量為定值，但因為 B 不會溶解至 A 中，所以在液面處（$z = 0$），$N_B = 0$，所以其他各處也滿足 $N_B = 0$。但需注意，B 仍存在擴散現象，只是與其對流現象抵銷

在一根細長的試管中，底部裝有會揮發的液體 A，液面上方存在氣體 B，質傳視為只沿著垂直方向

因為 B 不移動（$N_B = 0$），揮發出來的 A 會持續穿過靜止的 B，質傳通量表示成：$N_A = -\dfrac{cD}{1-x_A}\dfrac{dx_A}{dz}$，而且此通量在穩定態下維持定值。經求解後可發現表面蒸發的質傳通量與莫耳分率間存在對數關係：

$$N_A = \frac{cD}{L}\ln\left(\frac{1-x_{AL}}{1-x_{A0}}\right)$$

計算熱交換器時，也曾使用對數平均差 ΔT_{lm}

定義 B 成分的對數平均濃度差：

$$x_{BM} = \frac{x_{BL} - x_{B0}}{\ln x_{BL} - \ln x_{B0}}$$

A 的質傳通量可表示成類似 Fick 定律的型式：

$$N_A = \frac{cD}{x_{BM}}\left(\frac{x_{BL} - x_{B0}}{L}\right)$$

或 $\boxed{N_A = \dfrac{cD}{x_{BM}}\left(\dfrac{x_{A0} - x_{AL}}{L}\right)}$

在 1 atm，298 K 下，一根 0.02 m 長的管子內含 CH_4 與 He，已知管子一端的 CH_4 分壓爲 60.79 kPa，另一端的 CH_4 分壓爲 20.26 kPa，CH_4 在 He 中的擴散係數是 0.675×10^{-4} m^2/s。若整根管子的總壓固定，試計算穩定態下 CH_4 的質傳通量。

解答

此例屬於等莫耳相對擴散，無對流效應，故可使用 Fick 定律計算質傳通量：

$$J_{Az}^* = \frac{D(p_{A1} - p_{A2})}{RT(z_2 - z_1)} = \frac{(0.675 \times 10^{-4})(60.79 - 20.26) \times 10^3}{(8.31)(298)(0.02)} = 0.0552 \text{ mol/m}^2\text{-s}$$

範例 2

一個萘丸的半徑是 10 mm，被放置在 1 atm、52℃下，而萘在此溫度下的蒸氣壓是 1.0 mmHg，擴散係數爲 7×10^{-6} m^2/s。試計算萘丸表面的蒸發速率。

解答

定空氣爲 B 成分，萘丸爲 A 成分，並假設空氣不會進入萘丸，故在穩定態下，$N_B = 0$。另定義球體表面爲位置 1，故其蒸氣之莫耳分率 $x_{A1} = \frac{1}{760} = 1.32 \times 10^{-3}$；再定無窮遠處爲位置 2，並假設蒸氣無法到達該處，使 $x_{A2} = 0$。

接著可計算出 B 成分莫耳分率之對數平均差：

$$x_{BM} = \frac{(1 - x_{A1}) - (1 - x_{A2})}{\ln\left(\frac{1 - x_{A1}}{1 - x_{A2}}\right)} = 0.9993$$

以用於推算 A 成分的莫耳通量。已知穩定態下 N_A 爲定值，且

$$N_A = -\frac{PD_{AB}}{RT(1 - x_A)}\frac{dx_A}{dr}$$

求解上式之後，可得到 x_A 的分布，再利用 $r_2 \to \infty$，即可化簡出萘丸表面的蒸發速率：

$$N_{A1} = \frac{4\pi r_1 D P(x_{A1} - x_{A2})}{RT x_{BM}}$$

$$= \frac{(4\pi)(0.01)(7 \times 10^{-6})(1.013 \times 10^5)(1.32 \times 10^{-3} - 0)}{(8.31)(325)(0.9993)}$$

$$= 4.35 \times 10^{-8} \text{ mol/s}$$

範例 3

在 283 K 下，HCl（A）擴散穿越 2.0 mm 厚的水膜（B），擴散係數為 2.5×10^{-9} m^2/s。在水膜的其中一個表面之 HCl 濃度為 12.0 wt%，密度為 1061 kg/m^3；水膜的另一表面則與有機溶劑接觸，但水不溶於此溶劑，此處之 HCl 濃度為 6.0 wt%，密度為 1030 kg/m^3。試計算達到穩定態後的 HCl 的質傳通量。

解答

從重量百分率濃度可換算出水膜兩側的莫耳分率：

$$x_{A1} = \frac{12/36.5}{12/36.5 + 88/18} = 0.063 \; ; \; x_{A2} = \frac{6/36.5}{6/36.5 + 94/18} = 0.0305$$

且可估計兩側的平均分子量：

$$M_1 = \frac{100}{12/36.5 + 88/18} = 19.166 \, kg/kmol \; ; \; M_2 = \frac{100}{6/36.5 + 94/18} = 18.565 \, kg/kmol$$

藉由平均分子量，可再計算整個系統的平均濃度：

$$c_{av} = \frac{1}{2}(\frac{\rho_1}{M_1} + \frac{\rho_2}{M_2}) = \frac{1}{2}(\frac{1061}{19.166} + \frac{1030}{18.565}) = 55.42 \, kmol/m^3$$

若此系統發生等莫耳擴散現象，則 A 成分的質傳通量 N_A 為：

$$N_A = \frac{Dc_{av}(x_{A1} - x_{A2})}{(z_2 - z_1)} = \frac{(2.5 \times 10^{-9})(55.42)(0.063 - 0.0305)}{(0.002)} = 2.25 \times 10^{-6} \, kmol/m^2 \cdot s$$

但因為水（B）不溶於有機溶劑，B 成分應該靜止不動，僅 A 成分穿越 B。故須藉由 B 成分的對數平均濃度差 x_{BM}，才能較精確地計算出 A 成分的質傳通量 N_A：

$$x_{BM} = \frac{(1 - x_{A1}) - (1 - x_{A2})}{\ln(1 - x_{A1}) - \ln(1 - x_{A2})} = \frac{(1 - 0.063) - (1 - 0.0305)}{\ln(1 - 0.063) - \ln(1 - 0.0305)} = 0.9532$$

$$N_A = \frac{Dc_{av}(x_{A1} - x_{A2})}{x_{BM}(z_2 - z_1)} = \frac{(2.5 \times 10^{-9})(55.42)(0.063 - 0.0305)}{(0.9532)(0.002)} = 2.36 \times 10^{-6} \, kmol/m^2 \cdot s$$

範例 4

358 K 的氫氣（H_2）被儲存在一個外徑為 4.8 m 的鎳製球形容器內，此容器的器壁厚度為 6 cm。已知 H_2 在容器內壁的濃度為 0.087 kmol/m³，在容器外壁的濃度則可忽略，且 H_2 在鎳中的擴散係數為 1.2×10^{-12} m²/s，試求 H_2 從容器逸出的質傳速率。

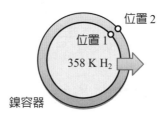

位置 2
位置 1
358 K H_2
鎳容器

解答

定義容器內壁為位置 1，外壁的表面為位置 2，且定 H_2 為 A 成分，Ni 為 B 成分，A 在兩位置的濃度分別為 c_{A1} = 0.087 kmol/m³、c_{A2} = 0。接著可使用 Fick 定律，近似計算 A 成分的質傳速率：

$$N_A = 4\pi D \frac{c_{A1} - c_{A2}}{\dfrac{1}{r_1} - \dfrac{1}{r_2}} = 4\pi(1.2 \times 10^{-12}) \frac{0.087 - 0}{(\dfrac{1}{2.34} - \dfrac{1}{2.4})} = 1.23 \times 10^{-10} \text{ kmol/s}$$

Note

4-9 多成分系統

超過兩成分時，還可以使用Fick定律嗎？

前面的章節提到，超過兩成分的系統不能使用 Fick 定律，除非其中一種成分占絕大比例，其餘成分只有微量，此時可近似爲多個二成分系統。若非如此，則需要考慮各成分之間的交互作用。這種案例常出現在高濃度的電解液中，此時各種離子的質傳方程式將有別於稀薄溶液。因爲在濃溶液中，離子間的相互作用不能忽略，此效應可從電解液的活性係數觀察到。以 H_2SO_4 溶液爲例，在濃度爲 0.001 M 時，平均活性係數爲 0.83，但濃度增大成 1.0 M 時，平均活性係數卻大幅減小成 0.13，從中可發現離子間的作用明顯地隨濃度而增強。

爲了考慮各成分之間的作用，我們可引入摩擦阻力的概念。由於成分 j 在空間中存在莫耳分率梯度 ∇x_j，故能驅動擴散現象，但其他成分會受到摩擦，繼而抵抗成分 j 的擴散。此摩擦作用應該正比於成分 j 與其他成分間的相對速度，也正比於兩成分的含量，若再加入比例常數後，可得到擴散驅動力與摩擦力抗衡的關係：

$$-\nabla x_j = \sum_{i \neq j} \frac{1}{D_{ij}} x_i x_j (\mathbf{v}_i - \mathbf{v}_j) \tag{4-37}$$

其中的 $\dfrac{1}{D_{ij}}$ 是成分 i 對成分 j 的摩擦係數，$(\mathbf{v}_i - \mathbf{v}_j)$ 爲兩成分的相對速度。已知 $N_i = c_i \mathbf{v}_i$ 和 $N_j = c_j \mathbf{v}_j$，所以（4-37）式也可改用成分濃度來表示：

$$-\nabla c_j = \sum_{i \neq j} \frac{x_j N_i - x_i N_j}{D_{ij}} \tag{4-38}$$

（4-38）稱爲 Stefan-Maxwell 方程式，其中摩擦係數的倒數與擴散係數的概念接近，且單位相同。根據 Newton 第三運動定律，$D_{ij} = D_{ji}$，所以對 N 成分系統，共有 $\dfrac{N(N-1)}{2}$ 個摩擦係數需要考慮。

多成分的質傳系統與兩成分系統有重大的差異，對於後者，其中的成分永遠都從高濃度區往低濃度區擴散，但對於前者，卻可能發生反擴散現象（reverse diffusion），亦即成分從低濃度區往高濃度區移動，甚至在濃度相同的區域內發生滲透擴散（osmotic diffusion），或成分停滯在高濃度區，而不往低濃度區擴散的擴散阻滯現象。

多成分質傳系統

二成分系統
（Si + O₂）

三成分系統
（Si + SiO₂ + O₂）

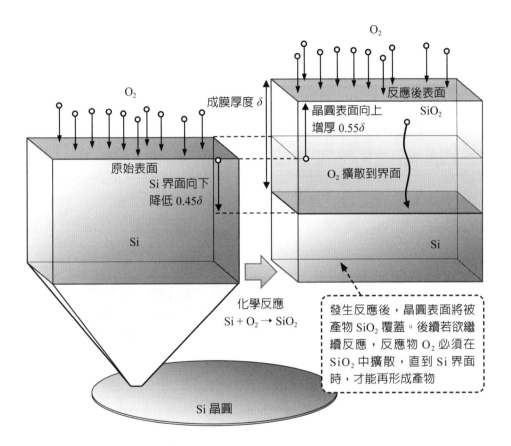

O₂

成膜厚度 δ

反應後表面

晶圓表面向上
增厚 0.55δ

SiO₂

O₂

原始表面

O₂ 擴散到界面

Si 界面向下
降低 0.45δ

Si

Si

化學反應
$Si + O_2 \rightarrow SiO_2$

Si 晶圓

發生反應後，晶圓表面將被
產物 SiO₂ 覆蓋。後續若欲繼
續反應，反應物 O₂ 必須在
SiO₂ 中擴散，直到 Si 界面
時，才能再形成產物

4-10 電場中的質傳系統

如何估計離子的質傳速率？

前一節中討論到電解液系統，這類議題在電池設計與電解槽設計中格外重要，因為電解液的質傳現象與氣體成分的質傳現象略有差異。在電解液中，質傳不只依靠擴散與對流，還多出一種遷移現象（migration）。遷移是帶電成分特有的質傳現象，所以不帶電的原子或分子不會產生遷移，亦即陰陽離子或帶電分子團才會出現遷移現象。此外，遷移還必須發生在具有電位差異的區域內，若電位梯度 $\nabla\phi$ 愈大，則遷移通量也愈大。負的電位梯度即為電場強度 E，可表示為 $E = -\nabla\phi$。離子遷移的方向將取決於電場強度與離子本身的電性，離子成分 j 的遷移通量 $N_{m,j}$ 正比於濃度 c_j、電荷數 z_j 與電場強度 E，比例常數稱為離子遷移率 μ_j（ionic mobility）。因此，遷移通量 $N_{m,j}$ 可表示為：

$$N_{m,j} = \mu_j(z_j c_j E) \tag{4-39}$$

對於稀薄溶液，可利用 Einstein-Stokes 方程式將離子遷移率 μ_j 關聯到擴散係數 D_j：

$$\mu_j = \frac{D_j F}{RT} \tag{4-40}$$

因此在溶液中擴散能力強的離子，其遷移能力也較強。已知 $E = -\nabla\phi$，故可將成分 j 的遷移通量 $N_{m,j}$ 轉換為：

$$N_{m,j} = -\frac{z_j F}{RT} D_j c_j \nabla\phi \tag{4-41}$$

假設擴散通量可用 Fick 定律描述，對流通量為成分濃度與整體電解液速度之乘積，因此結合擴散、對流與遷移現象後，即可計算出各成分在電解液系統中的總質傳通量 N_j：

$$N_j = -D_j \nabla c_j + c_j \mathbf{v} - \frac{z_j F}{RT} D_j c_j \nabla\phi \tag{4-42}$$

此即 Nernst-Planck 方程式，但只適用於稀薄溶液，對溶質濃度較高的溶液，則必須修正。因為最簡單的電解液中，至少包含了 H^+、OH^- 和 H_2O，理論上不能採用 Fick 定律。除非各種溶質皆非常稀薄，才可忽略它們之間的相互影響，而只考慮溶質對溶劑的關係，假想為二成分系統，以便使用 Fick 定律來描述擴散現象。但對於燃料電池與鋰離子電池，內含高濃度的電解液，應採用 Stefan-Maxwell 方程式。

電解系統中的質傳現象

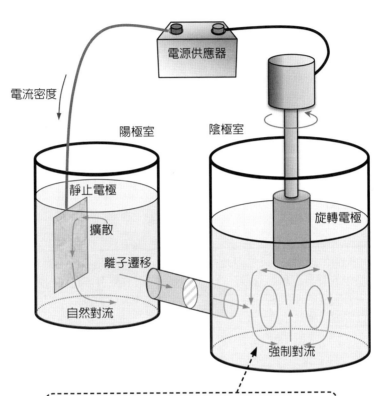

電解液中的質傳，除了包括擴散與對流，還多出離子遷移。遷移是帶電成分特有的質傳現象，其遷移通量正比於電解液中的電位梯度。因此，成分 j 在電解系統中的總質傳通量可表示為：

$$N_j = -D_j \nabla c_j + c_j \mathbf{v} - \frac{z_j F}{RT} D_j c_j \nabla \phi$$

擴散　對流　　遷移

4-11 液相與固相質傳系統

氣體分子可在固體材料中輸送嗎？

前一節討論到電解液系統，但相比於氣體系統，在液體中的質傳速率卻明顯較低，因為液體中的分子距離近，分子移動時的碰撞頻繁，故質傳速率較慢。因此，氣體中的擴散係數通常是液體的 10^5 倍。此外，液體中的質傳方程式不以分壓表示，而主要使用濃度或莫耳分率。例如在等莫耳相對擴散中，A 成分的質傳通量可表示為：

$$N_A = D_{AB}\left(\frac{c_{A1} - c_{A2}}{L}\right) \tag{4-43}$$

其中的 L 是液體的長度，c_{A1} 和 c_{A2} 是兩側的濃度。在 A 通過停滯 B 的案例中，A 成分的質傳通量可表示為：

$$N_A = \frac{D_{AB}}{x_{BM}}\left(\frac{c_{A1} - c_{A2}}{L}\right) \tag{4-44}$$

但當溶液很稀薄時，B 的對數平均差 $x_{BM} \to 1$，使（4-44）式等同於（4-43）式。

在固體中的質傳速率更小，但其應用非常重要，例如催化反應、食品乾燥、礦石瀝取等。固體中的質傳現象可分為符合 Fick 定律的擴散型與多孔性固體型。在均勻固體中，各成分的整體移動速度很小，所以質傳現象主要依靠擴散。因此在穩定態下，A 成分的質傳通量可表示為：

$$N_A = D_{AB}\left(\frac{c_{A1} - c_{A2}}{L}\right) \tag{4-45}$$

但有一些物質會滲入固體中，例如金屬材料在冶煉、加工、熱處理或電鍍過程中，氫原子可能會進入金屬中，並且會互相結合生成氫氣，也例如 CO_2 會滲入橡膠中，並在其中擴散。此時可使用溶解度 S 來表示固體中的 A 含量，此含量與氣體 A 在固體表面的分壓 p_A 成正比，所以 A 在固相中的濃度可表示為：

$$c_A = \frac{p_A}{RT}S \tag{4-46}$$

若固體兩側的 A 分壓為 p_{A1} 和 p_{A2}，則使 A 的質傳通量成為：

$$N_A = \frac{D_{AB}S}{RT}\left(\frac{p_{A1} - p_{A2}}{L}\right) \tag{4-47}$$

有時也會將 $D_{AB}S$ 改寫成穿透度 P_M（permeability），使 $N_A = \frac{P_M}{RT}\left(\frac{p_{A1} - p_{A2}}{L}\right)$。

有一些固體具有多孔性，質傳主要發生在孔洞吸收的液體中，成分移動時會沿著孔洞路線前進。若片狀多孔固體擁有厚度 L，則孔洞內的路徑長度必定大於 L，故可定義彎曲度 τ（tortousity）來計算平均的路徑長。若再定義孔洞占全部體積的比率為孔

隙度 ε（porosity），則 A 成分在孔洞液體中的質傳通量將修正為：

$$N_A = \frac{\varepsilon D_{AB}}{\tau}\left(\frac{c_{A1} - c_{A2}}{L}\right) \tag{4-48}$$

合併三個常數可得到有效擴散係數 $D_{eff} = \frac{\varepsilon}{\tau}D_{AB}$，但需注意，$\varepsilon < 1$ 且 $\tau > 1$。

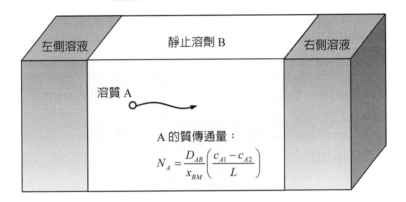

靜止溶劑中的質傳

左側溶液　　　靜止溶劑 B　　　右側溶液

溶質 A

A 的質傳通量：
$$N_A = \frac{D_{AB}}{x_{BM}}\left(\frac{c_{A1} - c_{A2}}{L}\right)$$

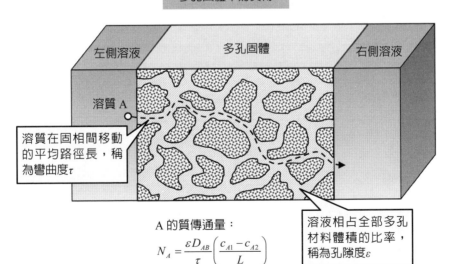

多孔固體中的質傳

左側溶液　　　多孔固體　　　右側溶液

溶質 A

溶質在固相間移動的平均路徑長，稱為彎曲度 τ

A 的質傳通量：
$$N_A = \frac{\varepsilon D_{AB}}{\tau}\left(\frac{c_{A1} - c_{A2}}{L}\right)$$

溶液相占全部多孔材料體積的比率，稱為孔隙度 ε

4-12　動態質傳系統

如何描述隨著時間變化的質傳速率？

　　質傳的暫態變化也是科學家或工程師關心的課題，但因爲質量均衡關係屬於偏微分方程式，通常難以求解，除了某些特例。有一種可以快速解答的問題發生在浸泡於液體 B 中的固體 A，且固體 A 的溶解度非常小。A 成分溶解後雖然會發生質傳現象，但仍然接近固體表面，此時可假設 B 的體積趨近於無窮大，只存在一個邊界，使液體占據半無限的空間。A 的質量均衡方程式可化簡成 Fick 第二定律：

$$\frac{\partial c_A}{\partial t} = D \frac{\partial^2 c_A}{\partial z^2} \tag{4-49}$$

已知 $z = 0$ 代表固體表面，液體在初期並無溶解 A，亦即 $t = 0$ 時，$c_A(z, 0) = 0$，但 $t > 0$ 之後，表面的 A 濃度成爲定值，亦即 $c_A(0, t) = c_{A0}$。另在距離固體非常遠之處，A 成分無法到達，所以該處的濃度仍然爲 0，可表達爲 $\lim_{z \to \infty} c_A(z,t) = 0$。加上這些條件之後，A 的質量均衡方程式可透過 Laplace 變換求得下列解答：

$$c_A(z,t) = c_{A0}\left[1 - \mathrm{erf}\left(\frac{z}{\sqrt{4Dt}}\right)\right] \tag{4-50}$$

其中的 erf 函數稱爲高斯誤差函數，與常態分布曲線的積分相關，其定義爲：

$$\mathrm{erf}(x) = \frac{2}{\sqrt{\pi}} \int_0^x e^{-y^2} dy \tag{4-51}$$

接著可求出表面的溶解通量 N_{A0}''：

$$N_{A0}''(t) = -D \frac{\partial c_A}{\partial z}\bigg|_{z=0} = c_{A0}\sqrt{\frac{D}{\pi t}} \tag{4-52}$$

從中可發現溶解時間愈長，表面的溶解速率愈慢。

　　若上述問題中的液體 B 也會被固體吸收，而且也假設吸收量微小，所以固體 A 也可視爲占據半無限的空間，從 $z = 0$ 延伸至 $z \to -\infty$。因此，求解 A 的濃度分布時，邊界條件將修正爲 $\lim_{z \to \infty} c_A(z,t) = 0$ 和 $\lim_{z \to -\infty} c_A(z,t) = c_{A0}$，起始條件修正爲 $c_A(z > 0, t) = 0$ 和 $c_A(z < 0, t) = c_{A0}$，依此可求得 A 的濃度分布爲：

$$c_A(z,t) = \frac{c_{A0}}{2}\left[1 + \mathrm{erf}\left(\frac{z}{\sqrt{4Dt}}\right)\right] \tag{4-53}$$

並可得知界面的濃度爲 $\frac{c_{A0}}{2}$。

半無限動態質傳系統

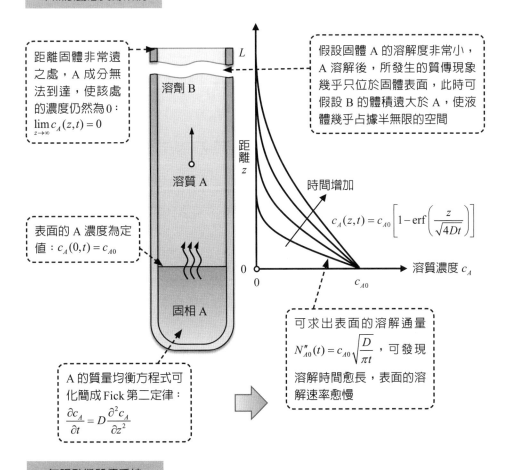

距離固體非常遠之處，A 成分無法到達，使該處的濃度仍然為 0：
$$\lim_{z \to \infty} c_A(z,t) = 0$$

假設固體 A 的溶解度非常小，A 溶解後，所發生的質傳現象幾乎只位於固體表面，此時可假設 B 的體積遠大於 A，使液體幾乎占據半無限的空間

表面的 A 濃度為定值：$c_A(0,t) = c_{A0}$

$$c_A(z,t) = c_{A0}\left[1 - \text{erf}\left(\frac{z}{\sqrt{4Dt}}\right)\right]$$

時間增加

可求出表面的溶解通量 $N''_{A0}(t) = c_{A0}\sqrt{\dfrac{D}{\pi t}}$，可發現溶解時間愈長，表面的溶解速率愈慢

A 的質量均衡方程式可化簡成 Fick 第二定律：
$$\frac{\partial c_A}{\partial t} = D\frac{\partial^2 c_A}{\partial z^2}$$

無限動態質傳系統

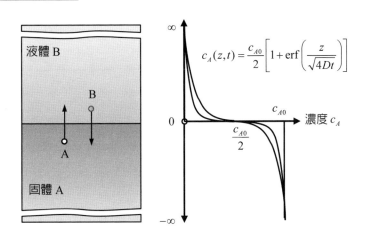

$$c_A(z,t) = \frac{c_{A0}}{2}\left[1 + \text{erf}\left(\frac{z}{\sqrt{4Dt}}\right)\right]$$

4-13　界面質傳系統

物質穿越兩相界面時，如何估計質傳速率？

在前面的章節中，有一些系統僅牽涉單相內的質傳現象，也有一些系統涉及穿越兩相界面的質傳現象，常見的例子是氣固界面、液固界面與氣液界面。然而，對於流體，常見的案例無法假設為靜止狀態，所以不容易透過質量均衡方程式解出成分的濃度分布，因而較常採用類似熱傳中的牛頓冷卻定律來估計質傳速率，並以質傳係數（mass transfer coefficient）作為關鍵指標。

少數可解析的系統如下，但是需要許多假設。固體平板附著了一層液膜，因重力而慢速下滑，可預測液體會進行層流。假設液固界面不滑動，使流體速度為 0，而液膜的另一側接觸大氣，因大氣的黏度相對較小，使氣液界面的流速達到最大值 $\mathbf{v}_{max}$。再假設液膜的厚度為 δ，達穩定態時，膜內的速度分布將成為：

$$\mathbf{v}(z) = \mathbf{v}_{max} \left[1 - \left(\frac{y}{\delta} \right)^2 \right] \tag{4-54}$$

其中 z 代表流動方向，y 代表垂直界面的方向。若在液膜中會吸收微量的 A 成分，因此會導致氣液界面上的 A 濃度提高，並促使 A 成分往固界面輸送，另因液膜下滑，A 成分也會被流體帶動下移。換言之，A 同時具有沿著 z 方向和 y 方向的質傳速率，可分別表示成 N_{Az} 和 N_{Ay}。由於兩個方向的質傳皆包含了擴散與對流，使 A 的質量均衡方程式難以求解。於此先探討一種極限狀況，假定溶入液體中的 A 很少，在 y 方向上的對流效應可忽略，但在 z 方向上卻由下滑流體主導，可忽略擴散效應，使 N_{Ay} 和 N_{Az} 分別成為：

$$N_{Ay} = -cD \frac{\partial x_A}{\partial y} \tag{4-55}$$

$$N_{Az} = c_A \mathbf{v} = c_A \mathbf{v}_{max} \left[1 - \left(\frac{y}{\delta} \right)^2 \right] \tag{4-56}$$

已知液膜內無化學反應，到達穩定態時，A 的質量均衡方程式將可化簡為：

$$\nabla \cdot N_A = \frac{\partial N_{Ay}}{\partial y} + \frac{\partial N_{Az}}{\partial z} = 0 \tag{4-57}$$

將 N_{Ay} 和 N_{Az} 代入後，可得到偏微分方程式：

$$D \frac{\partial^2 c_A}{\partial y^2} = \mathbf{v}_{max} \left[1 - \left(\frac{y}{\delta} \right)^2 \right] \frac{\partial c_A}{\partial z} \tag{4-58}$$

為了解出濃度分布，可假設流體的上游處（$z = 0$）不含 A，在氣液界面上（$y = 0$），A 的溶解量固定為 c_{A0}，但因吸收的深度微小，可視氣固界面位於無窮遠處，該區域的溶解量為 0。透過這些假設，可得到：

$$\frac{c_A}{c_{A0}} = 1 - \text{erf}\left(\sqrt{\frac{\mathbf{v}_{max}}{4Dz}}\, y\right) \tag{4-59}$$

並可找出氣液界面上的 A 溶解速率 $N_{Ay}\big|_{y=0}$：

$$N_{Ay}\big|_{y=0} = c_{A0}\sqrt{\frac{D\mathbf{v}_{max}}{\pi z}} \tag{4-60}$$

從（4-60）式可發現下游處的吸收速率較低，而且吸收速率正比於擴散係數的平方根，有別於純擴散問題。

界面質傳系統

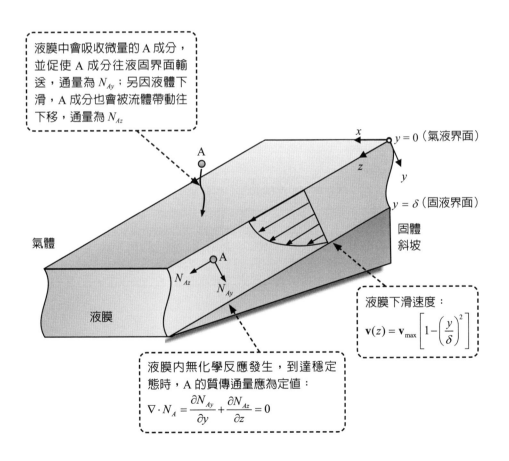

液膜中會吸收微量的 A 成分，並促使 A 成分往液固界面輸送，通量為 N_{Ay}；另因液體下滑，A 成分也會被流體帶動往下移，通量為 N_{Az}

x
$y = 0$（氣液界面）
z
y
$y = \delta$（固液界面）

A

氣體

固體斜坡

N_{Az}

N_{Ay}

液膜

液膜下滑速度：
$$\mathbf{v}(z) = \mathbf{v}_{max}\left[1 - \left(\frac{y}{\delta}\right)^2\right]$$

液膜內無化學反應發生，到達穩定態時，A 的質傳通量應為定值：
$$\nabla \cdot N_A = \frac{\partial N_{Ay}}{\partial y} + \frac{\partial N_{Az}}{\partial z} = 0$$

4-14　質量均衡之無因次化

哪些無因次數被用來描述質傳現象？

當流體經過固體的外部或內部時，由第二章與第三章可知，將形成速度邊界層和溫度邊界層，若此界面發生物質的交換，還會形成濃度邊界層。此時，三種輸送現象並存，可比較其輸送速率，在研究熱傳問題時，曾使用普朗特數 $Pr = \dfrac{c_p \mu}{k} = \dfrac{\nu}{\alpha}$ 來比較動量傳遞與熱量傳遞，現探討質傳問題時，可使用施密特數（Schmidt number）：$Sc = \dfrac{\nu}{D_{AB}}$ 來比較動量傳遞與質量傳遞，從中可發現動黏度 ν、熱擴散係數 α 與質傳擴散係數 D_{AB} 皆具有單位 m^2/s。

考慮 A 在無化學反應發生的兩成分系統內，其質量均衡方程式可表示為：

$$\frac{\partial c_A}{\partial t} + \mathbf{v} \cdot \nabla c_A = D_{AB} \nabla^2 c_A \tag{4-61}$$

對此系統，選取適當的特徵長度 L 與特徵速度 U，則可依序得到無因次長度 $\bar{x}$、$\bar{y}$、$\bar{z}$，無因次速度 $\bar{\mathbf{v}}$，以及無因次時間 $\bar{t} = \dfrac{Ut}{L}$，另也選取特徵濃度 c_{A0}，以得到無因次濃度 $\bar{c}_A$，致使質量均衡方程式轉換成無因次型式：

$$\frac{\partial \bar{c}_A}{\partial \bar{t}} + \bar{\mathbf{v}} \cdot \bar{\nabla} \bar{c}_A = \frac{1}{Re\,Sc} \bar{\nabla}^2 \bar{c}_A \tag{4-62}$$

從中可發現質量均衡將取決於 Sc 與 Re。

比照熱傳問題，質傳問題亦可列出簡明的速率估計法：

$$N_A = k_m A(c_A - c_{A0}) \tag{4-63}$$

其中的 A 為質傳面積。相似於對流式熱傳，求解質量均衡方程式不易，但可透過因次分析法尋找對流式質傳系統中的無因次數，再藉由實驗數據，可進一步發現各無因次數之間的關聯，最後再求得質傳係數 k_m。定義雪耳伍德數（Sherwood number）：

$$Sh = \frac{k_m L}{D_{AB}} \tag{4-64}$$

代表對流效應與擴散效應的比例，在強制對流中，Sh 與 Re 和 Sc 皆相關，亦即 Sh = f（Re, Sc）；但在自然對流中，Sh 與 Gr_m 和 Sc 皆相關，Sh = f（Gr_m, Sc），所牽涉的 Gr_m 是質傳問題的 Grashof 數：

$$Gr_m = \frac{gL^3 \zeta}{\nu^2} \Delta c_A \tag{4-65}$$

其中的 ζ 是濃度變化導致的膨脹係數。相似地，在對流式的質傳系統中，濃度變化也會導致流體密度改變，因而產生一項力量 $\bar{\rho} g \zeta(c_A - c_{A0})$，得到類似熱傳中的 Boussinesq 方程式，其中的 $\bar{\rho}$ 為平均密度。

質傳系統的規模變化

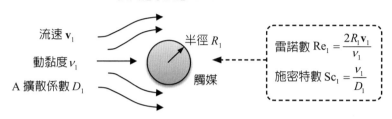

表面化學反應 A→B

流速 $\mathbf{v}_1$

動黏度 ν_1

A 擴散係數 D_1

半徑 R_1

觸媒

雷諾數 $\mathrm{Re}_1 = \dfrac{2R_1\mathbf{v}_1}{\nu_1}$

施密特數 $\mathrm{Sc}_1 = \dfrac{\nu_1}{D_1}$

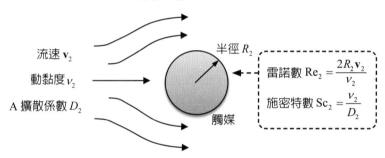

表面化學反應 A→B

流速 $\mathbf{v}_2$

動黏度 ν_2

A 擴散係數 D_2

半徑 R_2

觸媒

雷諾數 $\mathrm{Re}_2 = \dfrac{2R_2\mathbf{v}_2}{\nu_2}$

施密特數 $\mathrm{Sc}_2 = \dfrac{\nu_2}{D_2}$

當 $\mathrm{Re}_1 = \mathrm{Re}_2$
且 $\mathrm{Sc}_1 = \mathrm{Sc}_2$

雪耳伍德數
$\mathrm{Sh}_1 = \mathrm{Sh}_2$

質傳係數 k_m 正比
於擴散係數 D 對
半徑 R 的比值：

$$k_m \propto \frac{D}{R}$$

因為 $\dfrac{\partial \overline{c}_A}{\partial \overline{t}} + \overline{\mathbf{v}} \cdot \overline{\nabla} \overline{c}_A = \dfrac{1}{\mathrm{Re}\,\mathrm{Sc}} \overline{\nabla}^2 \overline{c}_A$

4-15　固體外的層流式質傳

如何藉由無因次數估計質傳係數？

由前一節已知，在強制對流下，Sh 是由 Re 和 Sc 決定，但必須透過實驗尋找它們之間的經驗關聯式。考慮一片面積足夠大的平板，平板外有流體經過，且無化學反應發生。基於對稱性，在穩定態下，成分 A 的質量均衡方程式可化簡為：

$$\mathbf{v}_x \frac{\partial c_A}{\partial x} + \mathbf{v}_y \frac{\partial c_A}{\partial y} = D \frac{\partial^2 c_A}{\partial y^2} \tag{4-66}$$

其中已忽略了 $\frac{\partial^2 c_A}{\partial x^2}$，因為此項遠小於 $\frac{\partial^2 c_A}{\partial y^2}$。接著使用表面濃度 c_{As} 和流體中心區的濃度 c_{Ab}，與流體中心區的速度 $\mathbf{v}_b$，導入下列無因次項：

$$\overline{c}_A = \frac{c_A - c_{As}}{c_{Ab} - c_{As}} \tag{4-67}$$

$$\eta = y \sqrt{\frac{\mathbf{v}_b}{\nu x}} \tag{4-68}$$

另再採用第二章曾提及的流線函數 ψ 表示速度分量，亦即 $\mathbf{v}_x = \frac{\partial \psi}{\partial y}$ 和 $\mathbf{v}_y = -\frac{\partial \psi}{\partial x}$，並定義 $f(\eta) = \frac{\psi}{\mathbf{v}_b y} \eta$，可使質量均衡方程式成為：

$$\frac{d^2 \overline{c}_A}{d\eta^2} + \frac{\mathrm{Sc}}{2} f(\eta) \frac{d\overline{c}_A}{d\eta} = 0 \tag{4-69}$$

經求解後可得到 $\left. \dfrac{d\overline{c}_A}{d\eta} \right|_{\eta=0} = 0.332 \mathrm{Sc}^{1/3}$。由於流固接觸點定為 $x = 0$，故在下游 x 位置，定義 $\mathrm{Re} = \dfrac{\mathbf{v}_b x}{\nu}$，且 $\mathrm{Sh} = \dfrac{k_m x}{D}$，則代入上述解答後可得到：

$$\mathrm{Sh} = 0.332 \mathrm{Re}^{1/2} \mathrm{Sc}^{1/3} \tag{4-70}$$

然需注意，此處的 k_m 是定點的質傳係數，但 $x = 0$ 至此定點的平均質傳係數 $\overline{k}_m = 2k_m(x)$，使平均的 $\overline{\mathrm{Sh}}$ 成為：

$$\overline{\mathrm{Sh}} = 0.664 \mathrm{Re}^{1/2} \mathrm{Sc}^{1/3} \tag{4-71}$$

需再注意，上式的推導僅適用於層流。對於圓球外的層流式質傳現象，當流體的範圍假設為無限大時，

$$\overline{\mathrm{Sh}} = 2 + 0.6 \mathrm{Re}^{1/2} \mathrm{Sc}^{1/3} \tag{4-72}$$

平板外的質傳

流體從固體旁經過時，接近界面處會有 A 成分從固體中溶出，並向 y 方向擴散，且向 x 方向移流，形成一個濃度漸變的區域，稱為濃度邊界層，此邊界層的厚度會隨著流體前進而增加

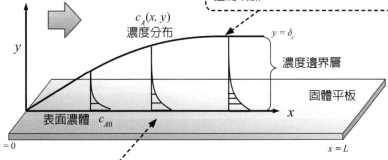

流體運動方向

y

$c_A(x, y)$
濃度分布

$y = \delta_c$

濃度邊界層

固體平板

表面濃體 c_{A0}

x

$x = 0$

$x = L$

在穩定態下，因為 $\dfrac{\partial^2 c_A}{\partial x^2} \ll \dfrac{\partial^2 c_A}{\partial y^2}$，使 A 的質量均衡方程式化簡為：

$$\mathbf{v}_x \frac{\partial c_A}{\partial x} + \mathbf{v}_y \frac{\partial c_A}{\partial y} = D \frac{\partial^2 c_A}{\partial y^2}$$

定義 $\mathrm{Re} = \dfrac{\mathbf{v}_b x}{\nu}$ 和 $\mathrm{Sh} = \dfrac{k_m x}{D}$，求解質量均衡方程式後可得：

$$\mathrm{Sh} = 0.332\,\mathrm{Re}^{1/2}\,\mathrm{Sc}^{1/3}$$

沿 x 方向平均計算：

$$\mathrm{Sh} = 0.664\,\mathrm{Re}^{1/2}\,\mathrm{Sc}^{1/3}$$

估計出平均質傳係數 $\overline{k}_m$

圓球外的質傳

若流體速度加大，在球體迎向流體的一面將形成層流邊界層，但在固體後方某處。可能出現邊界層分離，並形成渦流

流體運動方向

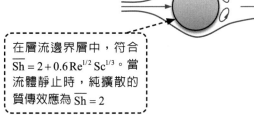

在層流邊界層中，符合 $\overline{\mathrm{Sh}} = 2 + 0.6\,\mathrm{Re}^{1/2}\,\mathrm{Sc}^{1/3}$。當流體靜止時，純擴散的質傳效應為 $\overline{\mathrm{Sh}} = 2$

4-16　固體外的紊流式質傳

紊流如何影響質傳速率？

當流體發生紊流時，會出現流速的振盪現象，也會出現濃度的波動現象，所以流速可表示為平均值 $\bar{\mathbf{v}}$ 與波動值 $\mathbf{v}'$ 之和，亦即 $\mathbf{v} = \bar{\mathbf{v}} + \mathbf{v}'$，濃度亦同，可表示為 $c_A = \bar{c}_A + c'_A$。質傳方程式將因此成為：

$$\frac{\partial \overline{c_A}}{\partial t} + \bar{\mathbf{v}}_x \frac{\partial \overline{c_A}}{\partial x} + \bar{\mathbf{v}}_y \frac{\partial \overline{c_A}}{\partial y} = D \frac{\partial^2 \overline{c_A}}{\partial y^2} - \frac{\partial}{\partial y} \overline{\mathbf{v}'_y c'_A} \tag{4-73}$$

上式相較於層流狀態，多出等號右側第二項，其效應類似流體力學中的雷諾應力，可輔助質傳進行。若再定義 $\overline{\mathbf{v}'_y c'_A} = -\varepsilon_D \dfrac{\partial \overline{c_A}}{\partial y}$，將此項目視為額外的擴散現象，使擴散通量 J_A^* 修正為：

$$J_A^* = -(D + \varepsilon_D)\frac{dc_A}{dy} \tag{4-74}$$

式中的 ε_D 稱為渦流擴散係數（eddy diffusivity），但此想法仍難以估計總質傳速率。透過實驗求得特定系統的經驗關聯式則較簡單，而且可利用熱傳與質傳現象的相似性，直接從熱傳的經驗式轉換成質傳的經驗式。

例如在探討熱傳現象時，曾提及圓管內的流體進入完全發展層流狀態後，若管壁提供的熱通量為定值，則可得到 $\text{Nu} = \dfrac{48}{11}$，其特徵長度定為圓管直徑。因此，將質傳類比成熱傳，對管壁質傳通量為定值的情形，亦可得到：

$$\text{Sh} = \frac{48}{11} \tag{4-75}$$

相似地，當管壁的成分濃度維持定值，則可得到：

$$\text{Sh} = 3.66 \tag{4-76}$$

若流體進入紊流狀態，將具有 $\text{Sh} = 0.023\ \text{Re}^{4/5}\ \text{Sc}^{1/3}$ 的關係。

圓管內的對流質傳（Sc ≪ 1）

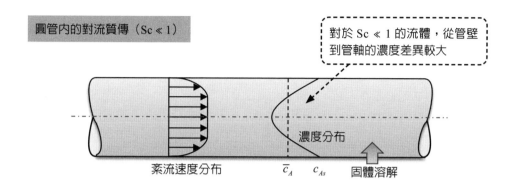

對於 Sc ≪ 1 的流體，從管壁到管軸的濃度差異較大

系流速度分布　　$\overline{c}_A$　c_{As}　固體溶解

濃度分布

圓管內的對流質傳（Sc = 1）

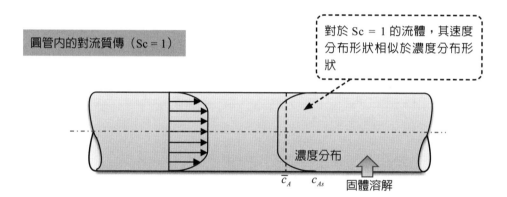

對於 Sc = 1 的流體，其速度分布形狀相似於濃度分布形狀

濃度分布

$\overline{c}_A$　c_{As}　固體溶解

圓管內的對流質傳（Sc ≫ 1）

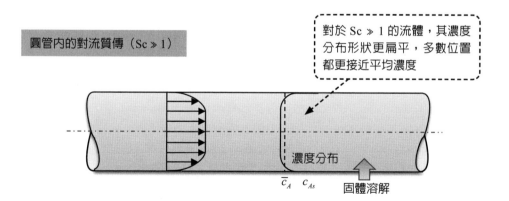

對於 Sc ≫ 1 的流體，其濃度分布形狀更扁平，多數位置都更接近平均濃度

濃度分布

$\overline{c}_A$　c_{As}

固體溶解

4-17　膜理論

流體在固體表面形成薄膜時，如何估計質傳速率？

假設氣體 B 經過固體 A 時，A 會氣化而往 B 中輸送，由於形成了邊界層，可發現流速從氣固界面（interface）到氣體中心區（bulk）漸增的現象，濃度與溫度亦同，因此在表面附近存在一層速度極慢的區域。若其厚度為 δ_f，在此薄層內，可視為只發生擴散而無對流，使 A 成分的質傳通量成為：

$$N_A'' = \frac{D_G}{RT}\left(\frac{p_{Ai} - p_A'}{\delta_f}\right) \tag{4-77}$$

其中的 D_G 是 A 成分在流體中的擴散係數，p_{Ai} 是固體表面的 A 分壓，p_A' 是位於薄層邊緣的 A 分壓。然而，δ_f 和 p_A' 皆無法測量，但氣體中心區的分壓 p_{Ab} 可測，故可將表面膜的厚度延伸，以假想的折線壓力分布來代表擴散現象，延伸後的薄層厚度為 δ_G，邊緣分壓等於 p_{Ab}，使質傳通量表示為：

$$N_A'' = \frac{D_G}{RT}\left(\frac{p_{Ai} - p_{Ab}}{\delta_G}\right) = \frac{D_G}{RT\delta_G}(p_{Ai} - p_{Ab}) = k_G'(p_{Ai} - p_{Ab}) \tag{4-78}$$

其中 k_G' 稱為氣膜質傳係數。若考慮氣體 B 不會被固體 A 吸收的情形，在穩定態下，表面膜內的 A 將通過不會動的 B，使其質傳通量成為：

$$N_A'' = \frac{D_G}{RTy_{BM}}\left(\frac{p_{Ai} - p_{Ab}}{\delta_G}\right) = k_G(p_{Ai} - p_{Ab}) \tag{4-79}$$

y_{BM} 為 B 成分的莫耳分率對數平均差，k_G 為對應此情形的氣相膜質傳係數，當 A 的氣化量很小時，$k_G \approx k_G'$。

當 B 為液相時，上述理論也適用，且可假設 A 成分呈折線形狀分布，界面濃度為 c_{Ai}，液相中心區的濃度為 c_{Ab}，靜止液膜的厚度為 δ_L，A 的質傳通量可表示為：

$$N_A'' = \frac{D_L}{x_{BM}}\left(\frac{c_{Ai} - c_{Ab}}{\delta_L}\right) = k_L(c_{Ai} - c_{Ab}) \tag{4-80}$$

其中 D_L 是液相中擴散係數，x_{BM} 為 B 成分的莫耳分率對數平均差，k_L 為對應此情形的液相膜質傳係數。然而，處理氣體被液體吸收的問題時，則需考慮界面在氣相側和液相側都會存在薄膜，應採用下節討論的雙膜理論（two-film theory）。

氣固界面膜理論

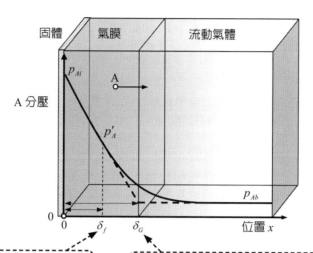

固體表面存在一層速度極慢的薄膜,其厚度為 δ_f,在此薄層內可假設只發生擴散而無對流,所以 A 成分的分壓呈線性分布

因 δ_f 和 p'_A 皆無法測量,但氣體中心區的分壓 p_{Ab} 可測,故將表面膜的厚度延伸,分壓也延伸,直至 p_{Ab}。在此假想的氣膜中只存在擴散現象,透過延伸後的厚度 δ_G,可算出質傳通量

氣固界面質傳通量:

$$N''_A = \frac{D_G}{RT}\left(\frac{p_{Ai} - p_{Ab}}{\delta_G}\right) = \frac{D_G}{RT\delta_G}(p_{Ai} - p_{Ab}) = k'_G(p_{Ai} - p_{Ab})$$

其中質傳係數 $k'_G = \dfrac{D_G}{RT\delta_G}$

4-18　雙膜理論

氣體與液體接觸時，物質穿越界面的速率多快？

對於氣液吸收的分離程序，可採用雙膜理論，在雙膜中完全以擴散機制進行輸送，並且在界面上的速率連續，因此 A 的質傳通量 N_A'' 應為：

$$N_A'' = k_G(p_{Ab} - p_{Ai}) = k_L(c_{Ai} - c_{Ab}) \tag{4-81}$$

其中 A 成分位於界面的氣相側分壓 p_{Ai} 和液相側濃度 c_{Ai} 將會達到平衡。然而，A 的氣液平衡關係必須從熱力學數據庫取得，並無簡明的方程式。這些平衡數據可以繪製在分壓 p_A 對濃度 c_A 的平面座標中，成為一條曲線，在界面上的分壓 p_{Ai} 和濃度 c_{Ai} 將落於平衡曲線上的 B 點；氣液吸收系統中的氣相分壓 p_{Ab} 和液相濃度 c_{Ab} 亦可對應到座標中的 A 點。假設質傳係數 k_G 和 k_L 皆為定值，根據（4-81）式，從 A 點畫出一條斜率為（$-k_L/k_G$）的直線必定通過 B 點，所以可找尋出界面上的 p_{Ai} 和 c_{Ai}。

然而，還有一種方法可以避免找尋界面分壓 p_{Ai} 和濃度 c_{Ai}。考慮氣相分壓 p_{Ab} 的平衡濃度為 c_A^*，液相濃度 c_{Ab} 的平衡分壓為 p_A^*，將質傳現象視為全部發生在氣相，或全部發生在液相，使質傳通量 N_A'' 表示為：

$$N_A'' = K_G(p_{Ab} - p_A^*) = K_L(c_A^* - c_{Ab}) \tag{4-82}$$

其中 K_G 和 K_L 分別稱為氣相側和液相側的總質傳係數。在座標圖中，定義 (c_{Ab}, p_A^*) 為 F 點，(c_A^*, p_{Ab}) 為 G 點，則從 B 點至 F 點的斜率為 H_1，從 B 點至 G 點的斜率為 H_2，故可進一步發現：

$$\frac{1}{K_G} = \frac{1}{k_G} + \frac{H_1}{k_L} \tag{4-83}$$

$$\frac{1}{K_L} = \frac{1}{k_G H_2} + \frac{1}{k_L} \tag{4-84}$$

上兩式中的每一項皆可視為質傳阻力，例如考慮整體系統，皆為氣相的質傳阻力為 $1/K_G$，相當於氣膜阻力 $1/k_G$ 與液膜阻力 H_1/k_L 之和。若比較後發現 $1/k_G \gg H_1/k_L$，代表質傳現象受限於氣膜，則稱此系統進入氣膜控制模式，使 $K_G \approx k_G$；反之，當 $1/k_L \gg 1/k_G H_2$ 時，使 $K_L \approx k_L$，則稱為液膜控制模式。

氣液雙膜理論

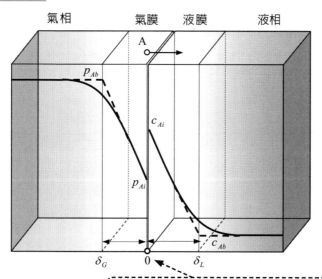

對於氣液接觸的界面，假設會形成氣膜和液膜，在雙膜中 A 成分完全以擴散型式輸送，並且在氣液界面兩側的輸送速率相同，因此 A 的質傳通量可表示為：

$$N''_A = k_G(p_{Ab} - p_{Ai}) = k_L(c_{Ai} - c_{Ab})$$

氣液平衡曲線

液相濃度 c_{Ab} 和氣相分壓 p_{Ab} 皆可測，若又已知質傳係數 k_L 和 k_G，則可得知此線段的斜率，並找出界面濃度 c_{Ai} 和分壓 p_{Ai}

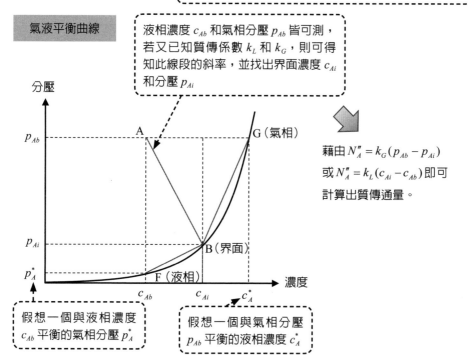

藉由 $N''_A = k_G(p_{Ab} - p_{Ai})$ 或 $N''_A = k_L(c_{Ai} - c_{Ab})$ 即可計算出質傳通量。

假想一個與液相濃度 c_{Ab} 平衡的氣相分壓 p^*_A

假想一個與氣相分壓 p_{Ab} 平衡的液相濃度 c^*_A

4-19　巨觀質量均衡

如何建立巨觀系統的質量均衡？

對於一個巨觀裝置，例如吸收塔中用水來吸收空氣中的氨（NH_3），也必須滿足質量均衡。所以可將整個裝置視為控制體積，空間內包含了 A 和 B 兩種成分，對 A 進行質量均衡後可得到：

$$\begin{bmatrix} \text{A成分質量} \\ \text{累積速率} \end{bmatrix} = \begin{bmatrix} \text{A成分質量} \\ \text{進入速率} \end{bmatrix} - \begin{bmatrix} \text{A成分質量} \\ \text{離開速率} \end{bmatrix} + \begin{bmatrix} \text{A成分穿越} \\ \text{邊界之速率} \end{bmatrix} + \begin{bmatrix} \text{化學反應} \\ \text{產生A速率} \end{bmatrix} \quad (4\text{-}85)$$

若使用 m_A 代表 A 在系統中的質量，則 A 的累積速率可表示為 $\dfrac{dm_A}{dt}$。等號右側的前兩項是指系統擁有出入口，所以淨速率表示為入口的質量流率 $\dot{m}_{A1}$ 與出口的質量流率 $\dot{m}_{A2}$ 之差，亦即 $\dot{m}_{A1} - \dot{m}_{A2}$。等號右側的第三項，則是指從系統的邊界出入的質量速率 $\dot{m}_{Aw}$，並非從出入口，而是發生液體蒸發或氣體冷凝。系統內發生化學反應時，若 A 屬於反應物，反應速率 $r_A < 0$；若 A 屬於生成物，$r_A > 0$。因此，整合各項的表示式後，可得到 A 的質量均衡方程式：

$$\frac{dm_A}{dt} = \dot{m}_{A1} - \dot{m}_{A2} + \dot{m}_{Aw} + r_A \quad (4\text{-}86)$$

上式亦可用在 A 的莫耳數均衡，故可改寫為：

$$\frac{dM_A}{dt} = \dot{M}_{A1} - \dot{M}_{A2} + \dot{M}_{Aw} + R_A \quad (4\text{-}87)$$

其中 M_A 代表 A 成分的莫耳數，R_A 代表以莫耳反應速率。

完成 A 成分之質量均衡後，可再進行 B 成分之質量均衡：

$$\frac{dm_B}{dt} = \dot{m}_{B1} - \dot{m}_{B2} + \dot{m}_{Bw} + r_B \quad (4\text{-}88)$$

或 B 成分之莫耳數均衡：

$$\frac{dM_B}{dt} = \dot{M}_{B1} - \dot{M}_{B2} + \dot{M}_{Bw} + R_B \quad (4\text{-}89)$$

若在此二成分系統中，總質量 $m = m_A + m_B$，總入口與出口流率為 $\dot{m}_1$ 與 $\dot{m}_2$，且總穿越邊界的流率為 $\dot{m}_w$，則可得到總質量的均衡方程式：

$$\frac{dm}{dt} = \dot{m}_1 - \dot{m}_2 + \dot{m}_w \quad (4\text{-}90)$$

可發現此式不包含反應速率，因為 $r_A = -r_B$，一為反應物時，另一即為生成物，總質量不因化學反應而改變。若進行的化學反應為 A → B，則以莫耳數為基準也可得到均衡式：

$$\frac{dM}{dt} = \dot{M}_1 - \dot{M}_2 + \dot{M}_w \quad (4\text{-}91)$$

當成分總數更多時，上述兩式仍然成立。

巨觀質傳系統

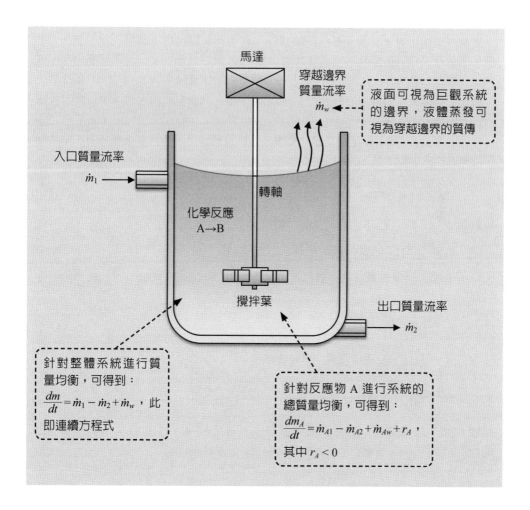

馬達

穿越邊界
質量流率
$\dot{m}_w$

液面可視為巨觀系統
的邊界，液體蒸發可
視為穿越邊界的質傳

入口質量流率
$\dot{m}_1$

轉軸

化學反應
A→B

攪拌葉

出口質量流率
$\dot{m}_2$

針對整體系統進行質
量均衡，可得到：
$\dfrac{dm}{dt} = \dot{m}_1 - \dot{m}_2 + \dot{m}_w$，此
即連續方程式

針對反應物 A 進行系統的
總質量均衡，可得到：
$\dfrac{dm_A}{dt} = \dot{m}_{A1} - \dot{m}_{A2} + \dot{m}_{Aw} + r_A$，
其中 $r_A < 0$

4-20　巨觀暫態質傳程序

如何估計巨觀系統中各成分質量隨時間的變化？

考慮一家化工廠，其廢水排放流率爲 $\dot{m}$，其中含有毒物質 A 之質量分率爲 w_{A0}。爲了避免汙染物流入環境，必須先將有毒的 A 反應成無毒的 B，已知反應速率 $r_A = -km_A$，屬於一級反應，k 爲速率常數。若反應槽的體積被設定爲 V，從 $t = 0$ 起持續注入廢水至空槽內，廢液密度爲 ρ，在 $t = t_F = \dfrac{\rho V}{\dot{m}}$ 時，液面到達出水口，使液體溢流排出，之後槽內的液體體積將維持不變。

因此，在 $t < t_F$ 時，反應槽仍屬於暫態，且無液體排出，也沒有液體蒸發，A 的質量均衡方程式可表示爲：

$$\frac{dm_A}{dt} = \dot{m}w_{A0} - km_A \tag{4-92}$$

由於 $t = 0$ 時，$m_A = 0$，故可解得 t_F 之前，A 在槽內的質量變化爲：

$$m_A = \frac{\dot{m}w_{A0}}{k}[1 - \exp(-kt)] \tag{4-93}$$

因爲 A 在槽內的總質量全都來自於入口，所以 $m_A = (\dot{m}t)w_A$，因而可得到暫態的質量分率：

$$w_A = \frac{w_{A0}}{kt}[1 - \exp(-kt)] \tag{4-94}$$

當 $t = t_F = \dfrac{\rho V}{\dot{m}}$ 時，反應槽滿載，質量分率爲：

$$w_{AF} = \frac{\dot{m}w_{A0}}{k\rho V}\left[1 - \exp\left(-\frac{k\rho V}{\dot{m}}\right)\right] \tag{4-95}$$

超過 t_F 後，反應槽開始排放液體，其質量流率亦爲 $\dot{m}$，A 的質量分率可表示爲 $w_A = \dfrac{m_A}{\rho V}$，所以 A 的質量均衡方程式將成爲：

$$\frac{d(\rho V w_A)}{dt} = \dot{m}w_{A0} - \dot{m}w_A - k(\rho V w_A) \tag{4-96}$$

（4-96）式的起始條件爲 $t = t_F$ 時，$w_A = w_{AF}$，所以可解得 A 的質量分率：

$$w_A = \frac{\dot{m}w_{A0}}{\dot{m} + k\rho V} - \left(w_{AF} - \frac{\dot{m}w_{A0}}{\dot{m} + k\rho V}\right)\exp\left(-\left(1 + \frac{k\rho V}{\dot{m}}\right)\left(\frac{\dot{m}t}{\rho V} - 1\right)\right) \tag{4-97}$$

由此結果可發現，當程序進入穩定態後，排出廢液中 A 的含量將會到達 $w_{A\infty}$：

$$w_{A\infty} = \frac{\dot{m}w_{A0}}{\dot{m} + k\rho V} = \frac{w_{A0}}{1 + kt_F} \tag{4-98}$$

因此，增大反應槽體積或提升速率常數，皆可減低廢液中的毒物含量。

動態質傳系統

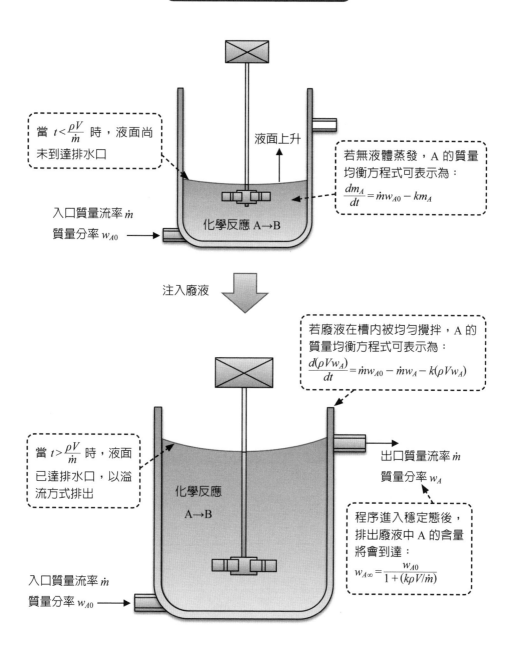

當 $t < \dfrac{\rho V}{\dot{m}}$ 時，液面尚未到達排水口

液面上升

若無液體蒸發，A 的質量均衡方程式可表示為：
$$\frac{dm_A}{dt} = \dot{m}w_{A0} - km_A$$

入口質量流率 $\dot{m}$
質量分率 w_{A0}

化學反應 A→B

注入廢液

若廢液在槽內被均勻攪拌，A 的質量均衡方程式可表示為：
$$\frac{d(\rho V w_A)}{dt} = \dot{m}w_{A0} - \dot{m}w_A - k(\rho V w_A)$$

當 $t > \dfrac{\rho V}{\dot{m}}$ 時，液面已達排水口，以溢流方式排出

化學反應

A→B

出口質量流率 $\dot{m}$
質量分率 w_A

程序進入穩定態後，排出廢液中 A 的含量將會到達：
$$w_{A\infty} = \frac{w_{A0}}{1 + (k\rho V/\dot{m})}$$

入口質量流率 $\dot{m}$
質量分率 w_{A0}

4-21 網絡質傳系統

若巨觀系統中包含多個隔間，如何估計其中的質量變化？

巨觀質量均衡還常用在擁有多區域的複雜系統，這些區域在系統內可能構成網絡。假設系統內有 N 個隔間，其中第 n 個隔間的體積為 V_n，A 成分的質量濃度為 ρ_{An}，從第 m 個隔間會有流體以體積流率 Q_{mn} 出入第 n 個隔間，所以帶進的 A 成分共計質量速率為 $Q_{mn}\rho_{Am}$，帶出的 A 成分共計質量速率為 $Q_{mn}\rho_{An}$。另假設在第 n 個隔間內會發生牽涉 A 的化學反應，質量產生速率為 $V_n r_{An}$。因此，第 n 個隔間內的 A 成分質量均衡可表示為：

$$V_n \frac{\partial \rho_{An}}{\partial t} = \sum_{m=1}^{N} Q_{mn}(\rho_{Am} - \rho_{An}) + V_n r_{An} \tag{4-99}$$

以血液透析為例，將人體的體液引流至一個擁有賽璐玢薄膜的容器內，有毒物可滲透至薄膜的另一側，以完成代謝工作。因此，血液透析系統中共有兩個隔間，第一為人體，毒物的含量為 ρ_1，第二為透析裝置，毒物的含量為 ρ_2，兩隔間以體積流率 Q 輸送血液。另在人體中，毒物會以速率 G 產生；在透析裝置中，毒物會以滲透常數 D 穿越至薄膜的另一側，所以排除毒物的速率為 $D\rho_2$。對這兩個隔間，可分別列出毒物的質量均衡方程式：

$$V_1 \frac{d\rho_1}{dt} = Q(\rho_2 - \rho_1) + G \tag{4-100}$$

$$V_2 \frac{d\rho_2}{dt} = Q(\rho_1 - \rho_2) - D\rho_2 \tag{4-101}$$

在進行血液透析之前，兩隔間內的毒物含量相同，所以系統的起始條件為 $t = 0$ 時，$\rho_1 = \rho_2 = \rho_0$。將（4-100）式和（4-101）式整併後，可以形成二階線性微分方程式：

$$\frac{d^2\rho_2}{dt^2} + \left(\frac{Q}{V_1} + \frac{Q}{V_2} + \frac{D}{V_2}\right)\frac{d\rho_2}{dt} + \frac{QD}{V_1 V_2}\rho_2 = \frac{QG}{V_1 V_2} \tag{4-102}$$

此式可依工程數學中的方法求解。在透析期間（$0 \leq t \leq t_F$），可發現 ρ_2 逐漸下降。但在透析結束後（$t \geq t_F$），可以假設 $D = 0$，使整併的質量均衡方程式成為：

$$\frac{d^2\rho_2}{dt^2} + \left(\frac{Q}{V_1} + \frac{Q}{V_2}\right)\frac{d\rho_2}{dt} = \frac{QG}{V_1 V_2} \tag{4-103}$$

此式的起始條件必須等同於透析最後時刻（$t = t_F$）的條件，從結果可發現 ρ_2 逐漸上升。這類議題也常出現在藥物代謝動力學（pharmacokinetics）的研究中，牽涉的藥物包括藥劑、激素、營養素和毒素等，藉此模型可說明藥物在體內吸收、分布、代謝的動態變化。

網絡質傳系統

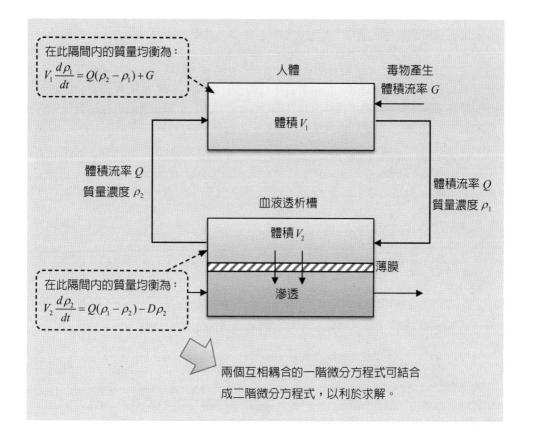

在此隔間內的質量均衡為：

$$V_1 \frac{d\rho_1}{dt} = Q(\rho_2 - \rho_1) + G$$

人體

毒物產生
體積流率 G

體積 V_1

體積流率 Q
質量濃度 ρ_2

體積流率 Q
質量濃度 ρ_1

血液透析槽

體積 V_2

薄膜

滲透

在此隔間內的質量均衡為：

$$V_2 \frac{d\rho_2}{dt} = Q(\rho_1 - \rho_2) - D\rho_2$$

兩個互相耦合的一階微分方程式可結合
成二階微分方程式，以利於求解。

4-22 擴散係數

如何得知成分的擴散係數？

在之前探討的質傳現象中，皆會出現擴散係數，其數值可藉由簡易裝置來測量，例如氣體的擴散係數可用兩球法（two-bulb method）來測定。此裝置是由體積分別為 V_1 和 V_2 的玻璃球與一根毛細管組成，玻璃球內分別置入氣體 A 和 B，連接兩球的毛細管具有長度 L，截面積 A。當毛細管中的閥被打開後，氣體 A 和 B 將進行擴散，一段時間後關閉閥，再測定兩球內的氣體組成。假設管內的擴散達到準穩定態（quasi-steady state），則 A 的擴散通量可表示為：

$$J_A^* = -D_{AB}\frac{dc_A}{dz} = -\frac{D_{AB}}{L}(c_2 - c_1) \tag{4-104}$$

其中的 c_1 和 c_2 分別為球 1 和球 2 中的 A 成分濃度。在球 2 內，A 的累積速率為：

$$AJ_A^* = -\frac{D_{AB}A}{L}(c_2 - c_1) = V_2\frac{dc_2}{dt} \tag{4-105}$$

若開始時，兩球內 A 的初濃度為 c_1^0 與 c_2^0，平衡時兩球的平均濃度為 c_{av}，則根據質量均衡：

$$(V_1 + V_2)c_{av} = V_1 c_1^0 + V_2 c_2^0 \tag{4-106}$$

且在任意時刻，$(V_1 + V_2)c_{av} = V_1 c_1 + V_2 c_2$。因此整理後可得：

$$\frac{c_{av} - c_2}{c_{av} - c_2^0} = \exp\left[-\frac{D_{AB}(V_1 + V_2)At}{LV_1V_2}\right] \tag{4-107}$$

由此式即可推算出擴散係數 D_{AB}。一般氣體的擴散係數約在 $0.05 \sim 1.0$ cm²/s 之間，Sc 約在 $0.5 \sim 2.0$ 之間，且氣體的擴散係數大約反比於壓力，並隨著溫度而增加。

對於液體的擴散係數，測定時常將不同濃度（c 和 c'）的溶液置於體積為 V 的密閉容器內，兩溶液以厚度為 δ 的多孔薄膜隔開。假設溶質 A 穿過薄膜的擴散可達到準穩定態，使 A 的擴散通量成為：

$$N_A'' = -\frac{\varepsilon D_{AB}}{\tau}\left(\frac{c - c'}{\delta}\right) \tag{4-108}$$

對 A 成分進行質量均衡，可進一步得到：

$$\ln\frac{c_0 - c_0'}{c - c'} = \frac{2\varepsilon A D_{AB} t}{\tau\delta V} \tag{4-109}$$

其中 c_0 和 c_0' 是兩室的初濃度，A 為截面積。由此式可求出 A 成分在溶液中的擴散係數 D_{AB}，溶質 A 對溶劑 B 的擴散係數約和溫度成正比，和 B 的黏度成反比。水溶液中的擴散係數通常介於 $1 \times 10^{-6} \sim 5 \times 10^{-5}$ cm²/s 之間，電解質溶於水後會解離成陰陽離子，但兩離子的擴散係數不同。

兩球法：測量氣體的擴散係數

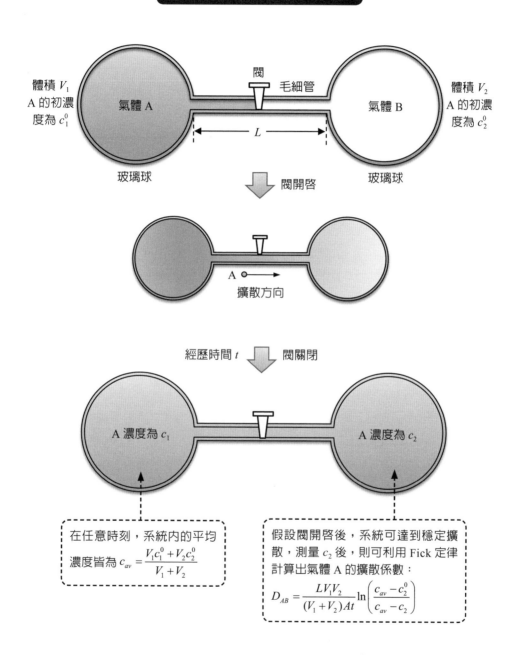

體積 V_1
A 的初濃
度為 c_1^0

閥　毛細管

氣體 A

氣體 B

體積 V_2
A 的初濃
度為 c_2^0

L

玻璃球

玻璃球

閥開啟

A

擴散方向

經歷時間 t　閥關閉

A 濃度為 c_1

A 濃度為 c_2

在任意時刻，系統內的平均
濃度皆為 $c_{av} = \dfrac{V_1 c_1^0 + V_2 c_2^0}{V_1 + V_2}$

假設閥開啟後，系統可達到穩定擴
散，測量 c_2 後，則可利用 Fick 定律
計算出氣體 A 的擴散係數：

$$D_{AB} = \frac{L V_1 V_2}{(V_1 + V_2) A t} \ln\left(\frac{c_{av} - c_2^0}{c_{av} - c_2} \right)$$

Note

第5章
總　結

本章將總結輸送現象的內涵，說明輸送原理的相似性和延伸性。

5-1 輸送現象的相似性

輸送動量、能量與質量時，存在何種相似性？

從前面的三章可知，動量、能量與質量的均衡皆來自相同的根源，亦即累積速率等於進出的淨速率加上產生速率，雖然探討的對象不同，推得的方程式也不一樣，但其概念接近，故可預期三種輸送現象類似。例如輸送的成因都含有來自分子運動的項目，在動量輸送中稱為黏滯作用，可用牛頓黏度定律描述：

$$\tau_{xy} = -\mu \frac{d\mathbf{v}_y}{dx} \tag{5-1}$$

在熱量輸送中稱為傳導作用，可用 Fourier 定律描述：

$$q'' = -k \frac{dT}{dx} \tag{5-2}$$

在質量輸送中稱為擴散作用，可用 Fick 定律描述：

$$J_A^* = -D \frac{dc_A}{dx} \tag{5-3}$$

這三個方程式的左側皆為物理量的輸送通量，右側皆為負的關鍵參數之梯度，顯然擁有相似性。此外，三種輸送現象皆包含對流模式，所以熱傳或質傳，常與流體力學耦合，難以快速解析。

以發生在具有對稱性的平面系統為例，速度只存在兩個分量 $\mathbf{v}_x$ 和 $\mathbf{v}_y$，透過系統中的特徵長度與特徵速度，可將運動方程式無因次化，之後再刪去數量級較小的項目，即可得到：

$$\overline{\mathbf{v}}_x \frac{\partial \overline{\mathbf{v}}_x}{\partial \overline{x}} + \overline{\mathbf{v}}_y \frac{\partial \overline{\mathbf{v}}_y}{\partial \overline{y}} = -\frac{d\overline{p}}{d\overline{x}} + \frac{1}{\mathrm{Re}} \frac{\partial^2 \overline{\mathbf{v}}_x}{\partial \overline{y}^2} \tag{5-4}$$

對於能量與質量均衡方程式，也可藉由特徵溫度和特徵濃度加以無因次化，並刪去數量級較小的項目而得到：

$$\overline{\mathbf{v}}_x \frac{\partial \overline{T}}{\partial \overline{x}} + \overline{\mathbf{v}}_y \frac{\partial \overline{T}}{\partial \overline{y}} = \frac{1}{\mathrm{Re}\,\mathrm{Pr}} \frac{\partial^2 \overline{T}}{\partial \overline{y}^2} \tag{5-5}$$

$$\overline{\mathbf{v}}_x \frac{\partial \overline{c}_A}{\partial \overline{x}} + \overline{\mathbf{v}}_y \frac{\partial \overline{c}_A}{\partial \overline{y}} = \frac{1}{\mathrm{Re}\,\mathrm{Sc}} \frac{\partial^2 \overline{c}_A}{\partial \overline{y}^2} \tag{5-6}$$

若系統中的壓力梯度為 0，且流體的 Pr = Sc = 1 時，將發現（5-4）式至（5-6）式的型式完全相同，只要邊界條件也相同，可預期其解答將完全一致。在系統的邊界上（$\overline{y} = 0$），常會發生輸送通量固定的情形，對動量傳遞而言，動量通量代表剪應力，經過無因次化之後，可表示為：

$$f = \frac{2}{\mathrm{Re}} \left(\frac{\partial \overline{\mathbf{v}}_x}{\partial \overline{y}} \right)_{\overline{y}=0} \tag{5-7}$$

其中的 f 為摩擦因子，其定義可查閱 2-13 節。對於熱量與質量傳遞而言，代表熱通量與質傳通量為定值，無因次化後可分別表示為：

$$\mathrm{Nu} = \frac{hL}{k} = \left(\frac{\partial \overline{T}}{\partial \overline{y}} \right)_{\overline{y}=0} \tag{5-8}$$

$$\mathrm{Sh} = \frac{k_m L}{D} = \left(\frac{\partial \overline{c}_A}{\partial \overline{y}} \right)_{\overline{y}=0} \tag{5-9}$$

從（5-7）式至（5-9）式可發現其型式相同，故可得到 Reynolds 類比公式：

$$\frac{\mathrm{Re}}{2} f = \mathrm{Nu} = \mathrm{Sh} \tag{5-10}$$

由於之前假設了 Pr = Sc = 1 的情形，為能用於更大範圍的 Pr 和 Sc，Reynolds 類比公式有必要修正成：

$$\frac{\mathrm{Re}}{2} f = \frac{\mathrm{Nu}}{\mathrm{Pr}} = \frac{\mathrm{Sh}}{\mathrm{Sc}} \tag{5-11}$$

在 Reynolds 之後，Chilton 和 Colburn 再次提出新的類比公式，並定義出 Colburn j 因子：

$$j_h = \frac{f}{2} = \mathrm{Nu}(\mathrm{Re}^{-1}\mathrm{Pr}^{-1/3}) = \mathrm{Sh}(\mathrm{Re}^{-1}\mathrm{Sc}^{-1/3}) \tag{5-12}$$

將三種輸送現象連結在一起。

5-2　邊界層的相似性

三種輸送現象在固體表面形成的邊界層有何關聯？

　　由前述已知，流體經過固體旁，會在固體表面外形成速度、溫度與濃度的邊界層，本節將探討這三種邊界層的關聯性。以平面系統為例，不可壓縮牛頓流體的速度只存在兩個分量 $\mathbf{v}_x$ 和 $\mathbf{v}_y$，從連續方程式可知：

$$\frac{\partial \mathbf{v}_x}{\partial x} + \frac{\partial \mathbf{v}_y}{\partial y} = 0 \tag{5-13}$$

對此可假設流線函數 $\psi(x, y)$，用以表示出（5-13）式的解：

$$\mathbf{v}_x = \frac{\partial \psi}{\partial y} \tag{5-14}$$

$$\mathbf{v}_y = -\frac{\partial \psi}{\partial x} \tag{5-15}$$

若本系統的壓差為 0，流體的動黏度為 ν，則其運動方程式應表示為：

$$\mathbf{v}_x \frac{\partial \mathbf{v}_x}{\partial x} + \mathbf{v}_y \frac{\partial \mathbf{v}_y}{\partial y} = \nu \frac{\partial^2 \mathbf{v}_x}{\partial y^2} \tag{5-16}$$

接著可用（5-14）式和（5-15）式來尋找 $\mathbf{v}_x$ 和 $\mathbf{v}_y$。假設在邊界層內的速度分布沿著 x 方向具有相似性，亦即不論邊界層厚度，速度沿著 y 方向變化的形狀在上下游皆相同，可用無因次的垂直方向長度 η 和函數 $F(\eta)$ 來表示，其定義為：

$$\eta = y\sqrt{\frac{\mathbf{v}_b}{\nu x}} \tag{5-17}$$

$$F(\eta) = \frac{\psi}{\mathbf{v}_b}\left(\frac{\eta}{y}\right) \tag{5-18}$$

其中 $\mathbf{v}_b$ 是流體中心區（bulk）的速度。將 η 和 $F(\eta)$ 代入（5-13）式，所得結果再代入（5-16）式，可得到：

$$2\frac{d^3 F}{d\eta^3} + F\frac{d^2 F}{d\eta^2} = 0 \tag{5-19}$$

已知 $y = 0$ 處，$\mathbf{v}_x = \mathbf{v}_y = 0$；$y \to \infty$ 處，$\mathbf{v}_x = \mathbf{v}_b$，採用 η 和 $F(\eta)$ 後可成為：

$$\left.\frac{dF}{d\eta}\right|_{\eta=0} = 0 \tag{5-20}$$

$$\left.\frac{dF}{d\eta}\right|_{\eta\to\infty} = 1 \tag{5-21}$$

從這兩式可協助解出 $F(\eta)$、$\mathbf{v}_x$ 和 $\mathbf{v}_y$。定義 $\mathbf{v}_x / \mathbf{v}_b = 0.99$ 處是邊界層的邊緣，則可得到速度邊界層的厚度 δ：

$$\delta = \frac{5y}{\eta} = 5\sqrt{\frac{\nu x}{\mathbf{v}_b}} = \frac{5x}{\sqrt{\mathrm{Re}_x}} \tag{5-22}$$

由此可發現 δ 隨著 x 增大。另也可計算出固體表面的剪應力：

$$\tau_s = 0.332\mathbf{v}_b\sqrt{\frac{\rho\mu\mathbf{v}_b}{x}} \tag{5-23}$$

套用至摩擦因子 f 的定義後可得到：

$$f = \frac{\tau_s}{\rho\mathbf{v}_b^2 / 2} = 0.664\,\mathrm{Re}_x^{-1/2} \tag{5-24}$$

　　另對流固界面發生的熱量輸送，若已知固體表面的溫度 T_s 和流體中心的溫度 T_b，則可使用無因次溫度 $\overline{T} = \dfrac{T - T_s}{T_b - T_s}$ 來簡化能量均衡方程式。接著可假設因熱傳而形成的溫度邊界層內，各處都具有形狀相似的溫度分布圖 $\overline{T}(\eta)$，最終可導出下列方程式：

$$\frac{d^2\overline{T}}{d\eta^2} + \frac{\mathrm{Pr}}{2}F(\eta)\frac{d\overline{T}}{d\eta} = 0 \tag{5-25}$$

其中的 $F(\eta)$ 可從（5-19）式求得。配合（5-25）式的邊界條件包括：

$$\overline{T}(0) = 0 \tag{5-26}$$
$$\overline{T}(\infty) = 1 \tag{5-27}$$

求解後，對於 $\mathrm{Pr} \geq 0.6$ 的流體可得到：

$$\left.\frac{d\overline{T}}{d\eta}\right|_{\eta=0} = 0.332\,\mathrm{Pr}^{1/3} \tag{5-28}$$

從中還能證明溫度邊界層厚度 δ_T 與流體邊界層厚度 δ 之間的關係：

$$\frac{\delta}{\delta_T} \approx \mathrm{Pr}^{1/3} \tag{5-29}$$

若流固界面上發生的是 A 成分的質量輸送，且已知固體表面的濃度 c_{As} 和流體中心的濃度 c_{Ab}，則可假設無因次濃度 $\overline{c}_A = \dfrac{c_A - c_{As}}{c_{Ab} - c_{As}}$。接著觀察質傳現象形成的濃度邊界層，各處也應具有形狀相似的分布圖 $\overline{c}_A(\eta)$，終而形成下列方程式，以及對應的邊界條件：

$$\frac{d^2\overline{c}_A}{d\eta^2} + \frac{\mathrm{Sc}}{2}F(\eta)\frac{d\overline{c}_A}{d\eta} = 0 \tag{5-30}$$

$$\overline{c}_A(0) = 0 \tag{5-31}$$

$$\overline{c}_A(\infty) = 1 \tag{5-32}$$

由於質量方程式與能量方程式的形式非常相似，只有之中的無因次數從 Pr 換成了 Sc，所以也可發現濃度邊界層厚度 δ_C 與速度邊界層厚度 δ 之間的關係：

$$\frac{\delta}{\delta_C} \approx Sc^{1/3} \tag{5-33}$$

對於一般的水溶液，動黏度約為 10^{-6} m²/s，熱擴散係數約為 2×10^{-7} m²/s，溶液中離子的擴散係數約為 10^{-9} m²/s，所以 Pr 約為 5，Sc 約為 1000，從（5-29）式可估計出，速度邊界層約為溫度邊界層的 1.7 倍厚，從（5-33）式可估計出，速度邊界層約為濃度邊界層的 10 倍厚。換言之，在濃度邊界層內，流體的速度非常慢。

輸送邊界層之共通性

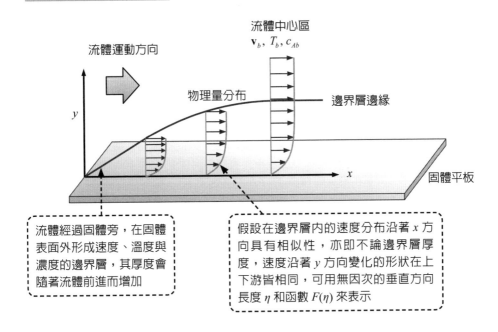

流體經過固體旁，在固體表面外形成速度、溫度與濃度的邊界層，其厚度會隨著流體前進而增加

假設在邊界層內的速度分布沿著 x 方向具有相似性，亦即不論邊界層厚度，速度沿著 y 方向變化的形狀在上下游皆相同，可用無因次的垂直方向長度 η 和函數 $F(\eta)$ 來表示

輸送邊界層的差異性

在濃度邊界層內，流體的速度非常慢

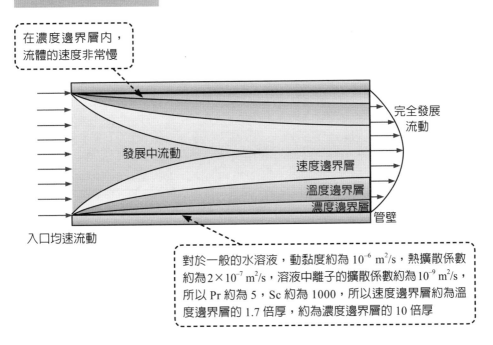

對於一般的水溶液，動黏度約為 10^{-6} m²/s，熱擴散係數約為 2×10^{-7} m²/s，溶液中離子的擴散係數約為 10^{-9} m²/s，所以 Pr 約為 5，Sc 約為 1000，所以速度邊界層約為溫度邊界層的 1.7 倍厚，約為濃度邊界層的 10 倍厚

5-3 輸送現象的微縮

輸送現象可應用在微型裝置嗎？

微米級的矽電子元件從 1970 年代後期被拓展成微機電系統（micro-electro-mechanical system，以下簡稱 MEMS），成為一種跨領域的整合技術，系統中結合了光電、機械、化學與生醫工程，可發展成多樣性的微型產品。當 MEMS 技術被應用於化學工程領域時，包括樣品前處理、混合、傳輸、分離和感測等單元，都可以共同製作在微型晶片上，以微流道（microfluidics）和微反應器（microreactor）呈現，相當於整個實驗流程都集中在小面積的基片上，因此被稱為實驗室晶片（lab-on-chip），主要應用於化學或生化領域之分析與製造。處理 1 μm 到 1000 μm 尺寸之微通道內的流動現象，即稱為微流體技術（microfluidics）。

微機電技術、各式顯微鏡、高速攝影機的進步共同帶動了微流體技術的發展，而且微通道內處理的液體體積可少至微升（10^{-6} L）至皮升（10^{-12} L），使其流場屬於層流狀態，流線易受控制且具再現性，流線之間的質傳僅限於分子擴散，這些特性皆有利於化學分析，甚至還可促進化學反應和產品分離的控制。理論上，微流體的流動現象單純，但加工後的微通道可能出現粗糙表面，或研究對象偏離牛頓流體之特性，都可能限制了微流體技術的應用。

微通道內的流動現象並不能只從縮小尺寸的觀點來探究，相較於大通道的流動，兩者的主要差異來自於流體的表面積對體積之比值（A_s/V）。從力學的角度，體積影響整體力與慣性力，表面積則影響表面力，當 A_s/V 低於某種程度時，整體力或慣性力的效應可能得以忽略。但 A_s/V 不低時，微流體的界面特性相對重要。在熱傳與質傳方面，較大的 A_s/V 代表穿越界面的輸送效應亦較大，所以適合發展微熱交換器與微反應器。

如前所述，流體主要的整體特性包括密度和黏度。依據流體的分子結構，其黏度可隨時間或外部作用而變，因此續分為牛頓流體與非牛頓流體。流體的界面特性則須考量界面類型，對液體而言，發生在液體與流道接觸的固液界面、液體與大氣接觸的氣液界面、二相流中液體之間接觸的液液界面皆具有不同的特質。重要的界面特性有兩項，分別是固體通道的潤濕性與液體的表面張力，掌握這些特性將有助於控制微流體的運動或液滴的形成。欲調整通道的潤濕性，可在通道壁上覆蓋導熱材料、光敏材料或導電材料，即可分別透過熱潤濕（thermowetting）、光潤濕（optowetting）和電潤濕（electrowetting）現象來控制微流體。接觸角是評估潤濕性的主要參數，相關於固體和液體的表面能，高度潤濕的界面具有 0° 至 90° 的接觸角，部分潤濕表面的接觸角則超過 90°，接觸角到達 180° 則意味此表面完全不潤濕。另對於乳化液型微流體，當通道屬於親水性時，易形成油滴分散於水相之中（O/W）；相反地，當通道屬於疏水性時，易形成水滴分散於油相之中（W/O）。若將流道設計成親水段串接疏水段，則有可能製造出雙重乳化液型微流體，亦即 W/O/W 型或 O/W/O 型乳化液。液體的表面張力可歸因於液體內部分子與表面分子之受力差別或能量差異，增加表面能，即

可擴大表面積。當微流體中加入界面活性劑,即可擴散至兩種液體之界面,連結兩種液體分子,有效降低表面張力,降低的效果則取決於界面活性劑的吸附作用。當小分子的界面活性劑被使用時,添加濃度愈高,表面張力之降低量愈大,但會在某個特定濃度達到飽和,多餘的界面活性劑將導致自締結的微胞。對於二相流系統,添加界面活性劑會減小生成液滴的體積,而且有助於液滴的分散穩定性,亦即液滴間的聚集可被抑制。

　　微流體的輸送必須取決於受力情形,在微通道內的流動,不易達到紊流狀態,故以層流為主,但因邊界層的厚度非常薄,通道壁的粗糙面可能會導致二次流動而影響層流狀態,所以許多研究者認為微流體的層流臨界雷諾數(Re)應該小於大通道。由於層流的流場可較準確地預測,有助於了解伴隨的熱傳與質傳現象,以混合程序為例,在水中典型的擴散係數數量級為 1×10^{-10} m²/s,若流體在 100 μm 寬的微通道內以 0.1 cm/s 運動,大約經過 100 s 即可達到良好的混合效果。若欲縮短混合時間,可加入製造紊流或渦流的設計,例如使用噴嘴會在局部區域產生紊流,施加外力推動則能縮短不同流體間的擴散時間,此外也可製作 T 型或 Y 型流道使支流與主流的液體相互衝擊,繼而提升混合效果。

　　隨著製程技術更進步,微米級通道已可微縮成奈米級通道,使通道表面的特性更顯著地影響輸送現象,例如常用的固液表面無滑動條件可能不再成立。因此,微流體或奈流體技術中的輸送現象與元件設計,仍將是產學界持續注意的課題。

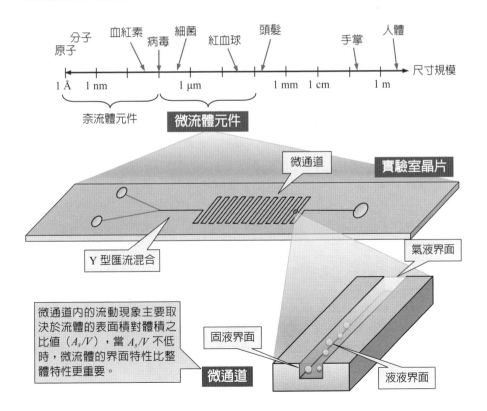

5-4 輸送現象的延伸

其他領域也可應用輸送原理嗎？

　　動量、熱量與質量的輸送原理分別來自三者的均衡概念，亦即累積量等於淨流入量與淨產生量的總和。因此，相同的概念也可以運用在其他對象上，例如探討半導體元件物理時，材料中的帶電載子也具有輸送特性，因而能導電。從量子力學可計算出半導體材料的能帶，其主要特徵包括導帶（conduction band）、能隙（energy gap）和價帶（valence band），能隙是指不允許電子存在的能量區間，能隙下方的是電子能量較低的價帶，在 0 K 時會被電子填滿，能隙上方是電子能量較高的導帶，在常溫或更高溫時，會有些許電子填入，這些電子來自價帶，因而在價帶留下電洞。導帶的電子與價帶的電洞，合稱為半導體的載子。

　　半導體材料置於電場後，電子將因電位差而獲得加速，開始往高電位方向運動，此現象對導帶與價帶的電子皆同。但在價帶，運動的電子可能先去填補鄰近的電洞，使原本的位置形成新的電洞，表面上出現電洞反向遷移的情形，因此可將電洞視為一種反電子，攜帶正電荷，會往低電位的方向運動。這類受到電場牽引而使載子移動的輸送現象稱為漂移（migration）。為了描述電子漂移的快慢，可定義電子漂移通量 J_n：

$$J_n = en\mu_n E \tag{5-34}$$

其中的 e 是單電子電量，n 是電子濃度，μ_n 是電子的遷移率，E 是電場強度。若使用 p 與 μ_p 分別表示電洞濃度和電洞遷移率，則可列出電洞漂移通量 J_p：

$$J_p = ep\mu_p E \tag{5-35}$$

兩種電荷的漂移通量都具有 C/m²·s 的 SI 制單位，並可轉為電流密度（current density），因此在半導體材料內擁有的總漂移電流密度 J_m 可表示為：

$$J_m = J_n + J_p = e(n\mu_n + p\mu_p)E \tag{5-36}$$

　　相似於氣體分子，電子在材料內出現濃度差時也會導致擴散現象，傾向從高濃度往低濃度移動，且擴散的快慢正比於載子的濃度梯度，使電子與電洞的擴散電流密度成為：

$$J_n = eD_n\nabla n \tag{5-37}$$
$$J_p = -eD_p\nabla p \tag{5-38}$$

從（5-37）式和（5-38）式可以得到總擴散電流密度，從總漂移和總擴散電流密度，還能進一步得到總電流密度。

　　若對半導體材料照光或加熱，有可能激發價帶的電子至導帶，因而產生更多的電子與電洞。但處於導帶的電子也有可能釋放能量，而與價帶的電洞再結合（recombination），比照化學反應產生或消耗分子的想法，也可假設電子具有產生速

率 G_n 和消耗速率 R_n。接著基於質量均衡的概念，可類比出電子均衡的方程式：

$$\frac{\partial n}{\partial t} = \frac{1}{e} \nabla \cdot J_n + G_n - R_n \tag{5-39}$$

或將電子的總電流密度 J_n 表示為漂移效應和擴散效應之和：

$$\frac{\partial n}{\partial t} = \mu_n \nabla \cdot (nE) + D_n (\nabla \cdot \nabla n) + G_n - R_n \tag{5-40}$$

電洞的均衡方程式亦類似：

$$\frac{\partial p}{\partial t} = -\mu_p \nabla \cdot (pE) + D_p (\nabla \cdot \nabla p) + G_p - R_p \tag{5-41}$$

其中 G_p 和 R_p 分別是電洞的產生速率和消耗速率。（5-40）式搭配決定電場分布的 Poisson 方程式後，即可求解電子元件中的載子分布與電流，繼而分析元件運作的機制。因此，適當延伸輸送現象的均衡概念後，亦可解決其他領域的課題。

5-5 輸送現象總結

如何有系統地解決輸送問題？

有很多真實的工程案例無法簡化成只含動量輸送，或只含熱量輸送，或只含質量輸送，最常見的情形反而會同時牽涉三種現象。例如一顆冰糖被放入一杯熱水中，冰糖會沉降，導致水的動量變化。冰糖與水具有溫差，直接接觸到冰糖的水會降溫，冰糖還會逐漸溶解，所以冰糖表面附近的水將會含有較多糖分。欲分析出水中的速度、溫度與糖濃度，必須同時求解數條微分方程式，雖然這是非常艱鉅的工作，但輸送現象的理論已提供我們前進的方向，至於走到終點所需的動力，可能要依靠電腦科技。

總結這三種輸送現象，若先將探討的系統縮減成穩態的二維、二成分流固接觸問題，則必須依序列出：

1. 連續方程式：

$$\frac{\partial \mathbf{v}_x}{\partial x} + \frac{\partial \mathbf{v}_y}{\partial y} = 0 \tag{5-42}$$

2. 動量方程式：

$$\rho\left(\mathbf{v}_x \frac{\partial \mathbf{v}_x}{\partial x} + \mathbf{v}_y \frac{\partial \mathbf{v}_x}{\partial y}\right) = -\frac{\partial p}{\partial x} + \mu\left(\frac{\partial^2 \mathbf{v}_x}{\partial x^2} + \frac{\partial^2 \mathbf{v}_x}{\partial y^2}\right) + \overline{\rho} g_x \overline{\beta}(T - T_\infty) + \overline{\rho} g_x \overline{\zeta}(w_A - w_{A\infty}) \tag{5-43}$$

$$\rho\left(\mathbf{v}_x \frac{\partial \mathbf{v}_y}{\partial x} + \mathbf{v}_y \frac{\partial \mathbf{v}_y}{\partial y}\right) = -\frac{\partial p}{\partial y} + \mu\left(\frac{\partial^2 \mathbf{v}_y}{\partial x^2} + \frac{\partial^2 \mathbf{v}_y}{\partial y^2}\right) + \overline{\rho} g_y \overline{\beta}(T - T_\infty) + \overline{\rho} g_y \overline{\zeta}(w_A - w_{A\infty}) \tag{5-44}$$

3. 能量方程式：

$$\rho c_p\left(\mathbf{v}_x \frac{\partial T}{\partial x} + \mathbf{v}_y \frac{\partial T}{\partial y}\right) = k\left(\frac{\partial^2 T}{\partial x^2} + \frac{\partial^2 T}{\partial y^2}\right) - \left(\frac{\overline{H}_A}{M_A} - \frac{\overline{H}_B}{M_B}\right) r_A \tag{5-45}$$

4. A 成分質量方程式：

$$\rho\left(\mathbf{v}_x \frac{\partial w_A}{\partial x} + \mathbf{v}_y \frac{\partial w_A}{\partial y}\right) = \rho D\left(\frac{\partial^2 w_A}{\partial x^2} + \frac{\partial^2 w_A}{\partial y^2}\right) + r_A \tag{5-46}$$

最後，還要搭配合適的邊界條件，才能開始求解速度場、溫度場與濃度場。對於巨觀系統，其理論背景亦同，求解的工作依然艱鉅。

回顧本書，雖然充斥複雜的方程式，但是輸送現象的精髓仍在於概念，而非數學公式，透過本章的介紹，讀者應能體會各種輸送現象間的共通性，並且能夠理解輸送原理的延伸性，數學式可用於對照實驗的定量工作，示意圖則可用於推展觀念的定性工作，兩者相輔相成。

附錄

1. 連續方程式：$\dfrac{\partial \rho}{\partial t} + \nabla \cdot \rho \mathbf{v} = 0$

直角座標 (x, y, z)

$$\frac{\partial \rho}{\partial t} + \frac{\partial}{\partial x}(\rho \mathbf{v}_x) + \frac{\partial}{\partial y}(\rho \mathbf{v}_y) + \frac{\partial}{\partial z}(\rho \mathbf{v}_z) = 0$$

圓柱座標 (r, θ, z)

$$\frac{\partial \rho}{\partial t} + \frac{1}{r}\frac{\partial}{\partial r}(\rho r \mathbf{v}_r) + \frac{1}{r}\frac{\partial}{\partial \theta}(\rho \mathbf{v}_\theta) + \frac{\partial}{\partial z}(\rho \mathbf{v}_z) = 0$$

球座標 (r, θ, ϕ)

$$\frac{\partial \rho}{\partial t} + \frac{1}{r^2}\frac{\partial}{\partial r}(\rho r^2 \mathbf{v}_r) + \frac{1}{r\sin\theta}\frac{\partial}{\partial \theta}(\rho \mathbf{v}_\theta \sin\theta) + \frac{1}{r\sin\theta}\frac{\partial}{\partial \phi}(\rho \mathbf{v}_\phi) = 0$$

---

2. 不可壓縮牛頓流體之運動方程式：$\rho \dfrac{D\mathbf{v}}{Dt} = -\nabla p + \mu \nabla^2 \mathbf{v} + \rho g$

直角座標 (x, y, z)

$$\rho\left(\frac{\partial \mathbf{v}_x}{\partial t} + \mathbf{v}_x \frac{\partial \mathbf{v}_x}{\partial x} + \mathbf{v}_y \frac{\partial \mathbf{v}_x}{\partial y} + \mathbf{v}_z \frac{\partial \mathbf{v}_x}{\partial z}\right) = -\frac{\partial p}{\partial x} + \mu\left[\frac{\partial^2 \mathbf{v}_x}{\partial x^2} + \frac{\partial^2 \mathbf{v}_x}{\partial y^2} + \frac{\partial^2 \mathbf{v}_x}{\partial z^2}\right] + \rho g_x$$

$$\rho\left(\frac{\partial \mathbf{v}_y}{\partial t} + \mathbf{v}_x \frac{\partial \mathbf{v}_y}{\partial x} + \mathbf{v}_y \frac{\partial \mathbf{v}_y}{\partial y} + \mathbf{v}_z \frac{\partial \mathbf{v}_y}{\partial z}\right) = -\frac{\partial p}{\partial y} + \mu\left[\frac{\partial^2 \mathbf{v}_y}{\partial x^2} + \frac{\partial^2 \mathbf{v}_y}{\partial y^2} + \frac{\partial^2 \mathbf{v}_y}{\partial z^2}\right] + \rho g_y$$

$$\rho\left(\frac{\partial \mathbf{v}_z}{\partial t} + \mathbf{v}_x \frac{\partial \mathbf{v}_z}{\partial x} + \mathbf{v}_y \frac{\partial \mathbf{v}_z}{\partial y} + \mathbf{v}_z \frac{\partial \mathbf{v}_z}{\partial z}\right) = -\frac{\partial p}{\partial z} + \mu\left[\frac{\partial^2 \mathbf{v}_z}{\partial x^2} + \frac{\partial^2 \mathbf{v}_z}{\partial y^2} + \frac{\partial^2 \mathbf{v}_z}{\partial z^2}\right] + \rho g_z$$

圓柱座標 (r, θ, z)

$$\rho\left(\frac{\partial \mathbf{v}_r}{\partial t} + \mathbf{v}_r \frac{\partial \mathbf{v}_r}{\partial r} + \frac{\mathbf{v}_\theta}{r} \frac{\partial \mathbf{v}_r}{\partial \theta} + \mathbf{v}_z \frac{\partial \mathbf{v}_r}{\partial z} - \frac{\mathbf{v}_\theta^2}{r}\right) = -\frac{\partial p}{\partial r} + \mu\left[\frac{\partial}{\partial r}\left(\frac{1}{r}\frac{\partial(r\mathbf{v}_r)}{\partial r}\right) + \frac{1}{r^2}\frac{\partial^2 \mathbf{v}_r}{\partial \theta^2} + \frac{\partial^2 \mathbf{v}_r}{\partial z^2} - \frac{2}{r^2}\frac{\partial \mathbf{v}_\theta}{\partial \theta}\right] + \rho g_r$$

$$\rho\left(\frac{\partial \mathbf{v}_\theta}{\partial t} + \mathbf{v}_r \frac{\partial \mathbf{v}_\theta}{\partial r} + \frac{\mathbf{v}_\theta}{r} \frac{\partial \mathbf{v}_\theta}{\partial \theta} + \mathbf{v}_z \frac{\partial \mathbf{v}_\theta}{\partial z} + \frac{\mathbf{v}_r \mathbf{v}_\theta}{r}\right) = -\frac{1}{r}\frac{\partial p}{\partial \theta} + \mu\left[\frac{\partial}{\partial r}\left(\frac{1}{r}\frac{\partial(r\mathbf{v}_\theta)}{\partial r}\right) + \frac{1}{r^2}\frac{\partial^2 \mathbf{v}_\theta}{\partial \theta^2} + \frac{\partial^2 \mathbf{v}_\theta}{\partial z^2} + \frac{2}{r^2}\frac{\partial \mathbf{v}_r}{\partial \theta}\right]$$
$$+ \rho g_\theta$$

$$\rho\left(\frac{\partial \mathbf{v}_z}{\partial t} + \mathbf{v}_r \frac{\partial \mathbf{v}_z}{\partial r} + \frac{\mathbf{v}_\theta}{r} \frac{\partial \mathbf{v}_z}{\partial \theta} + \mathbf{v}_z \frac{\partial \mathbf{v}_z}{\partial z}\right) = -\frac{\partial p}{\partial z} + \mu\left[\frac{1}{r}\frac{\partial}{\partial r}\left(r\frac{\partial \mathbf{v}_z}{\partial r}\right) + \frac{1}{r^2}\frac{\partial^2 \mathbf{v}_z}{\partial \theta^2} + \frac{\partial^2 \mathbf{v}_z}{\partial z^2}\right] + \rho g_z$$

球座標 (r, θ, ϕ)

$$\rho\left(\frac{\partial \mathbf{v}_r}{\partial t} + \mathbf{v}_r \frac{\partial \mathbf{v}_r}{\partial r} + \frac{\mathbf{v}_\theta}{r}\frac{\partial \mathbf{v}_r}{\partial \theta} + \frac{\mathbf{v}_\phi}{r\sin\theta}\frac{\partial \mathbf{v}_r}{\partial \phi} - \frac{\mathbf{v}_\theta^2 + \mathbf{v}_\phi^2}{r}\right)$$

$$= -\frac{\partial p}{\partial r} + \mu\left[\frac{1}{r^2}\frac{\partial^2(r^2\mathbf{v}_r)}{\partial r^2} + \frac{1}{r^2\sin\theta}\frac{\partial}{\partial\theta}\left(\sin\theta\frac{\partial\mathbf{v}_r}{\partial\theta}\right) + \frac{1}{r^2\sin^2\theta}\frac{\partial^2\mathbf{v}_r}{\partial\phi^2}\right] + \rho g_r$$

$$\rho\left(\frac{\partial \mathbf{v}_\theta}{\partial t} + \mathbf{v}_r \frac{\partial \mathbf{v}_\theta}{\partial r} + \frac{\mathbf{v}_\theta}{r}\frac{\partial \mathbf{v}_\theta}{\partial \theta} + \frac{\mathbf{v}_\phi}{r\sin\theta}\frac{\partial \mathbf{v}_\theta}{\partial \phi} + \frac{\mathbf{v}_r\mathbf{v}_\theta - \mathbf{v}_\phi^2\cot\theta}{r}\right)$$

$$= -\frac{1}{r}\frac{\partial p}{\partial \theta} + \mu\left[\frac{1}{r^2}\frac{\partial}{\partial r}\left(r^2\frac{\partial \mathbf{v}_\theta}{\partial r}\right) + \frac{1}{r^2}\frac{\partial}{\partial\theta}\left(\frac{1}{\sin\theta}\frac{\partial(\mathbf{v}_\theta\sin\theta)}{\partial\theta}\right) + \frac{1}{r^2\sin^2\theta}\frac{\partial^2\mathbf{v}_\theta}{\partial\phi^2} + \frac{2}{r^2}\frac{\partial\mathbf{v}_r}{\partial\theta} - \frac{2\cot\theta}{r^2\sin\theta}\frac{\partial\mathbf{v}_\phi}{\partial\phi}\right]$$

$$+ \rho g_\theta$$

$$\rho\left(\frac{\partial \mathbf{v}_\phi}{\partial t} + \mathbf{v}_r \frac{\partial \mathbf{v}_\phi}{\partial r} + \frac{\mathbf{v}_\theta}{r}\frac{\partial \mathbf{v}_\phi}{\partial \theta} + \frac{\mathbf{v}_\phi}{r\sin\theta}\frac{\partial \mathbf{v}_\phi}{\partial \phi} + \frac{\mathbf{v}_\phi\mathbf{v}_r + \mathbf{v}_\theta\mathbf{v}_\phi\cot\theta}{r}\right)$$

$$= -\frac{1}{r\sin\theta}\frac{\partial p}{\partial \phi} + \mu\left[\frac{1}{r^2}\frac{\partial}{\partial r}\left(r^2\frac{\partial \mathbf{v}_\phi}{\partial r}\right) + \frac{1}{r^2}\frac{\partial}{\partial\theta}\left(\frac{1}{\sin\theta}\frac{\partial(\mathbf{v}_\phi\sin\theta)}{\partial\theta}\right) + \frac{1}{r^2\sin^2\theta}\frac{\partial^2\mathbf{v}_\phi}{\partial\phi^2} + \frac{2}{r^2\sin\theta}\frac{\partial\mathbf{v}_r}{\partial\phi}\right.$$

$$\left. + \frac{2\cot\theta}{r^2\sin\theta}\frac{\partial\mathbf{v}_\theta}{\partial\phi}\right] + \rho g_\phi$$

3. 不可壓縮牛頓流體之能量方程式：$\rho c_p \dfrac{DT}{Dt} = k\nabla^2 T + \mu\Phi$

直角座標 (x, y, z)

$$\rho c_p\left(\frac{\partial T}{\partial t} + \mathbf{v}_x\frac{\partial T}{\partial x} + \mathbf{v}_y\frac{\partial T}{\partial y} + \mathbf{v}_z\frac{\partial T}{\partial z}\right) = k\left[\frac{\partial^2 T}{\partial x^2} + \frac{\partial^2 T}{\partial y^2} + \frac{\partial^2 T}{\partial z^2}\right] + \mu\Phi$$

$$\Phi = 2\left[\left(\frac{\partial \mathbf{v}_x}{\partial x}\right)^2 + \left(\frac{\partial \mathbf{v}_y}{\partial y}\right)^2 + \left(\frac{\partial \mathbf{v}_z}{\partial z}\right)^2\right] + \left[\frac{\partial \mathbf{v}_y}{\partial x} + \frac{\partial \mathbf{v}_x}{\partial y}\right]^2 + \left[\frac{\partial \mathbf{v}_z}{\partial y} + \frac{\partial \mathbf{v}_y}{\partial z}\right]^2 + \left[\frac{\partial \mathbf{v}_x}{\partial z} + \frac{\partial \mathbf{v}_z}{\partial x}\right]^2$$

$$- \frac{2}{3}\left[\frac{\partial \mathbf{v}_x}{\partial x} + \frac{\partial \mathbf{v}_y}{\partial y} + \frac{\partial \mathbf{v}_z}{\partial z}\right]^2$$

圓柱座標 (r, θ, z)

$$\rho c_p\left(\frac{\partial T}{\partial t} + \mathbf{v}_r\frac{\partial T}{\partial r} + \frac{\mathbf{v}_\theta}{r}\frac{\partial T}{\partial \theta} + \mathbf{v}_z\frac{\partial T}{\partial z}\right) = k\left[\frac{1}{r}\frac{\partial}{\partial r}\left(r\frac{\partial T}{\partial r}\right) + \frac{1}{r^2}\frac{\partial^2 T}{\partial \theta^2} + \frac{\partial^2 T}{\partial z^2}\right] + \mu\Phi$$

$$\Phi = 2\left[\left(\frac{\partial \mathbf{v}_r}{\partial r}\right)^2 + \left(\frac{1}{r}\frac{\partial \mathbf{v}_\theta}{\partial \theta} + \frac{\mathbf{v}_r}{r}\right)^2 + \left(\frac{\partial \mathbf{v}_z}{\partial z}\right)^2\right] + \left[r\frac{\partial}{\partial r}\left(\frac{\mathbf{v}_\theta}{r}\right) + \frac{1}{r}\frac{\partial \mathbf{v}_r}{\partial \theta}\right]^2 + \left[\frac{1}{r}\frac{\partial \mathbf{v}_z}{\partial \theta} + \frac{\partial \mathbf{v}_\theta}{\partial z}\right]^2 + \left[\frac{\partial \mathbf{v}_r}{\partial z} + \frac{\partial \mathbf{v}_z}{\partial r}\right]^2$$

$$- \frac{2}{3}\left[\frac{1}{r}\frac{\partial(r\mathbf{v}_r)}{\partial r} + \frac{1}{r}\frac{\partial \mathbf{v}_\theta}{\partial \theta} + \frac{\partial \mathbf{v}_z}{\partial z}\right]^2$$

球座標 (r, θ, ϕ)

$$\rho c_p \left(\frac{\partial T}{\partial t} + \mathbf{v}_r \frac{\partial T}{\partial r} + \frac{\mathbf{v}_\theta}{r} \frac{\partial T}{\partial \theta} + \frac{\mathbf{v}_\phi}{r \sin \theta} \frac{\partial T}{\partial \phi} \right) = k \left[\frac{1}{r^2} \frac{\partial}{\partial r} \left(r^2 \frac{\partial T}{\partial r} \right) + \frac{1}{r^2 \sin \theta} \frac{\partial}{\partial \theta} \left(\sin \theta \frac{\partial T}{\partial \theta} \right) + \right.$$

$$\left. \frac{1}{r^2 \sin^2 \theta} \frac{\partial^2 T}{\partial \phi^2} \right] + \mu \Phi$$

$$\Phi = 2 \left[\left(\frac{\partial \mathbf{v}_r}{\partial r} \right)^2 + \left(\frac{1}{r} \frac{\partial \mathbf{v}_\theta}{\partial \theta} + \frac{\mathbf{v}_r}{r} \right)^2 + \left(\frac{1}{r \sin \theta} \frac{\partial \mathbf{v}_\phi}{\partial \phi} + \frac{\mathbf{v}_r + \mathbf{v}_\theta \cot \theta}{r} \right)^2 \right] + \left[r \frac{\partial}{\partial r} \left(\frac{\mathbf{v}_\theta}{r} \right) + \frac{1}{r} \frac{\partial \mathbf{v}_r}{\partial \theta} \right]^2$$

$$+ \left[\frac{\sin \theta}{r} \frac{\partial}{\partial \theta} \left(\frac{\mathbf{v}_\phi}{\sin \theta} \right) + \frac{1}{r \sin \theta} \frac{\partial \mathbf{v}_\theta}{\partial \phi} \right]^2 + \left[\frac{1}{r \sin \theta} \frac{\partial \mathbf{v}_r}{\partial \phi} + r \frac{\partial}{\partial r} \left(\frac{\mathbf{v}_\phi}{r} \right) \right]^2 - \frac{2}{3} \left[\frac{1}{r^2} \frac{\partial (r^2 \mathbf{v}_r)}{\partial r} \right.$$

$$\left. + \frac{1}{r \sin \theta} \frac{\partial (\mathbf{v}_\theta \sin \theta)}{\partial \theta} + \frac{1}{r \sin \theta} \frac{\partial \mathbf{v}_\phi}{\partial \phi} \right]^2$$

4. 成分 A 之連續方程式（固定 D_A）： $\dfrac{Dc_A}{Dt} = D_A \nabla^2 c_A + R_A$

直角座標 (x, y, z)

$$\frac{\partial c_A}{\partial t} + \mathbf{v}_x \frac{\partial c_A}{\partial x} + \mathbf{v}_y \frac{\partial c_A}{\partial y} + \mathbf{v}_z \frac{\partial c_A}{\partial z} = D_A \left[\frac{\partial^2 c_A}{\partial x^2} + \frac{\partial^2 c_A}{\partial y^2} + \frac{\partial^2 c_A}{\partial z^2} \right] + R_A$$

圓柱座標 (r, θ, z)

$$\frac{\partial c_A}{\partial t} + \mathbf{v}_r \frac{\partial c_A}{\partial r} + \frac{\mathbf{v}_\theta}{r} \frac{\partial c_A}{\partial \theta} + \mathbf{v}_z \frac{\partial c_A}{\partial z} = D_A \left[\frac{1}{r} \frac{\partial}{\partial r} \left(r \frac{\partial c_A}{\partial r} \right) + \frac{1}{r^2} \frac{\partial^2 c_A}{\partial \theta^2} + \frac{\partial^2 c_A}{\partial z^2} \right] + R_A$$

球座標 (r, θ, ϕ)

$$\frac{\partial c_A}{\partial t} + \mathbf{v}_r \frac{\partial c_A}{\partial r} + \frac{\mathbf{v}_\theta}{r} \frac{\partial c_A}{\partial \theta} + \frac{\mathbf{v}_\phi}{r \sin \theta} \frac{\partial c_A}{\partial \phi} = D_A \left[\frac{1}{r^2} \frac{\partial}{\partial r} \left(r^2 \frac{\partial c_A}{\partial r} \right) + \frac{1}{r^2 \sin \theta} \frac{\partial}{\partial \theta} \left(\sin \theta \frac{\partial c_A}{\partial \theta} \right) \right.$$

$$\left. + \frac{1}{r^2 \sin^2 \theta} \frac{\partial^2 c_A}{\partial \phi^2} \right] + R_A$$

參考資料、延伸閱讀

1. R. B. Bird, W. E. Stewart and E. N. Lightfoot, **Transport Phenomena**, 2nd ed., John Wiley & Sons, Inc., 2006.
2. R. B. Bird, W. E. Stewart, E. N. Lightfoot and D. J. Klingenberg, **Introductory Transport Phenomena**, John Wiley & Sons, Inc., 2014.
3. W. McCabe, J. Smith and P. Harriott, **Chemical Engineering Unit Operations**, 7th ed., McGraw Hill, 2004.
4. J. Welty, C. E. Wicks, G. L. Rorrer and R. E. Wilson, **Fundamentals of Momentum, Heat and Mass Transfer**, 5th ed., Wiley, 2007.
5. C. J. Geankoplis, A. A. Hersel and D. H. Lepek, **Transport Processes and Separation Process Principles**, 5th ed., Prentice Hall, 2018.
6. Y. A. Cengel and J. M. Cimbala, **Fluid Mechanics: Fundamentals and Applications**, 3rd ed., McGraw-Hill Education, 2017.
7. B. R. Munson, A. P. Rothmayer, T. H. Okiishi and W. W. Huebsch, **Fundamentals of Fluid Mechanics**, 7th ed., Wiley, 2012.
8. P. K. Kundu, I. M. Cohen and D. R. Dowling, **Fluid Mechanics**, 6th ed., Academic Press, 2015.
9. F. Kreith, R. M. Manglik and M. S. Bohn, **Principles of Heat Transfer**, 7th ed., Cengage Learning, 2010.
10. Y. Cengel and A. Ghajar, **Heat and Mass Transfer: Fundamentals and Applications**, 5th ed., McGraw-Hill Education, 2014.
11. F. P. Incropera, D. P. DeWitt, T. L. Bergman and A. S. Lavine, **Fundamentals of Heat and Mass Transfer**, 6th ed., John Wiley & Sons, 2006.
12. E. L. Cussler, **Diffusion: Mass Transfer in Fluid Systems**, 3rd ed., Cambridge University Press, 2009.
13. 呂維明、莊清榮，化工單元操作（一）流體力學與流體操作，高立圖書，2008。
14. 呂維明、許瑞祺、巫鴻章，化工單元操作（二）熱傳・熱傳操作，高立圖書，2010。
15. 呂維明、王大銘、李文乾、汪上曉、陳嘉明、錢義隆、載怡德，化工單元操作（三）**質傳分離操作**，高立圖書，2012。
16. 葉和明，**輸送現象與單元操作（一）：流體輸送與操作**，第二版，三民書局，2016。
17. 葉和明，**輸送現象與單元操作（二）：熱輸送與操作以及粉粒體操作**，第二版，三民書局，2006。

18. 葉和明，**輸送現象與單元操作（三）：質量輸送與操作**，第二版，三民書局，2006。
19. 林俊一，**單元操作與輸送現象**，全威圖書，2010。
20. 王茂齡，**輸送現象**，高立圖書，2001。

國家圖書館出版品預行編目資料

圖解輸送現象／吳永富著. -- 初版. -- 臺北
市：五南，2020.08
　　面；　　公分.

ISBN 978-986-522-120-1(平裝)

1. 化工程序 2. 熱傳導

460.224　　　　　　　109009325

5B93

圖解輸送現象

作　　　者 ― 吳永富（57.5）

發 行 人 ― 楊榮川

總 經 理 ― 楊士清

總 編 輯 ― 楊秀麗

主　　　編 ― 王正華

責任編輯 ― 金明芬

封面設計 ― 姚孝慈

出 版 者 ― 五南圖書出版股份有限公司

地　　　址：106台北市大安區和平東路二段339號4樓

電　　　話：(02)2705-5066　　傳　　　真：(02)2706-6100

網　　　址：http://www.wunan.com.tw

電子郵件：wunan@wunan.com.tw

劃撥帳號：01068953

戶　　　名：五南圖書出版股份有限公司

法律顧問　林勝安律師事務所　林勝安律師

出版日期　2020年 8 月初版一刷

定　　　價　新臺幣350元

經典永恆・名著常在

五十週年的獻禮 —— 經典名著文庫

五南，五十年了，半個世紀，人生旅程的一大半，走過來了。

思索著，邁向百年的未來歷程，能為知識界、文化學術界作些什麼？

在速食文化的生態下，有什麼值得讓人雋永品味的？

歷代經典・當今名著，經過時間的洗禮，千錘百鍊，流傳至今，光芒耀人；

不僅使我們能領悟前人的智慧，同時也增深加廣我們思考的深度與視野。

我們決心投入巨資，有計畫的系統梳選，成立「經典名著文庫」，

希望收入古今中外思想性的、充滿睿智與獨見的經典、名著。

這是一項理想性的、永續性的巨大出版工程。

不在意讀者的眾寡，只考慮它的學術價值，力求完整展現先哲思想的軌跡；

為知識界開啟一片智慧之窗，營造一座百花綻放的世界文明公園，

任君遨遊、取菁吸蜜、嘉惠學子！